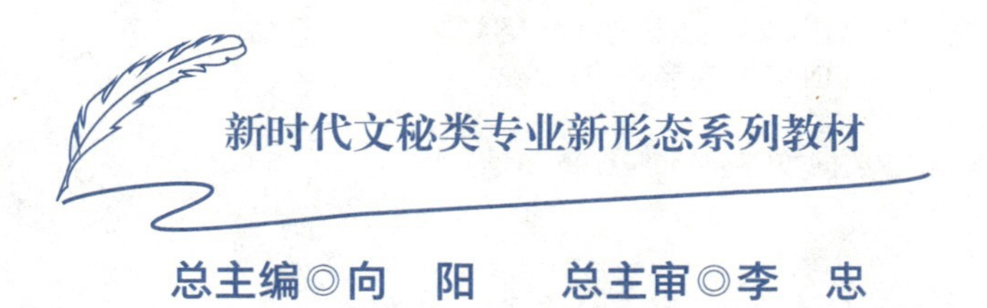

总主编◎向　阳　　总主审◎李　忠

人工智能办公应用

主　编◎王　曦　向　阳　李佳敏

副主编◎郝　凯　李婷婷　易延龄

编　委◎胡春蕾　何美鑫　李家圆

重庆大学出版社

图书在版编目（CIP）数据

人工智能办公应用 / 王曦，向阳，李佳敏主编. 重庆：重庆大学出版社，2025. 2. --（新时代文秘类专业新形态系列教材）. --ISBN 978-7-5689-5172-2

Ⅰ. TP317.1

中国国家版本馆CIP数据核字第20254W95U5号

人工智能办公应用

RENGONG ZHINENG BANGONG YINGYONG

主　编　王　曦　向　阳　李佳敏

策划编辑：唐启秀

责任编辑：赵　晟　　版式设计：唐启秀

责任校对：刘志刚　　责任印制：张　策

*

重庆大学出版社出版发行

出版人：陈晓阳

社址：重庆市沙坪坝区大学城西路21号

邮编：401331

电话：（023）88617190　88617185（中小学）

传真：（023）88617186　88617166

网址：http：//www.cqup.com.cn

邮箱：fxk@cqup.com.cn（营销中心）

全国新华书店经销

重庆升光电力印务有限公司印刷

*

开本：787mm × 1092mm　1/16　印张：16.5　字数：359千

2025年2月第1版　2025年2月第1次印刷

ISBN 978-7-5689-5172-2　　定价：48.00元

丛书编委会

总　序

在习近平新时代中国特色社会主义思想的指导下，中国职业教育迎来了空前的发展。各职业院校在深入贯彻党的二十大精神的同时，始终坚持党的领导，坚持正确办学方向，坚持立德树人，优化类型定位，深入推进育人方式、办学模式、管理体制、保障机制改革。职业院校的教师们以建设技能型社会、弘扬工匠精神为指南，培养了大批高素质技术技能人才，为全面建设社会主义现代化国家、赋能新质生产力、助力人才强国，提供了有力的人才和技能支撑。

现代文秘专业在职业教育改革的大潮中锚定目标，厚积薄发，积极地与新经济、新产业、新业态融合，对标现代服务业，坚持产教融通、校企合作，推动形成产教良性互动、校企优势互补的发展格局，释放出文秘类专业职业教育的新空间、新活力，取得了一系列令人瞩目的教学、科研和实践成果。本系列教材正是在这样的形势下开始策划和推动的。随着时代的不断发展，信息技术的迭代更新，文秘工作已经不仅仅是简单的文字处理和事务管理，它要求从业人员具备更加出色的政治素养、全面的职业素质、精湛的专业技能和敏锐的时代触觉。这套新形态教材的编写出版，旨在为文秘类专业的学生和从业者提供一个全新的学习平台，帮助他们更好地适应未来职业发展的需求。

在教育部职业院校教育类专业教学指导委员会文秘专业委员会的直接指导下，在重庆大学出版社的大力支持下，我们以国家现代文秘专业教学标准为依据，集合了全国多所职业院校文秘类专业的专业带头人和优秀老师，共同编写了这套符合“立德树人”整体要求、凸显校企融通思路的新形态教材。这套教材的编写，紧密结合了企事业单位对文秘人才的现实需求，充分吸收了最新的智慧办公数字行政方面的成果，力求在传授专业知识的同时，培养学生的实践能力和创新精神。我们遵循高职教育的规律，以人才培养为核心，以行业需求为导向，以提升学生的综合素质和职业技能为目标，努力打造一套既符合高职教育特点，又具有鲜明时代特色的文秘类专业系列教材。

在编写过程中，我们始终坚持“为党育人，为国育才”的基本出发点，将课程思政贯穿每一本教材之中。通过深入分析当前企事业单位对文秘人才的需求趋势，结合高职教育的特点和人才培养模式，我们力求在教材中融入最新的教育理念和教学方法，使之既符合教育规律，又能有效提升学生的职业技能和综合素质。在内容的选择上，我们力求精简、实用，避免空洞的理论阐述，更多地关注实际操作和应用，力求使每一章节、每一个知识点都能紧密联系实际，服务于学生的未来职业发展；在版式设计上，我们采用了大量的图表、案例和实训练习，使学生在学习过程中能够更直观地理解知识点，更好地掌握实际操作技能。同时，我们还配套了大量的多媒体教学资源，包括视频教程、在线测试、模拟实训等，旨在为学生提供一个更加丰富、多元的学习环境。通过对这些资源的使用，学生可以随时随地进行自主学习和实践操作，进一步提升学习效果和职业技能。

我们坚信，这套文秘类专业新形态教材的出版，必将对推动新时代文秘类专业教育的发展产生积极而深远的影响。我们期待它能够成为广大师生学习、教学的得力助手，为我国文秘人才的培养贡献智慧和力量。

在此，我们要再次感谢重庆大学出版社对这套教材编写和出版的全力支持。他们的专业团队在内容策划、编辑校对、版式设计等方面都给予了我们宝贵的建议和帮助，使得这套教材能够更加完善、更加符合读者的需求。

展望未来，我们将继续关注文秘行业的最新发展动态，不断更新和完善教材内容，确保其始终与时俱进、紧跟时代步伐。由于编者们来自不同的省市和院校，各自的学术背景和经验有所差异，教材中或许存在不足之处，我们诚挚地希望广大师生能够积极使用这套教材，并提出宝贵的意见和建议。通过共同努力，我们期待推动文秘类专业教育的持续发展和进步。

让我们携手努力，共同书写文秘类专业教育的新篇章！

编　者

2024 年 3 月

前 言

习近平总书记在中共中央政治局第九次集体学习时高屋建瓴地指出："人工智能是新一轮科技革命和产业变革的重要驱动力量，加快发展新一代人工智能是事关我国能否抓住新一轮科技革命和产业变革机遇的战略问题。"我国政府近年采取了一系列措施和政策，以引导和规范人工智能的研究与应用。人工智能对教育来讲，绝不是策略和战术问题，而是一个影响甚至决定教育发展战略性、全局性、根本性的关键问题。人工智能赋能教育的行动要切实推进，职业教育不能等，不能靠。在这样的大趋势下，文秘类专业人才培养模式在人工智能助力下的改革已是迫在眉睫的任务。

人工智能的发展对行业、职业、岗位的冲击是显而易见的。一些传统行业面临升级换代，传统职业被替代或改造，传统岗位也将被赋予新的内涵。对于文秘岗位而言，来自人工智能的压力是明显且巨大的。在人工智能的环境下，文秘岗位将发生以下三种变化。

第一，智力替代。目前，多样化的人工智能工具可以充当专业秘书的"智力替代"，提供各类虚拟助手功能，从而打造出一个全能型的超级 AI 秘书。如公文写作、课件制作、平面设计、文案策划等。

第二，职能重构。在人工智能时代，文秘岗位的工作职能将会发生显著变化，具体表现为职能的重构。

1. 事务性工作将减少，而创意性工作将得到提升。人工智能能够自动化处理大量重复性工作，如文件整理、会议记录等，从而显著提高文秘人员的工作效率。这使得文秘人员能够有更多时间专注于创新性领域和创造性工作。

2. 传统技能在减少，而大模型技能在提升。人工智能的应用对文秘人员的技能要求发生了显著变化。除了掌握传统的文秘技能外，他们还需要掌握人工智能技术、数据分析等新型技能，以适应行业发展的需求。

3. 助理类职能在减少，而参谋类职能在提升。随着事务性工作的减少，文秘人员的工作职能将逐渐从简单的行政事务处理向高级别、综合性的管理职能转变。他们需要具备更强的战略思维能力和创新能力，以应对行业发展的挑战。

第三，技能迭代。对于文秘岗位的传统技能，有相当一部分将被人工智能全部或部分替代，因此，文秘人员需要掌握新的技能以完成技能的迭代。

当然，尽管人工智能在文秘岗位中发挥了重要作用，但它并不能完全替代文秘人员。文秘人员仍然需要具备扎实的文字功底、良好的沟通能力、敏锐的观察力和准确的判断力等综合素质，以应对更加复杂和多变的工作任务。同时，文秘人员还需要不断学习和掌握基于人工智能的新技术、新工具，以适应人工智能时代的发展需求。这也是本书写作的初衷。

一群来自不同背景、不同职业的作者，因为相同的目标聚集在一起，努力在文秘类专业与人工智能结合方面进行具有开创意义的探索。我们梳理了人工智能在办公环境中的应用场景，提炼出 26 个典型的人工智能应用工作任务，以深入浅出的闯关模式，力图营造一种生动活泼、有趣好玩的学习氛围，让读者在愉悦的心态中掌握人工智能的要义与技艺，磨砺创新思维，提升工作效能。书中还收集了一些人工智能应用的生动案例，作为学习的引导；同时，我们还制作了大量配套资源，以帮助读者更好地学习和理解；此外，还设置了一些进阶的知识点，鼓励读者利用人工智能工具进行拓展性实践。总之，本书本着以读者为中心，以技能提升为目标的编写理念，努力为读者呈现一本整合了学习、训练、拓展功能的实用性教材。

本书的写作过程得到了重庆大学出版社的大力支持，在此特别感谢编辑唐启秀等老师为本书提出了许多建设性意见。正是因为他们的鼎力相助，本书才得以顺利出版。本书共分为 1 个理论对话篇和 25 个与文秘办公工作紧密相关的实操关卡，每个关卡内都设计了难度梯度，以满足不同读者的需求。具体写作任务安排如下：

王曦负责全书内容的架构、编写体例的设计和审核，向阳负责全书编写的过程性指导与审核，李佳敏、何美鑫、李家圆、易延龄分别负责关卡中“金手指”“一起练”“充电桩”“挑战营”的写作，胡春蕾负责“入门考”“任务单”的写作和整理，郝凯负责“知识库”“评价单”的写作，李婷婷负责“拓展栏”“瞭望塔”的写作，每个关卡都由团队全员参与完成。丁云熙、杨诗婳、刘翼秦、胡红红等同志在关卡实操实验中提供了帮助。

学海无涯，人工智能的发展更是如此。每时每刻，它都在飞速发展，新的理念、工具、技能、方法层出不穷。本书在编写过程中难免有所遗漏，如有不当之处，敬请批评指正。如果本书能够在人工智能应用方面为您提供一些引导和启发，那将是我们作者最大的心愿。

向　阳
2024 年 8 月于珠海

教材使用说明

亲爱的同学们：

欢迎翻开这本教材——这是属于你们的学习宝典！为了让大家能更好地利用这本宝典“打怪”升级，接下来，我们将通过详细的使用说明，引导大家如何高效地学习并掌握每一关卡的内容。宝典不仅涵盖了学习方法和技巧，还提供了丰富的实例和训练题，旨在帮助大家巩固所学知识，真正做到学以致用。

现在，就让我们一起踏上这段充满挑战与收获的学习之旅吧！

一、故事背景

在并不遥远的 2024 年，一群机智勇敢的少年出现了。他们将利用人工智能“行侠仗义”，陪伴和帮助大学生小西完成一系列任务。在这个过程中，他们与时代发展相融合，充分运用人工智能来提升自己的技能，不断成长，最终成为一名真正的勇士。

二、主人公小西简介

小西是 XX 职业学院文秘专业的学生，目前读大二。在校期间，她加入了学生会秘书处并担任负责人，多次参与学院组织的各项活动。她计划利用暑假时间在一家科技公司的行政助理岗位实习，以积累工作经验。小西性格活泼，待人友好。

三、教材体例介绍

要想通关升级，首先得通过入门考。这其实是对应关卡讲授前的一个小检验，会包含 2~3 道简单的问题，用于摸底。

不错不错，少年，你们的骨骼清奇，思维敏捷，真是可塑之才！快来领取任务单，利用人工智能帮助小西解决她遇到的问题吧。

请看大礼包：

知识库，它归纳了对应关卡主题的核心知识点，希望能对你们有所帮助。什么，还是觉得有点复杂？那就送给你们“金手指”，它会帮大家分析此关卡中最难理解和存在障碍的点，扫除障碍，方便大家进行操练。接着，我们会一起练习，为大家提供关卡实操的方法，并手把手带大家进行实操，同时讲解方法。如果你们还没有看明白，没关系，扫描旁边的二维码，通过观看视频，能更加直观地学会操作。

很好，你们已经全部掌握了，让我们再来巩固和提升一下吧。

首先来到“充电桩”，通过同类题型的训练来巩固知识、查漏补缺。如果感觉还不错，并且学有余力，那就进入“挑战营”。不过要小心，这里的任务训练难度会有所提升，但经验值的增长也会更快些。

恭喜你们闯关成功！接下来，再为大家送上“拓展栏”，它是对此关卡相关知识的内容拓展，旨在帮助大家了解更多、更广的资讯。现在，让我们站在“瞭望塔”上，阅读前辈们留下的人生指引吧。

少年，通关之路不易，每完成一关，别忘了去评价单上记录一下。

序号	评价指标	完全不符合	不太符合	一般符合	比较符合	完全符合
1	我能够准确理解 AI 工具在（对应关卡名称）的作用与优势。	□	□	□	□	□
2	我能够熟练使用至少一款 AI 工具（对应关卡名称）进行基础操作。	□	□	□	□	□
3	我能够根据 AI 工具的建议，有效调整（对应关卡名称）的结构和内容。	□	□	□	□	□
4	我能够将所学到的 AI（对应关卡名称）优化技巧应用到自己的实际经历中。	□	□	□	□	□
5	我理解了如何根据（对应关卡）的不同，调整 AI 优化（对应关卡名称）策略。	□	□	□	□	□
6	我觉得学习使用 AI 工具进行（对应关卡名称）的过程很愉快。	□	□	□	□	□
7	与学习前相比，我感觉自己在 AI（对应关卡名称）优化方面有了明显的进步。	□	□	□	□	□
8	我认为通过本关卡的学习，我不仅掌握了相关技能，还拓宽了对 AI 应用领域的视野。	□	□	□	□	□
9	与之前的自己相比，我在利用 AI 工具优化（对应关卡名称）方面的能力有了显著提升。					
10	我对继续学习《人工智能办公应用》的其他关卡充满了期待。					
请写下在本关卡学习中你还有哪些未解决的问题、困惑以及其他的感受：						

说明：

1. 请根据自己的学习情况，在对应的空格“□”内打“√”。

2. 本自评清单旨在帮助你自我评估在《对应关卡名称》中的学习成果，以便你及时调整学习策略，提升学习效果。

3. “完全不符合”表示你几乎未掌握相关知识或技能；“不太符合”表示你掌握得不够熟练或存在较多疑问；“一般符合”表示你已基本掌握，但仍有提升空间；“比较符合”表示你掌握得较好，能够较熟练地应用；“完全符合”表示你已完全掌握，能够灵活应用于各种情境。

4. 请在完成本关卡学习后，认真填写此自评清单，以便你更好地规划后续的学习路径。

亲爱的同学们，我们相信，在接下来的闯关过程中，你们将能够掌握人工智能在办公应用中的技巧，并充分利用人工智能来辅助自己完成许多看似不可能的任务。如果大家还有任何困难和问题，请来我们的答疑解惑魔法 QQ 王国（906623585），在这里，你可以把你在每个关卡完成的作品分享给魔法导师们点评，得到他们的指导。你还可以在这儿遇到志同道合的小伙伴，共同进步，一起成长。欢迎你的加入！我们坚信大家都能成为最机智勇敢的掌握了人工智能办公的少年勇士！

导言

目录
MULU

走进人工智能办公应用的世界

张经理正在办公室里，电脑屏幕上显示着一张人工智能的漫画图。他正准备给人工智能项目组发一封有趣的邮件。小西带着笔记本，满脸好奇地走了进来，想要了解这个神秘又有趣的人工智能。

小　西：张经理，您是不是在研究怎么让机器人讲笑话啊？我听说您这里有人工智能的秘籍！

张经理：（抬头一笑）哈哈，小西，你这是听谁说的？不过，如果你想知道怎么让机器变得幽默，那可得先了解一下人工智能的基础知识。

小　西：张经理，我一直好奇，人工智能是不是就是让机器变成超级大脑？

张经理：嗯，可以这么说。人工智能，简称 AI（Artificial Intelligence），就是让机器拥有类似人类的智能。比如说，科幻电影里的机器人，它就是一个典型的人工智能角色，能说话、能理解指令，还能和你斗嘴呢！

小　西：哇，那是不是以后我家的扫地机器人也能和我聊天了？

张经理：理论上讲，只要给它装上合适的 AI 程序，还真有可能实现。不过，目前很多扫地机器人还处于“初级”阶段，只能执行一些基础指令，比如扫地、拖地等。

小　西：那人工智能是怎么从科幻电影里走进我们生活中的呢？

张经理：这得从 20 世纪 50 年代说起，那时候科学家们开始梦想让机器拥有智能。到了 80 年代，机器学习技术出现了，这就好比给机器开设了一个“大脑训练班”，使它们能够通过数据学习。比如，那个年代的“专家系统”，它们就像是一个装满了各种规则的机器人，虽然显得有些笨拙，但已经是 AI 的雏形了。

小　西：那后来呢？ AI 是不是变得越来越聪明了？

张经理：对啊，特别是深度学习技术出现后，AI 就像得到了极大的智商提升。想象一下，你是一名厨师，正在尝试制作一道新的菜肴。你手头有一堆食材（数据），一些食谱（模型），以及一些烹饪指南（算法）。深度学习的过程就可以类比为这个烹饪过程。

比如 2012 年，AI 在图像识别比赛中取得了显著突破，就像是一个突然开窍的学生。现在，AI 的应用已经广泛渗透到我们的生活中，比如智能音箱、自动驾驶汽车等。

小　西：那人工智能有哪些酷炫的技术呢？

张经理：那可有的说了。首先就是机器学习。想象一下，你的购物 APP 能猜到你想要买什么，这就是机器学习在根据你的喜好进行预测。再比如，你有一个朋友，每次你邀请他来家里看电影，他都会带爆米花。几次之后，你开始注意到一个模式：每次他来，你都期待他带爆米花。这其实就是一个简单的机器学习过程，即通过观察数据来发现规律。

小　西：那深度学习呢？

张经理：深度学习是机器学习的升级版，它让机器能够处理更复杂的数据。比如，你用美颜相机自拍时，它能自动识别你的脸型、肤色，并给你化妆，这就是深度学习在美颜领域的应用。再举个例子，想象你正在教一个小孩子学习如何识别不同的动物。一开始，你可以给他看一些动物的照片，并告诉他每张照片上是什么动物。这个过程可以看作是深度学习中的“训练阶段”。

你给孩子看的照片就像是深度学习模型的训练数据集。随着孩子看的照片越来越多，他开始学会识别动物的某些特征，比如斑点、条纹或者耳朵的形状。这就像是深度学习模型能够从数据中提取特征。当孩子看到一个新的动物照片时，他会根据之前学到的特征来判断这个动物是什么，这就像是深度学习模型中的全连接层，它将提取的特征综合起来进行分类。如果孩子猜错了，你会告诉他正确答案，然后他就会根据这个反馈来调整自己的判断标准。这就像是深度学习中的反向传播算法，模型会根据预测结果和实际结果之间的差异来调整自己的参数。随着时间的推移，孩子看到的动物越来越多，他识别动物的能力也会越来越强。这就像是深度学习模型通过不断迭代训练来提高自己的准确率。

小　西：太神奇了！那自然语言处理和计算机视觉又是什么呢？

张经理：自然语言处理就像是教机器说人话。比如苹果手机的 Siri 能和你聊天，再比如，你有一个智能助手，它的任务是帮助你管理日常任务和回答你的问题。当你告诉它“明天早上 7 点叫醒我”时，智能助手需要理解这句话的含义并设置一个闹钟。这个过程就涉及自然语言处理。而计算机视觉则是让机器具备“火眼金睛”的能力。比如自动驾驶汽车能识别路边的花草树木，确保不会把你送到树上去。再比如，你正在使用一个照片管理应用，它可以自动将你的照片分类到不同的相册中，如“家庭”“旅行”或“宠物”。这个应用就是利用了计算机视觉技术来识别照片中的内容。

小　西：张经理，您讲得太有趣了，我好像对人工智能有点心动了。人工智能在办公领域有哪些应用呢？

张经理：人工智能在办公领域的应用非常广泛。比如，智能语音助手可以帮你记录会议内容，智能文档审核可以检查文件中的错误，智能数据分析则可以帮你分析公司业绩等。

小　西：哇，听起来好酷啊！那这些技术对提升办公效率有帮助吗？

张经理：当然有。这些技术能够帮助员工节省时间，提高工作效率，让员工有更多的时间去专注于更有创造性的工作。比如，以前你可能需要花一整天的时间来整理和分析数据，但现在有了智能数据分析技术，你只需要几个小时就能完成这些工作了。

小　西：那我还是有点恐惧了，我是不是会被代替了？那 AI 办公岗位的职业特点与发展趋势是什么呢？

张经理：办公岗位的职业特点和发展趋势与人工智能息息相关。主要的特点在于，一些重复性的办公工作可能会被自动化，比如自动会议记录、同声翻译等。但同时，也会创造出新的工作机会，比如数据分析师、机器学习工程师等岗位将会更加热门。会使用 AI 工具提高办公效率的办公领域从业者也将成为市场的需求，他们更具有职业竞争力。因此你不用担心，拥抱 AI 吧。淘汰你的不是 AI，而是那些会使用 AI 的人。想想看，会指挥人工智能是多么酷的事情啊！你也是有经验的老员工了。

小　西：好，又给我增添了信心，哈哈哈！人工智能在办公领域的应用现状怎么样呢？

张经理：目前，人工智能在办公领域的应用还处于初级阶段，但随着技术的不断进步，未来人工智能在办公领域的应用将会更加广泛。例如，智能办公助手、智能会议室、智能客服等都将逐渐普及。

小　西：您能给我举一些人工智能在现实应用领域的例子吗？

张经理：当然可以。比如，在金融领域有智能投顾、医疗领域有智能诊断、教育领域则有智能辅导等。这些领域的人工智能应用已经取得了显著的成果，并且未来还有很大的发展空间。

小　西：哇塞！原来已经这么厉害了。那 AI 未来的机遇会在哪里呢？

张经理：未来，AI 将在各个领域提供更加智能化的服务。比如，在智能医疗、智能教育、智能交通等方面都将发挥重要作用。具体来说，有以下几个方面的机遇：一是数据驱动决策。AI 将帮助企业更好地分析数据，从而做出更加明智的决策，提高企业的竞争力。二是个性化推荐。AI 将根据用户的个性化需求和喜好，提供更加精准的推荐和服务，提升用户体验。三是自动化生产。AI 将推动制造业的自动化和智能化，提高生产效率，降低成本。四是智能安全。AI 将帮助企业和政府更好地应对网络安全、城市安全等方面的挑战，提高社会的安全水平。总的来说，AI 的发展就像一场科技大冒险，充满了无限可能。比如，你想象一下，未来的智能家居会变得多么神奇，你只需要动动嘴，就能让家里的电器帮你做家务。

小　西：哇，学习了学习了，那岂不是可以在家当个懒人？

张经理：没错，能满足你这个愿望，哈哈哈。

小　西：那 AI 在未来发展中也会遇到挑战吗？

张经理：当然了，AI 未来的挑战主要包括数据隐私、算法偏见、就业影响等方面。为了应对这些挑战，我们可以采取以下策略：

一是加强数据隐私保护。企业和个人都应加强数据隐私保护，避免数据泄露和滥用。

二是提高算法透明度。企业和政府部门应提高 AI 算法的透明度，确保决策的公正性和公平性。

三是关注就业影响。政府和企业应关注 AI 对就业市场的影响，提供职业培训和转岗支持，帮助受影响的劳动者顺利过渡。

比如说，数据隐私就像是你家的保险箱，需要妥善保护，不然你的隐私就会像秘密一样被偷走。

小　西：那这怎么办呢？

张经理：我们要提高算法透明度，就像是一个公开的魔法，让大家都能看到它的神奇之处，从而更加信任和使用它。

小　西：张经理，您讲解得太有趣了，我现在就想成为 AI 领域的领头羊，马上把 AI 用起来，哈哈哈。

张经理：好啊，年轻人就应该有激情和梦想，真好！

在学习使用AI工具的第一步，我们需要先了解市面上现在有哪些常用的AI工具，以及每款 AI 工具的特点和使用场景是什么。你不如去查查，了解了解，这样会加深你对 AI 的理解，并帮助你高效地学习使用 AI。

小　西：等着，这就去，全网搜寻官上线了。

任 务 一
开启提示词的大门

关卡 1　深入探索并精妙掌握 AI 提示词的输入技巧与艺术

一、入门考

1. 你知道 AI 提示词的作用是什么吗?

2. 我们应该如何正确使用 AI 提示词呢?

二、任务单

随着人工智能技术的飞速发展，小西越来越意识到掌握 AI 提示词的重要性。这不仅能提升她的学习效率，还能在未来的职业生涯中为她带来巨大优势。于是，小西决定深入探索 AI 提示词的奥秘，并尝试将其应用于自己的学习和项目中……

让我们跟随小西的脚步，一起开启 AI 提示词的探索之旅吧。

三、知识库

AI 提示词

（一）AI 提示词的定义

AI 提示词（Prompt）是给 AI 模型提供的输入文本，用于明确指示模型应该执行的任务类型以及期望的输出样式。AI 提示词，就如同给 AI 施加的魔法咒语，能够引领 AI 创造出各种奇妙而多样的作品。

（二）AI 提示词构成

1. 指定角色

为大模型指定一个角色，例如“你是一名秘书”或“你是一名英语翻译”等。将指定角色的提示词置于最前面，这样可以确保生成的结果最为准确。这样做能够缩小问题领域，减少歧义，提升准确性和输出结果的质量。

2. 任务描述

给出具体的任务描述，信息越详尽越好，例如“请写出 ×× 文案，并实现以下功能：××”等。

3. 案例说明

当期望大模型生成特定类型的输出时，可以提供一个案例来帮助模型更好地理解任务并生成正确的输出，例如，“你是秘书，需要撰写 ×× 文案，可以参考以下文案进行微调：××”。

4. 输入信息

明确标识出任务的输入信息，例如“写出的文案需要包括以下几个方面，分别是 ×、×、×……”。

5. 输出信息

详细描述对输出信息的要求，包括输出格式、输出结果的数量、输出语言（如英文输出）等。

（三）AI 提示词的输入艺术

1. 语言的魅力

精心选择并组织词汇，巧妙运用修辞手法，如比喻、拟人、排比等，使提示词充满文采与感染力。例如，请像一位诗人那样，用华丽的辞藻去描绘春天的花园，让每一朵花都绽放出梦幻般的色彩与诗意的芬芳。

2. 情感的注入

通过提示词传达特定的情感，激发 AI 生成具有相应情感色彩的内容。比如，以满怀忧伤的笔触，去讲述一个失去爱情的故事，让读者能够深切地感受到那份刻骨铭心的痛苦。

3. 意境的营造

运用生动的描写与细腻的感知，为 AI 构建出一个独特且迷人的情境或场景。例如，描绘一幅月光下宁静的海边小镇的画面：海浪轻轻拍打着沙滩，星星在夜空中闪烁，微风轻轻拂过脸庞。

4. 文化与典故的融合

在提示词中融入文化元素、历史典故或经典文学作品的精髓，以增加其深度和内涵。例如，以中国古代神话中嫦娥奔月的故事为蓝本，创作一个新的奇幻冒险故事。

当我们在创作 AI 提示词时，若能充分发挥这些艺术性的特点，就能引导 AI 生成更具魅力和价值的内容，为我们带来意想不到的惊喜与灵感。

四、金手指

1. 提示词概述

在人工智能领域中，“提示词”是一种用于指导 AI 完成特定任务的工具。它由多个关键部分组成，这些部分包括身份、角色、背景、任务以及目标等。提示词的设计核心在于为大模型提供清晰明确的指令和详尽的上下文信息，从而引导其生成更加相关且具体的响应。有效的提示工程能够显著提升生成内容的质量和多样性。此外，通过持续不断地实验并迭代优化不同的提示词，我们可以更精准地实现预期的结果。

2. 常见提示词难题分析

难点一：关键词提取

问题描述：在编写提示词的过程中，我们需要从海量的信息中精准地筛选出那些能够准确概括任务核心的关键词。

例如：设想你在向 AI 描述一幅画作，你需要清晰地告知 AI 这幅画的主要颜色、形状或主题等信息。这些关键词就如同画作中的颜色、形状或主题一样，是传达画作精髓的关键所在。

解决方法：我们可以通过不断的练习和掌握信息筛选的技巧来提升这一能力。例如，可以自问“这项任务的核心要点是什么？”然后紧密围绕这个核心来精心挑选关键词。

难点二：语境理解

问题描述：语境，即词汇所处的具体使用环境，相同的词汇在不同的语境中往往承载着不同的含义。

例如：“bank”一词，在金融领域的语境中通常指的是金融机构，而在地理领域的语境中则可能指的是河边的沙洲或高地。

解决方法：为了使人工智能能够更准确地理解语境，我们可以在提示词中融入更多的背景信息，或者选择使用更为具体明确的词汇来界定语境。

难点三：指令明确

问题描述：指令明确，即要求我们在向 AI 发出指令时，必须清晰具体，毫无歧义。

例如：就像给朋友发消息说“帮我买一本书”，这样的指令就显得过于笼统，不够明确。你需要具体地说“请帮我买一本《人工智能入门》的书籍”。

解决方法：在编写提示词时，我们应尽量做到具体详尽。可以通过以下步骤来增强指令的明确性：

（1）明确任务的具体目标和要求。

（2）使用简单直接、易于理解的句子结构来表达指令。

（3）如果有必要，请提供步骤或例子来指导 AI。

五、一起练

关卡 1

让我们一起开始练习吧，按照以下步骤操作，让人工智能成为你的小助理。

提示词：设定角色 + 背景描述 + 明确目标 + 补充要求。

设定角色：请大模型扮演该领域的专家。

背景描述：清晰地描述你的问题背景。

明确目标：告诉大模型你期望得到的成果。

补充要求：可以附加一些具体的例子或要求，例如期望的输出样式。

任务背景：你是一名秘书，你的领导是环保局局长。领导交给你一个任务，要求你帮他撰写一篇演讲稿。他将于 8 月 1 日在长沙的一所初中进行一场关于“提倡环保”的公开演讲，演讲时长为 3 分钟。

接下来，我们将按照提示词书写公式，分步骤来编写提示词。

步骤一：设定角色

错误示例：

任务描述：你是一名专家。

分析：描述过于模糊，缺乏明确的身份标签。

正确示例：你是一名资深的文案编辑。

步骤二：背景描述

错误示例：

任务描述：初中演讲。

分析：背景信息不全面，导致内容生成不完整。

正确示例：你是一名环保局局长，8 月 1 日将在长沙市的一所初中进行关于“提倡环保”的演讲。

步骤三：明确目标

错误示例：

任务描述：帮我写个环保的东西。

分析：描述模糊，缺乏具体信息。

正确示例：请帮我写一篇关于“提倡环保”的演讲稿。

步骤四：补充要求

错误示例：

任务描述：字数 500。

分析：没有明确的文风要求，可能导致内容偏离主题。

正确示例：字数控制在 500 字左右，语句通顺，可以穿插一个与环保相关的故事，使内容更加生动，激发听众对环保的关注。

步骤五：构建提示词

将以上四个步骤的内容融合在一起，构建成完整的提示词。

错误提示词：你是一名专家，要去初中演讲，帮我写个环保的东西，字数 500 字。

正确提示词：你是一名资深的文案编辑，我作为环保局局长，需要你为我撰写一篇关于“提倡环保”的演讲稿。演讲将于 8 月 1 日在长沙市的一所初中进行，时长为 3 分钟。请确保字数控制在 500 字左右，语句通顺，并可以穿插一个与环保相关的故事，使内容更加生动，激发听众对环保的关注。

步骤六：与人工智能软件沟通

将构建好的提示词输入到人工智能软件中。我们选择一款人工智能软件，例如“智谱清言”。请将提示词输入到下图箭头所指的对话框中（图 1.1）。

图 1.1　提示词窗口

步骤七：错误与正确提示词结果的对比

我们分别将正确和错误的提示词输入，以便一同观察它们的效果对比。

图 1.2 为错误提示词所得到的输出结果。

图 1.2　错误提示词的输出结果

正确提示词所得到的输出结果如图 1.3 所示。

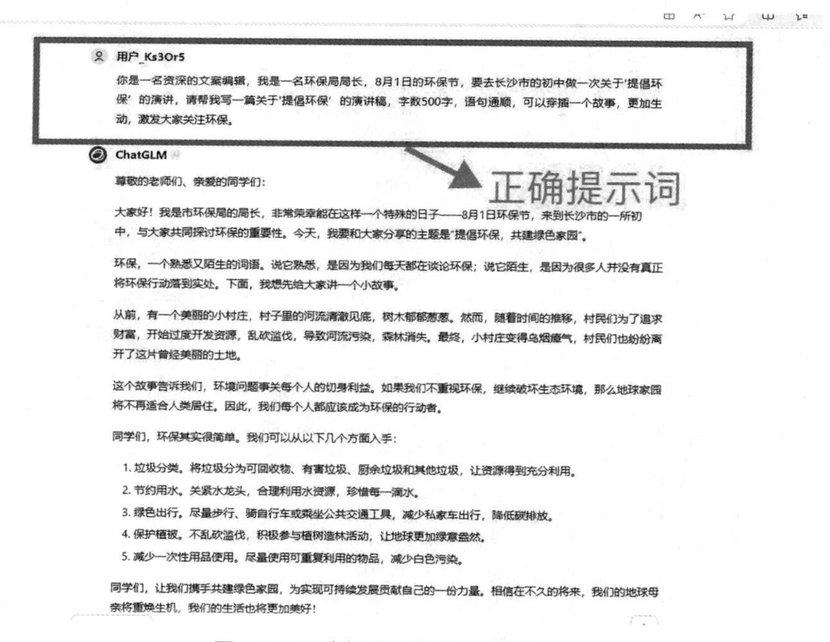

图 1.3　正确提示词的输出结果

六、充电桩

你已经学会了吗？下面，我们将用一个流程图帮你回顾、梳理一下（图 1.4），并请你完成接下来的任务，以检验自己的掌握程度吧！

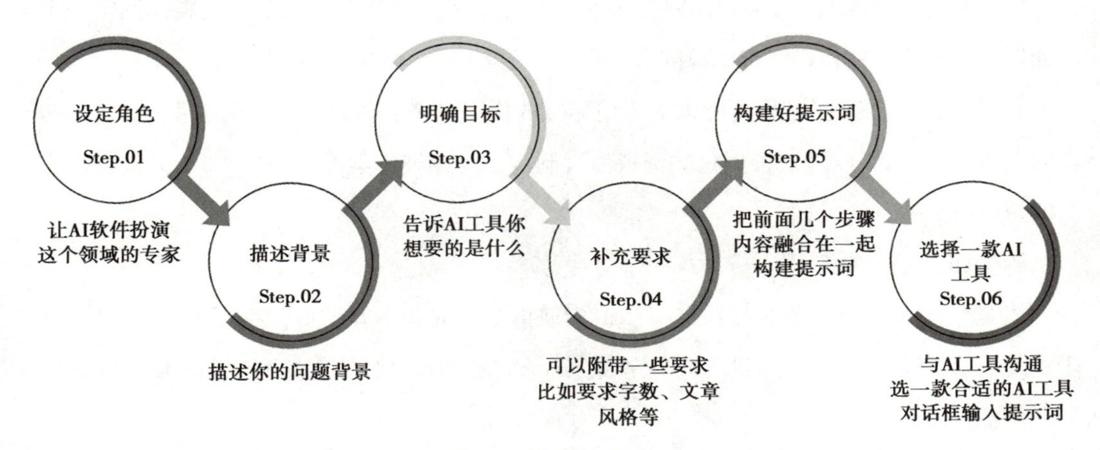

图 1.4　操作流程图

现在，你已经掌握了撰写提示词的方法。接下来，请你按照提示词的撰写步骤，完成一篇关于“大学开学典礼，学生代表上台的发言稿”。加油！我们非常期待你的作品！

七、挑战营

你已经掌握了基础提示词构建的技巧，是不是还是觉得操作起来不太顺手？别着急，在这个环节，我们将面对一个更复杂且有趣的任务，并再教你几招，即学会更有效地与 AI 对话，优化并升级你的提示词。

锦囊一：沟通反馈

对于 AI 给出的内容，我们需要与其进行对话，并就我们想要的内容与 AI 生成的内容之间的差别做出真实的反馈。通过与 AI 沟通，提出进一步的要求，明确告知它哪些部分做得好，哪些部分需要改进，从而让 AI 生成的内容更贴近我们的期望。

锦囊二：对话评价

（1）“我希望你扮演一位专业的提示词创作者，并对我的提示词进行评价。评价内容包括三个部分：一是建议（提供两条建议，告知我应该加入哪些细节以改进提示词）；二是问题（提出两个最相关的问题，提示我需要提供哪些补充信息来改进提示词内容）；三是提供修改后的提示词模版。”

（2）为了避免 AI 出现“幻觉”而一本正经地胡说八道，我们可以在最开始的时候给它设定规则。例如：“只有当你知道答案或能够做出有根据的预测时，才回答下面的问题；否则，请明确告诉我你不知道答案。我的问题是：×××。”

锦囊三：任务拆解

当你想要完成一个更复杂的任务时，可以通过拆解的方式将其分解成几个小任务，以确保 AI 能够准确理解并执行。

错误示范："我想提高英语水平，请给我推荐一些适合初学者的学习资料，制定一个学习计划，并安排一些口语练习的时间表。"

正确示范："我想提高英语水平，请你完成以下任务：（1）请给我推荐一些适合初学者的英语学习资料。（2）根据这些资料为我制定一个详细的学习计划。（3）为我安排一个合理的口语练习时间表。"

锦囊四：逐步追问

当我们面对一个复杂的任务但不知道如何拆分，或者不知道如何撰写 Prompt 时，可以让 AI 逐步思考任务，并协助我们逐步完成。这个方法能够提高答案的逻辑关联性和准确性。

示范：

第一步："我想创立自己的公司，接下来请你逐步思考这个创业计划应该如何实施。"

第二步："根据你的思考，请你一步一步地完成这个创业计划的任务。"

通过以上的学习，我想你应该已经准备好接受一个更复杂的任务来检验和挑战自己了。那就来接受新任务吧。

任务：5 月 8 日，学校举办了一场关于"关爱残疾人士"的公益演讲活动。你的演讲时间为 5 分钟，演讲内容需轻松愉悦、生动形象，以故事的形式串联起来，让现场观众能够融入其中，增强现场氛围感。

根据以上信息，写一篇关于"关爱残疾人士的演讲稿"。运用你掌握的提示词技巧，写出上面任务的"提示词"，并在如"智谱清言"等 AI 平台中输入"提示词"，得出结果。快来挑战一下自己吧！加油！

八、拓展栏

提示词的构建思路和写法对生成式 AI 产出的质量起着决定性作用，良好的书写能够去除"AI 味"。许多人一听闻 AI，就下意识地认为是理工科专属，但生成式 AI 为所有人降低了使用的门槛。有研究表明，文科生在构建提示词的过程中，往往展现出更出色的表达能力，能更好地训练提示词，从而生成更符合自身需求的内容。因此，我们要学会多练多用，在之前讲授的提示词写法的基础上，训练自己的提示词构建模式。同时，也要学会去除文章中的"人工智能味"，这意味着要让文章读起来更自然、更符合人类写作的风格。为此，我们需要丰富语言表达，学会写作多样化的句型，避免使用重复和单调的句型，替换常见和重复的词汇，并注意动词使用的精准性（例如，运用不同的动词开头，如“给予、生成、撰写、执行、分析、设计”等，这些动词会依据其描述生成不同的内容）。此外，还要确保段落的流畅度。在这里，再为大家提供一些思路，希望大家能够多看多思，灵活运用：

1. 使用口语化语言

避免使用过于正式或技术性的语言，尝试采用更贴近生活的表达方式。例子：

AI 味：“该算法通过深度学习技术实现了图像识别的高准确率。”

人类味：“这个智能程序能像人一样准确地认出图片里的东西，而且做得挺准的。”

2. 增加情感色彩

在文章中融入情感元素，让读者能够感受到作者的情感态度。例子：

AI 味：“产品性能优越，用户体验良好。”

人类味：“使用这个产品真是享受，它不仅速度快，而且操作特别顺手。”

3. 使用比喻和拟人等修辞手法

借助比喻和拟人手法，将抽象的概念具象化，以便读者更好地理解。例子：

AI 味：“数据流如同河流一样在系统中流动。”

人类味：“数据就像小溪一样在电脑里欢快地流淌。”

4. 个性化语言

让文章带有个人风格，如幽默、讽刺或亲切等。例子：

AI 味：“该技术的应用范围广泛。”

人类味：“这项技术真是万能，哪儿都能派上用场。”

5. 使用故事讲述

通过故事来引入话题，使文章更具吸引力。例子：

AI 味：“人工智能在医疗领域的应用。”

人类味：“想象一下，一个 AI 医生如何协助医生诊断疾病，这听起来像科幻小说，但事实上它正在发生。”

6. 避免过度使用专业术语

尽量减少或解释专业术语，以便非专业读者能够理解。例子：

AI 味：“利用神经网络对大数据进行分析。”

人类味：“就像大脑处理信息一样，我们使用一种特殊的电脑网络来分析大量数据。”

7. 使用直接和间接引语

通过引用他人的话或转述他人的观点，增加文章的互动性和真实性。例子：

AI 味：“研究表明，人工智能可以提高工作效率。”

人类味：“‘有了人工智能帮助，工作起来快多了。’一位用户这样评价。”

8. 增加互动性

鼓励读者参与讨论或思考，使文章更加生动。例子：

AI 味：“人工智能对就业的影响是一个复杂的问题。”

人类味：“你觉得人工智能会抢走我们的工作吗？这个问题值得我们每个人深思。”

通过运用这些技巧，可以使文章读起来更加自然、更具吸引力，并有效减少“人工智能味”。

九、瞭望塔

当前，人与人工智能的对话已成为现实。在对话过程中，无论是自然语言的交流，还是通过特定指令的交互，都存在一定的复杂性和不确定性。关键在于，人们需要深刻理解人工智能的原理和能力边界，同时明确自身的需求和期望，从而有效地进行沟通。未来，人与人工智能的关系将走向何方难以确切预测，可能是和谐共生、相互促进的伙伴关系，也可能是充满冲突与矛盾的对立关系。

在人工智能的浪潮中，人要驾驭人工智能并非易事。无论是借助其进行复杂的数据分析，还是依靠它完成烦琐的任务处理，都存在一定的难度和风险，但关键在于，人要明确自身的主导地位，以及人工智能的辅助作用，从而明智地运用其优势。面对人工智能带来的挑战，人类不能畏惧退缩，而应迎难而上。在人工智能迅速迭代的时代，大学生应知晓人工智能的技术原理，掌握其运行规律，而非盲目跟从。每一次对新知识的摄取，每一回对新技能的操练，都是在强化驾驭人工智能的能力，都是在增强自己未来的生存能力。

十、评价单（见“教材使用说明”）

任务二
智能写作与文档处理

关卡 2　用 AI 进行应用文书写作

一、入门考

1. 你知道应用文书主要有哪些种类吗？

2. 请简述应用文的基本结构。

3. 你知道应用文写作中的“五 W”原则具体指的是什么吗？

二、任务单

小西今年暑假在一家公司担任秘书行政岗位的实习生。实习的第三周，小西对秘书行政岗位的职责有了更深入的理解，日常工作的处理能力显著增强，同时，总结汇报的技巧和能力也得到了大幅度提升。在电脑桌前，小西回想了本周的工作任务，准备制作一份日常工作总结，为第三周的结束画上完美的句号……

跟着小西一起，回顾第三周的工作任务，并制作一份日常工作总结吧。小西第三周的主要工作内容与成果如下：

（一）日常行政事务处理

（1）完成了每日的邮件收发与分类工作，确保重要邮件得到及时处理。

（2）协助组织了两次小型会议，包括会议室的预订、会议材料的准备以及会议记录的整理。

（3）参与了办公用品采购计划的制定，并根据库存情况进行了适量补充，确保了办公区域的正常运转。

（二）文档管理与归档

（1）对本周接收到的各类文件进行了分类整理，并按照公司规定进行了电子化和纸质归档。

（2）协助上级完成了部分重要文件的修订与审核，确保了文件内容的准确性和规范性。

（三）信息沟通与协调

（1）作为部门间的桥梁，我积极与各部门保持沟通，及时传达公司政策和通知，并协调解决了一些跨部门合作中的小问题。

（2）接待了两位来访客户，热情周到地解答了他们的疑问，并记录了他们的反馈意见，为公司的客户服务工作提供了参考。

三、知识库

应用文书种类以及写作注意事项

（一）应用文书常见种类

1. 行政公文

如命令、决定、公告、通告、通知、通报、议案、报告、请示、批复、意见、函、纪要等。

2. 事务文书

包括计划、总结、调查报告、述职报告、简报、规章制度等。

3. 商务文书

如意向书、协议书、合同、招标书、投标书、商业计划书等。

4. 法律文书

包括起诉状、答辩状、上诉状、公证书、律师函等。

5. 传播文书

如消息、通讯、新闻评论、广告文案、演讲稿等。

6. 经济文书

包括市场调查报告、经济活动分析报告、审计报告、可行性研究报告等。

7. 礼仪文书

如请柬、贺信、贺电、唁电、感谢信、慰问信等。

（二）写作应用文书时的注意事项

1. 明确目的和受众

要清楚为什么要写这篇文章，以及写给谁看，以便确定内容的侧重点和语言风格。

2. 格式规范

不同类型的应用文书有其特定的格式要求，如标题、称呼、正文、落款等部分，须严格遵循，以保证文书的规范性和专业性。

3. 语言简洁明了

避免使用过于复杂、生僻的词汇和冗长的句子，力求准确、清晰地表达意思。

4. 逻辑清晰

按照一定的逻辑顺序组织内容，如总分总、时间顺序、重要程度顺序等，使读者能够轻松理解。

5. 数据和事实准确

如需引用数据、案例等，必须保证其真实性和可靠性。

6. 注重细节处理

字体、字号、排版等细节问题也需注意处理得当，以提升文书的整体质量。完成初稿后，应仔细审校和修改，确保语言表达准确、无错别字、标点符号正确。

以通知为例，标题应简洁明了，准确传达通知的主要内容；正文需写明通知的缘由、事项、要求等，条理清晰；落款应包含发出通知的单位和日期。再比如报告，需客观真实地反映情况，分析问题要有深度和依据，提出的建议要具有可行性。

四、金手指

（一）制作一份工作总结的难点

（1）明确总结目的与受众：撰写时若不清楚总结的具体目的（如向上级汇报、自我反思、团队分享等）和主要的阅读对象（如直接上级、团队成员、客户等），会导致内容偏离重点，无法有效传达关键信息。因此，明确总结的目的和受众对于确定总结的焦点和风格至关重要。

（2）区分事实与观点：在总结工作中，可能会将事实与个人观点混淆，导致总结不够客观。学会区分哪些是工作中的实际成果或问题，哪些是个人感受或评价，是撰写有效总结的关键。

（3）语言准确与精炼：总结应避免内容冗长、重复或模糊不清。加强语言训练，提高语言表达的准确性和精炼度，是撰写高质量总结的必要条件。

（4）逻辑清晰与条理分明：面对复杂的工作内容，撰写人应在撰写前进行充分的思考和规划，明确总结的结构框架，确保各部分内容之间联系紧密、层次分明。

（5）问题反思与改进计划：在总结工作中遇到问题时，不能只停留在表面描述上。对于如何改进和避免类似问题再次发生，要进行深入分析和反思，并提出切实可行的改进计划。这是提升总结价值的关键。

（二）使用 AI 工具撰写工作总结的难点

（1）语言准确性和表达：虽然 AI 可以生成语法正确的句子，但在表达的准确性和地道性上可能有所欠缺。特别是在处理特定行业术语或专业词汇时，AI 可能无法准确理解其含义并恰当运用。因此，在 AI 生成文本后，需要进行人工校对与反馈，纠正语言表达上的不准确之处。同时，将校对结果反馈给 AI 系统，以优化其后续的生成能力。

（2）个性化需求的满足：AI 生成的文本往往过于标准化，难以满足不同工作岗位、不同性格和风格的工作者的个性化需求。这可能导致总结缺乏个人色彩和独特性，无法真实反映工作者的实际工作情况。工作总结不仅是对工作的客观描述，还需要包含工作者的情感和态度。因此，在撰写时，可以与 AI 交流工作总结的相关事项，使 AI 能够识别并融入工作者的情感和态度。这可以通过分析工作者的历史文本、社交媒体活动等方式来进行个性化创作。

（3）深度理解和分析能力：AI 对复杂工作的理解可能有限，难以深入挖掘和提炼工作中的亮点和问题。这可能导致总结内容肤浅，无法全面反映工作的实际情况和成效。此外，AI 缺乏创新思维，通常按照预设的算法和模板生成文本，难以产生真正的创新性思维。因此，在 AI 分析复杂工作时，需要提供人工辅助分析的功能，让工作者与 AI 共同协作，共同提炼工作中的亮点和问题。

（4）与人工的协作与审核：由于 AI 在撰写工作总结时存在上述难点，因此需要人工进行必要的干预和审核，调整文本结构、修改语言表述、补充遗漏信息等。这增加了人工成本和时间成本。为此，可以设计高效的协作流程，使 AI 与人工能够无缝协作。例如，AI 可以初步生成文本框架和关键内容，然后交由人工进行细化和完善。

请你回顾一下小西的工作内容，让我们一起来帮小西用 AI 解决这些问题吧。

五、一起练

关卡 2

步骤一：回顾与任务记录

通过查看工作笔记、邮件往来、项目文档等，整理出关键信息点，特别是贡献、遇到的问题及其解决方案、学习到的知识等，以此回顾一周（或某一特定时间段）内所参与的所有工作项目、任务、会议等，确保对所有重要事项都有清晰的记忆。将每个部分汇总成你想要强调的要点大纲（图 2.1—图 2.4）。

本周总结（第三周）

- **做出的贡献**
  - 日常行政事务
    - 确保邮件处理的及时性和准确性
    - 优化信息传递流程
    - 协助组织了两次会议，提升会议效率
      - 会议记录的完整性和准确性
    - 办公用品采购计划的制定与补充
      - 保障办公环境的顺畅运作
      - 减少资源浪费
  - 文档管理方面
    - 电子化与纸质化归档的双重保障
      - 提升文档管理的规范性
    - 协助上级完成文件修订与审核
      - 确保公司文件的准确性和权威性
      - 为决策提供可靠依据
  - 信息沟通与协调
    - 及时传达公司领导通知
    - 有效协调解决跨部门合作中的小障碍
    - 为客户解答，记录客户意见
      - 促进优化公司服务工作

图 2.1　要点大纲（一）

- **遇到的问题**
  - 会议组织
    - 会议室预订冲突的问题
  - 文件修订审核
    - 部分文件内容复杂
      - 反复确认细节
  - 跨部门合作
    - 遇到沟通障碍
- **解决的方法**
  - 会议室预订冲突
    - 与会议室管理员积极沟通
      - 提前规划并调整会议时间
  - 文件修订审核
    - 与上级保持密切沟通
      - 多次讨论并确认修改意见
      - 确保文件质量
  - 跨部门合作
    - 向上级或更高层管理人员寻求支持和帮助

图 2.2　要点大纲（二）

- **学习到的知识**
  - 邮件处理技巧
    - 掌握了更高效的邮件处理技巧
  - 会议组织流程
    - 加深了对会议组织流程的理解
    - 学会更好地协调资源以应对突发情况
  - 文档管理和文件审核
    - 提升了对细节的关注度和把握能力
  - 客户服务意识
    - 增强了客户服务意识

图 2.3　要点大纲（三）

- **参与的会议活动**
  - 小型内部会议
    - 协助组织两次
      - 项目进展汇报会
      - 部门协调会
  - 公司高层会议
    - 旁听一次战略规划会议

图 2.4　要点大纲（四）

步骤二：得出总结初稿

接着，打开 AI 工具（比如“文心一言”，图 2.5），输入以下提示词：“你是一位资深行政秘书专员，请根据我提供的第三周要点大纲，为我撰写一篇一周工作总结，内容包括引言、本周主要工作内容（列出具体任务）、成就与亮点、遇到的问题与解决方案、个人成长与反思，以及下周计划。”请根据个人实际情况的详略需求，向 AI 工具发出指令（图 2.6）。

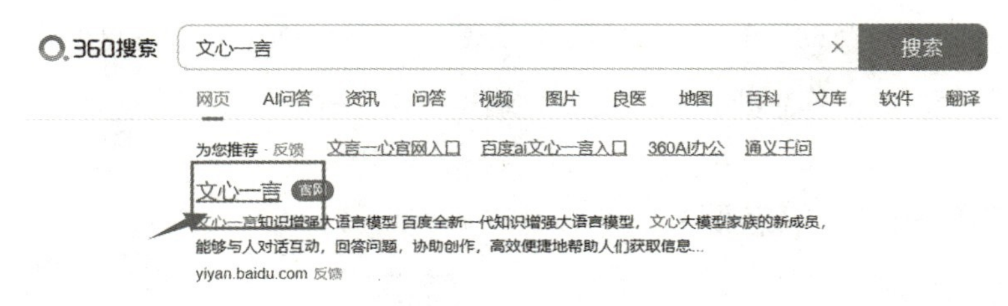

图 2.5 打开 AI 工具

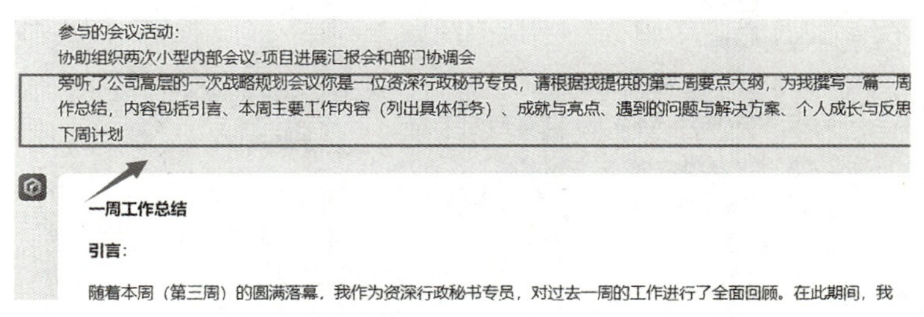

图 2.6 输入大纲和提示词

步骤三：进行个性化修改

修改总结的内容、格式等。在 AI 生成的初稿基础上，检查内容是否符合你的预期。如果不满意，可以通过修改指令或关键词，或者在与 AI 对话的过程中补充具体的例子、数据、细节、个人见解、感受和风格来进行调整。完成总结内容的撰写后，将其复制粘贴到电子文档中（如：Word）。此时，总结的正确格式需要人工调整，你可以通过询问 AI 来获取格式建议，也可以在“百度”上搜索一篇标准的工作总结模板作为参考。

询问 AI 总结格式的方式：继续使用 AI 工具“文心一言”，输入问题：“请问一篇工作总结的正确格式是什么？比如标题位置，字体大小，段落间距等。”（图 2.7）

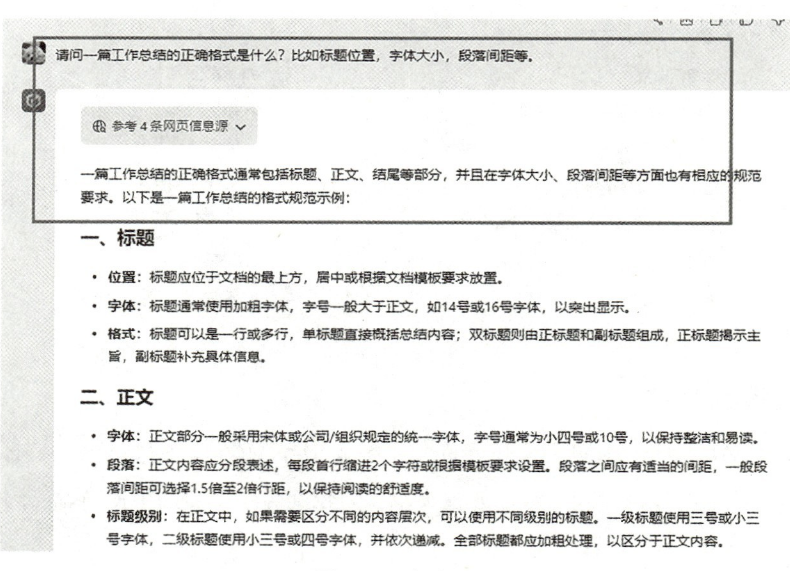

图 2.7 对话 AI

你可以对照如下模板进行修改（图 2.8）。

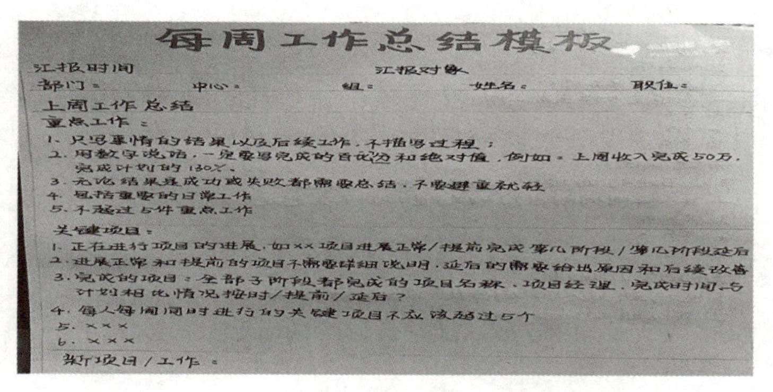
每周工作总结模板

汇报时间　汇报对象

部门：　中心：　组：　姓名：　职位：

上周工作总结

重点工作：

1. 只写事情的结果以及后续工作，不描写过程；
2. 用数字说话，一定要写完成的百分比和绝对值，例如：上周收入完成50万，完成计划的130%。
3. 无论结果是成功或失败都需要总结，不要避重就轻
4. 包括重要的日常工作
5. 不超过5件重点工作

关键项目：

1. 正在进行项目的进展，如××项目进展正常/提前完成第N阶段/第N阶段延后
2. 进展正常和提前的项目不需要详细说明，延后的需要给出原因和后续改善
3. 完成的项目：全部子阶段都完成的项目名称、项目经理、完成时间与计划相比情况按时/提前/延后？
4. 每人每周同时进行的关键项目不应该超过5个
5. ×××
6. ×××

新项目/工作：

图 2.8　模板参考

根据 AI 的回答或搜索到的模板进行格式的修改。例如，如果 AI 指出单标题应直接概括总结内容，你可以将“一周工作总结”修改为所需的“第三周工作总结”（图 2.9—图 2.10）。

此外，你也可以在引言前面加上“汇报时间、汇报对象、部门”等信息。

一、引言：

随着第三周的圆满结束，回顾过去一周的工作，我深感充实与收获。作为行政秘书专员，我始终致力于提升工作效率、优化办公环境，并加强跨部门沟通与协作。本周，我在日常行政事务、文档管理、信息沟通等多个方面均取得了显著进展，同时也面临了一些挑战，但通过积极的努力与寻求支持，我成功地克服了这些难题。以下是我本周工作的详细总结。

二、本周主要工作内容：

（一）日常行政事务处理：

1. 完成了每日的邮件收发与分类工作，确保了重要邮件的及时性和准确性处理，优化了信息传递流程。

2. 协助组织了两次小型内部会议（项目进展汇报会和部门协调会），包括会议室的预订、会议材料的准备以及会议记录的整理，提升了会议效率并确保了会议记录的完整性和准确性。

3. 参与了办公用品采购计划的制定，并根据库存情况进行了适量的补充，保障了办公环境的顺畅运作，减少了资源浪费。

图 2.9　AI 初稿的展示

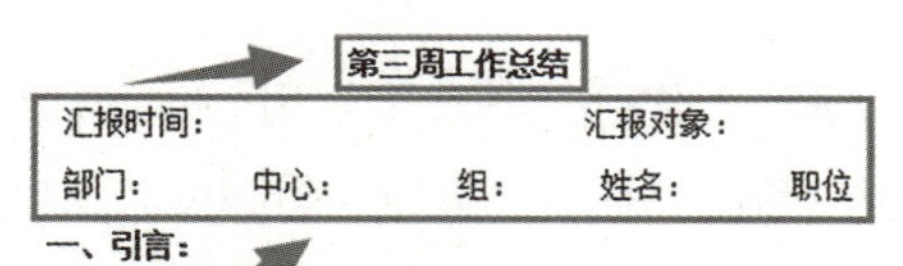

一、引言：

随着第三周的圆满结束，回顾过去一周的工作，我深感充实与收获。作为行政秘书专员，我始终致力于提升工作效率、优化办公环境，并加强跨部门沟通与协作。本周，我在日常行政事务、文档管理、信息沟通等多个方面均取得了显著进展，同时也面临了一些挑战，但通过积极的努力与寻求支持，我成功地克服了这些难题。以下是我本周工作的详细总结。

二、本周主要工作内容：

（一）日常行政事务处理：

1. 完成了每日的邮件收发与分类工作，确保了重要邮件的及时性和准确性处理，优化了信息传递流程。

2. 协助组织了两次小型内部会议（项目进展汇报会和部门协调会），包括会议室的预订、会议材料的准备以及会议记录的整理，提升了会议效率并确保了会议记录的完整性和准确性。

3. 参与了办公用品采购计划的制定，并根据库存情况进行了适量的补充，保障了办公环境的顺畅运作，减少了资源浪费。

（二）文档管理与归档：

1. 对本周接收到的各类文件进行了分类整理，并按照公司规定进行了电子化和纸质归档，实现了双重保障，提升了文档管理的规范性。

图 2.10　修改后的文稿展示

六、充电桩

你已经学会了吗？下面，我们将用一个流程图帮你回顾、梳理一下（图 2.11），并请你

完成接下来的任务，以检验自己的掌握程度吧！

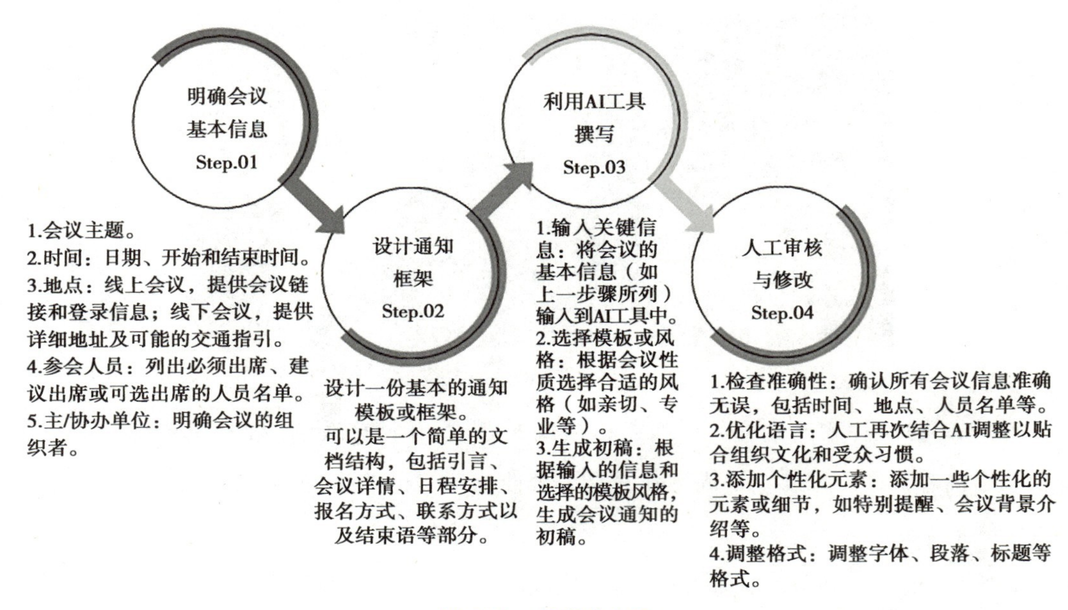

图 2.11　操作流程图

现在，你已经掌握了使用 AI 工具撰写一份工作总结的方法，那么接下来，请你运用上面所学的流程步骤，编写一则会议通知吧。

七、挑战营

你已经掌握了使用人工智能撰写工作总结的方法。在这个环节，我们将面对一个更复杂且有趣的任务。快来挑战一下自己吧！加油！

任务背景：请大家结合前面学习的知识，发散思维，选择一个自己喜欢的 AI 工具，对工作总结进行可视化添加。

目标：对小西已完成的实习工作总结增加可视化要素，以提升其直观性和重点内容的突出性。

八、拓展栏

机器终将取代传统写作吗？

2022 年 12 月 1 日，OpenAI 发布了自然语言生成式模型 ChatGPT。在开放测试的五天内，注册人数即超过百万人。ChatGPT 推出仅两个月后，月活跃用户就已达 1 亿，成为迄今为止增长最快的消费应用。ChatGPT 是一种基于 GPT-3.5（Generative Pre-Training，生成式预训练模型）的对话聊天机器人。由于引进了 RLHF（Reinforcement Learning with Human Feedback，基于人类反馈的强化学习），使得AI模型的产出能够与人类的常识、认知、需求、价值观保持一致。

据Sensor Tower的数据，TikTok在全球推出后耗时约9个月才达到1亿用户，而Instagram则花费了两年半的时间。据SimilarWeb的数据显示，自2023年1月以来，ChatGPT官网的日访问量持续攀升。截至2023年2月17日，ChatGPT官网的月访问量已达8.89亿次。那么，机器是否会最终取代传统写作呢？

首先，我们必须承认，ChatGPT等先进的语言模型展现出了令人惊叹的语言生成能力。它们能够在极短的时间内生成大量高质量的文本，涵盖各种主题和风格。这无疑为信息传播和内容创作带来了极大的便利。

然而，断言机器终将取代传统写作或许过于武断。传统写作蕴含着人类独特的情感、创造力和洞察力。写作不仅仅是文字的排列组合，更是作者个人经历、思想和价值观的表达。人类作者能够凭借细腻的情感感知和深刻的生活体验，创作出触动人心、引发共鸣的作品。

再者，传统写作中的文化传承和艺术价值是机器难以完全复制的。文学作品中的隐喻、象征和独特的叙事手法，反映了特定文化背景下的审美观念和社会内涵，这些都是人类智慧的结晶。

此外，写作过程中的灵感迸发和创造性思维是人类特有的能力。面对复杂的社会现象和人性问题，人类能够以独特的视角进行剖析和表达，展现出深刻的思考和批判精神。

同时，传统写作在建立人与人之间的情感连接方面具有不可替代的作用。读者与作者通过文字进行心灵的交流，这种情感的互动和共鸣是机器生成的文字难以营造的。因此，尽管机器写作在某些方面表现出色，但传统写作所承载的人类精神和文化价值使其在可预见的未来仍将占据重要地位。或许未来的写作领域将是机器写作与传统写作相互补充、共同发展的局面，而非简单的取代关系。

九、瞭望塔

在AI浪潮中，如何保有创造力

随着人工智能（AI）技术的迅猛发展，我们的大学生活乃至未来的职业生涯都正经历着前所未有的变革。在这个几乎“人人可写”、内容生产自动化的时代，作为大学生的我们，如何在AI的浪潮中保持并激发自身的创造力，成为一个值得深思的问题。

首先，我们要认识到，创造力不仅仅是技术或工具的产物，它根植于我们的思维方式和情感表达之中。AI虽能模仿人类的语言和风格，却难以触及我们内心深处的独特思考和情感共鸣。因此，保持对自我情感和思想的深度挖掘，是我们在AI时代保持创造力的关键所在。

为了做到这一点，我们需要培养深度阅读和思考的习惯。在信息爆炸的时代，我们要学会筛选有价值的信息，进行深入地分析和反思，而不是被表面的信息所迷惑。通过阅读经典著作、参与学术讨论、聆听专家讲座等方式，我们可以拓宽视野，丰富知识，为创造力的产生提供肥沃的土壤。

同时，跨界学习也是激发创造力的重要途径。大学是一个充满无限可能的地方，我们应该充分利用这一优势，探索自己感兴趣的领域，学习不同的知识和技能。通过跨界学习，我们可以将不同领域的知识相互融合，产生新的创意和想法。这种跨界的思维方式不仅有助于我们在学术上取得突破，更能为未来的职业生涯打下坚实的基础。

此外，我们还要勇于实践和尝试。创造力并非空中楼阁，它需要在实践中不断磨砺和验证。我们应该积极参与各种实践活动，如科研项目、社会实践、创新创业等，通过实践来检验自己的想法和创意。即使失败了也不要气馁，因为每一次失败都是向成功迈进的一步。

最后，我们要保持对未知的好奇心和探索欲。创造力往往源自对未知世界的探索和对新事物的追求。我们应该保持开放的心态，勇于接受新的挑战和机遇，不断学习和成长。只有这样，我们才能在 AI 时代中保持竞争力，不断创造属于自己的辉煌。

总之，在 AI 浪潮中保持并激发创造力并非易事，需要我们保持对自我情感和思想的深度挖掘、培养深度阅读和思考的习惯、跨界学习、勇于实践和尝试以及保持对未知的好奇心和探索欲。这些努力将帮助我们在 AI 时代中保持独特的创造力，实现个人价值和社会贡献。

十、评价单（见“教材使用说明”）

关卡 3　运用 AI 技术进行产品营销文案的写作

一、入门考

1. 你知道营销文案的核心目的是什么吗？
2. 你知道如何撰写营销文案吗？
3. 你认为什么样的营销文案会更具吸引力呢？

二、任务单

实习生小西这天被借调到了市场部帮忙。小西的任务是为公司即将上市的新产品——一款新智能手机撰写一篇营销文案，该文案将用于产品的宣传推广。小西接下任务后，便开始思考起来……

让我们一起跟随小西的脚步，利用我们提供的信息，共同完成这篇营销文案的写作吧。提供素材信息如下：新智能手机的主要特点。

1. 高像素摄像头【探索视界新维度】

搭载行业领先的 ×× 万像素超感光主摄，辅以超广角与微距镜头，无论是壮丽山川的广袤无垠，还是微观世界的细腻纹理，都能轻松捕捉，确保每一刻精彩都不再错过。在夜间模式下，凭借先进的算法优化与超大光圈设计，即便在暗光环境下也能拍出明亮清晰、色彩丰富的照片，让夜色中的故事同样生动鲜活。

2. 长续航电池【续航无忧，探索不止】

内置 ×× mAh 大容量电池，结合智能省电技术，无论是日常使用、长时间游戏，还是视频观看，都能提供持久的电力支持。更支持超级快充技术，短时间内即可快速回血，让你告别电量焦虑，使探索之旅更加自由无拘。

3. 流畅的操作系统【丝滑体验，一触即发】

采用最新一代的 ×× 操作系统，深度优化系统架构，大幅提升运行效率，确保应用秒开、多任务切换流畅无阻。搭配高刷新率屏幕，每一次滑动都如丝般顺滑，无论是浏览网页、滑动图片，还是游戏体验，都能享受到前所未有的流畅与快感。同时，系统内置丰富的个性化设置与智能功能，让手机更加懂你，成为你生活中的得力助手。

三、知识库

营销文案写作要点

营销类文案写作是一个既需要创意又需策略的过程，旨在凭借文字的力量吸引目标受众，激发他们的兴趣，并最终推动购买行为或其他期望行动的实现。以下是营销类文案写作的一些关键要点。

（一）了解受众

1. 深入分析

深入研究目标受众的需求、兴趣、偏好、痛点及购买动机。

2. 创建画像

构建详尽的受众画像，涵盖年龄、性别、职业、地域、消费习惯等维度。

（二）明确目标与定位

1. 设定目标

确定文案的主要目标，如提升品牌知名度、促进销售增长、增加网站流量等。

2. 品牌定位

明确品牌在市场中的定位，确保文案与品牌形象保持一致。

（三）吸引注意力的标题

1. 创意独特

标题应新颖独特，能够迅速抓住读者的眼球。

2. 利益导向

明确展示文案能为读者带来的利益或好处。

（四）内容策略

1. 价值传递

文案内容应传递产品或服务的核心价值，解决受众的痛点问题。

2. 故事叙述

通过故事化的方式讲述品牌或产品的故事，增强情感共鸣。

3. 社会证明

运用客户评价、案例研究或专家推荐等社会证明元素，提升信任度。

（五）呼吁行动（CTA）

1. 明确具体

CTA 应清晰明确，告知读者具体需要采取的行动。

2. 制造紧迫感

利用限时优惠、限量发售等手法制造紧迫感，促使读者立即行动。

（六）语言与风格

1. 简洁明了

避免冗长和复杂的句子，保持文案的简洁性和易读性。

2. 情感共鸣

运用情感化的语言，与读者建立情感连接。

3. 个性化

根据目标受众的特点，调整文案的语言风格和语气。

（七）视觉元素

1. 图文并茂

适当使用图片、图标、视频等视觉元素，增强文案的吸引力和可读性。

2. 设计美观

确保文案的整体设计美观大方，与品牌形象相契合。

（八）合规性

1. 遵守法规

确保文案内容符合相关法律法规和行业规范，避免虚假宣传或误导消费者。

2. 尊重隐私

在收集和使用用户信息时，遵循隐私政策和法律法规要求。

（九）创意与创新

1. 保持新颖

不断探索新的文案创意和表达方式，保持文案的新鲜感和吸引力。

2. 紧跟趋势

关注行业动态和市场趋势，及时调整文案策略以适应市场变化。

综上所述，营销类文案写作需要综合运用多个要点和策略，通过深入了解受众、明确目标与定位、创作吸引人的标题和内容、设计有效的呼吁行动、运用合适的语言与风格以及视觉元素等手段，来实现文案的营销目标。同时，还需不断测试与优化文案效果，确保文案能够持续为品牌带来价值。

四、金手指

想象一下，你们正在一家公司的营销部门工作，任务是推广一款新产品。然而，面临大量的文案撰写工作，且每个文案都需要吸引不同的顾客群体，这无疑是一项艰巨的任务。此时，人工智能就像是一个超级助手，能够帮助你们迅速完成这些任务。那么，这个营销文案的难点究竟在哪些方面呢？我们一起来看看吧。

1. 了解你的目标

在开始之前，你需要明确你的目标是什么。比如，你是想要提升产品的知名度，还是直接促进销售？同时，你还需要深入了解你的目标顾客，包括他们的喜好、习惯等。

2. 选择合适的 AI 工具

如今，市面上有很多 AI 写作工具，例如“智谱清言”。这些工具如同聪明的机器人，你只需要告诉它你想要创作的内容，它就能帮你生成文案。

3. 向 AI 助手提供信息

接下来，你需要向 AI 助手提供一些关键信息。

（1）产品的特点：它是用来做什么的，有哪些特别之处？

（2）顾客的需求：为什么顾客需要这个产品，它能解决顾客的什么问题？

（3）文案的风格：你希望文案的风格是正式的还是幽默的？

你可以将这些信息输入到 AI 工具中，就像你在搜索引擎里输入关键词一样简单。

4. 优化和调整文案

虽然 AI 工具生成的文案已经相当不错，但有时候还是需要借助你的“人类智慧”来进行优化。比如，你可能需要调整一些语句，使它们听起来更自然，或者更符合你的品牌形象。

（1）确保文案的准确性：AI 有时可能会误解信息，或者生成一些不准确的内容。因此，你需要仔细检查，确保文案准确无误。

（2）保持品牌一致性：每个品牌都有自己独特的声音和风格。你需要确保 AI 生成的文案与你的品牌形象保持一致。

（3）注重创新性：AI 生成的文案可能会有些千篇一律，所以你需要思考如何让文案更具创新性，更能吸引顾客的注意。

五、一起练

实操背景：撰写一篇 500 字的产品介绍文章，介绍一款名为“桃子”的智能手机。这款智能手机的主要特点是：6000 万像素的高像素摄像头、长续航电池待机时长达 72 小时（使用时长达 24 小时）、流畅的操作系统（使用不卡顿）、时尚精美的外观。希望通过这篇文章展现手机功能的强大，提升品牌知名度。我们的目标客户主要以“90 后”为主，他们偏好功能强大且外观好看的智能手机。

关卡 3

还记得之前我们提到的提示词公式吧？让我们回顾一下。

提示词书写公式回顾：

提示词 = 设定角色 + 背景描述 + 明确目标 + 补充要求 + 提示

设定角色：让大模型扮演该领域的专家。

背景描述：详细描述你的问题背景。

明确目标：清晰告知大模型你的具体需求。

补充要求：可以附加一些示例或具体要求，如期望的输出样式。

现在，按照提示词公式，开始你的操作吧。

第一步：设定角色

假设你是一家科技公司的市场部营销文案实习生，任务是为一款即将上市的新款智能手机“桃子”撰写产品介绍文章。

第二步：描述背景

产品特点：6000 万像素高像素摄像头、长续航电池待机时长达 72 小时（使用时长达 24 小时）、操作系统流畅不卡顿、外观时尚精美。

顾客需求：解决充电焦虑，随手拍出高质量照片。

第三步：明确目标

提高“桃子”智能手机的知名度，目标客户为“90 后”，他们喜欢功能强大且外观时尚的智能手机。

第四步：补充要求

文案风格类似“华为手机”的新品发布文案，字数控制在 500 字左右。

第五步：选择合适的 AI 工具

选择擅长撰写营销文案的 AI 工具，如“智谱清言”。

第六步：构建提示词并输入

提示词：作为科技公司的市场部营销文案实习生，我需要为一款即将上市的智能手机“桃子”撰写一篇 500 字的产品介绍文章。产品特点包括 6000 万像素高像素摄像头、长续航电池待机时长达 72 小时（使用时长达 24 小时）、流畅不卡顿的操作系统、时尚精美的外观。目标客户为“90 后”，他们喜欢功能强大且外观时尚的智能手机。文案风格需类似“华为手机”的新品发布文案。

第七步：与 AI 工具“智谱清言”沟通

将构建好的提示词输入到下图红色箭头所指的“对话框”中（图 3.1）。

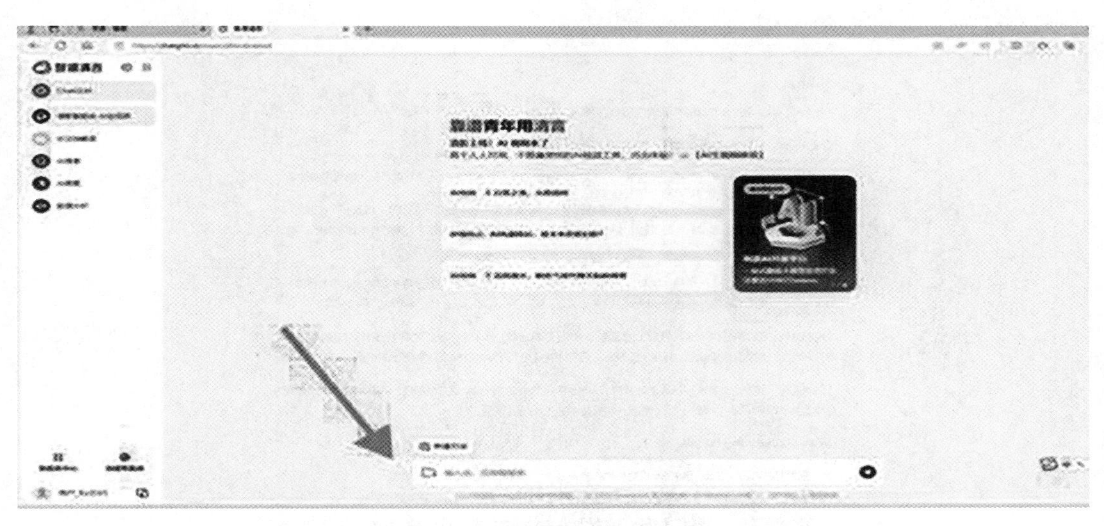

图 3.1　提示词输入窗口

第八步：查看结果

人工智能软件将生成文案内容，以下是输出结果（图 3.2）。

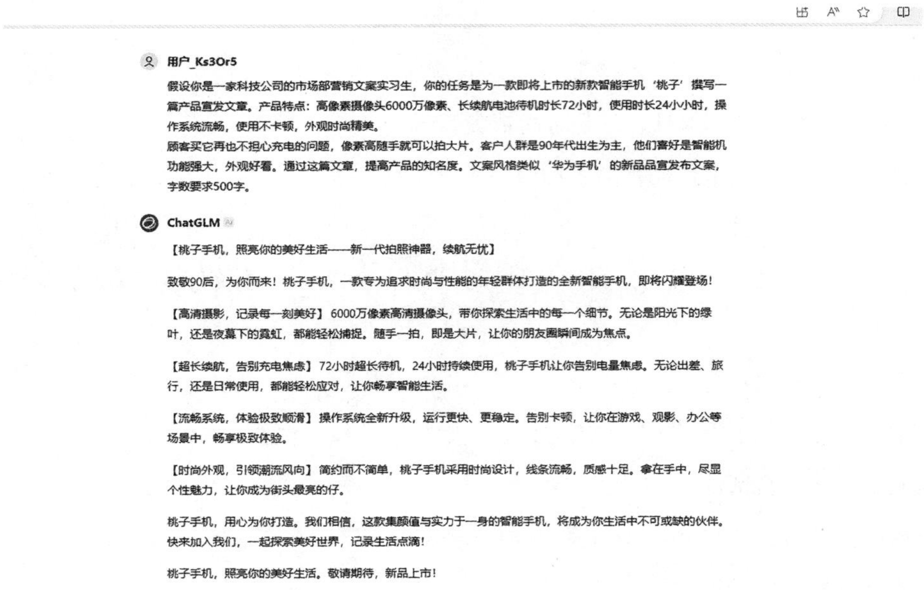

用户_Ks3Or5

假设你是一家科技公司的市场部营销文案实习生，你的任务是为一款即将上市的新款智能手机‘桃子’撰写一篇产品宣发文章。产品特点：高像素摄像头6000万像素、长续航电池待机时长72小时，使用时长24小小时，操作系统流畅，使用不卡顿，外观时尚精美。

顾客买它再也不担心充电的问题，像素高随手就可以拍大片。客户人群是90年代出生为主，他们喜好是智能机功能强大，外观好看。通过这篇文章，提高产品的知名度。文案风格类似‘华为手机’的新品品宣发布文案，字数要求500字。

ChatGLM

【桃子手机，照亮你的美好生活——新一代拍照神器，续航无忧】

致敬90后，为你而来！桃子手机，一款专为追求时尚与性能的年轻群体打造的全新智能手机，即将闪耀登场！

【高清摄影，记录每一刻美好】6000万像素高清摄像头，带你探索生活中的每一个细节。无论是阳光下的绿叶，还是夜幕下的霓虹，都能轻松捕捉。随手一拍，即是大片，让你的朋友圈瞬间成为焦点。

【超长续航，告别充电焦虑】72小时超长待机，24小时持续使用，桃子手机让你告别电量焦虑。无论出差、旅行，还是日常使用，都能轻松应对，让你畅享智能生活。

【流畅系统，体验极致顺滑】操作系统全新升级，运行更快、更稳定。告别卡顿，让你在游戏、观影、办公等场景中，畅享极致体验。

【时尚外观，引领潮流风向】简约而不简单，桃子手机采用时尚设计，线条流畅，质感十足。拿在手中，尽显个性魅力，让你成为街头最亮的仔。

桃子手机，用心为你打造。我们相信，这款集颜值与实力于一身的智能手机，将成为你生活中不可或缺的伙伴。快来加入我们，一起探索美好世界，记录生活点滴！

桃子手机，照亮你的美好生活。敬请期待，新品上市！

图 3.2　错误提示词输出结果

第九步：根据图 3.2 的输出结果，做一些调整

AI 就像是和刚认识的新同事一起工作，一次工作沟通，也许并没有让他完全理解你的意思，达成工作的协同，因此，需要多沟通几次。那么我们需要在“对话框”中输入一些关键词作为提示。如下图，我们做了几次提示后，内容逐渐修正到了我们想要的 AI 输出内容。

第一次提示词如下（图 3.3）：

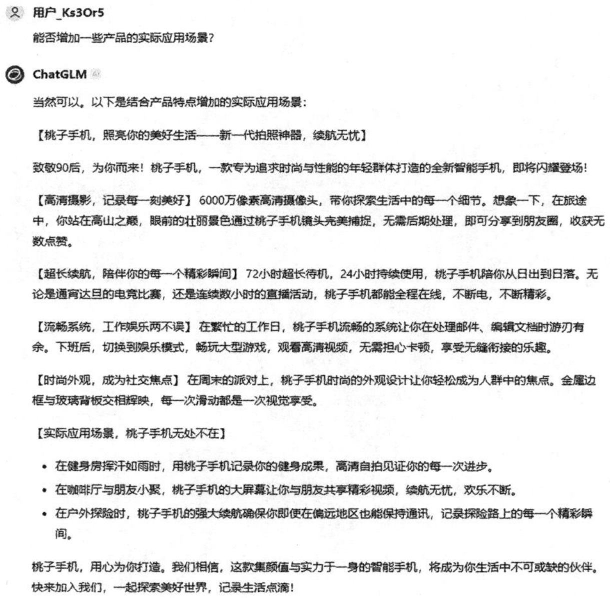

用户_Ks3Or5

能否增加一些产品的实际应用场景？

ChatGLM

当然可以。以下是结合产品特点增加的实际应用场景：

【桃子手机，照亮你的美好生活——新一代拍照神器，续航无忧】

致敬90后，为你而来！桃子手机，一款专为追求时尚与性能的年轻群体打造的全新智能手机，即将闪耀登场！

【高清摄影，记录每一刻美好】6000万像素高清摄像头，带你探索生活中的每一个细节。想象一下，在旅途中，你站在高山之巅，眼前的壮丽景色通过桃子手机镜头完美捕捉，无需后期处理，即可分享到朋友圈，收获无数点赞。

【超长续航，陪伴你的每一个精彩瞬间】72小时超长待机，24小时持续使用，桃子手机陪你从日出到日落。无论是通宵达旦的电竞比赛，还是连续数小时的直播活动，桃子手机都能全程在线，不断电，不断精彩。

【流畅系统，工作娱乐两不误】在繁忙的工作日，桃子手机流畅的系统让你在处理邮件、编辑文档时游刃有余。下班后，切换到娱乐模式，畅玩大型游戏，观看高清视频，无需担心卡顿，享受无缝衔接的乐趣。

【时尚外观，成为社交焦点】在周末的派对上，桃子手机时尚的外观设计让你轻松成为人群中的焦点。金属边框与玻璃背板交相辉映，每一次滑动都是一次视觉享受。

【实际应用场景，桃子手机无处不在】

- 在健身房挥汗如雨时，用桃子手机记录你的健身成果，高清自拍见证你的每一次进步。
- 在咖啡厅与朋友小聚，桃子手机的大屏幕让你与朋友共享精彩视频，续航无忧，欢乐不断。
- 在户外探险时，桃子手机的强大续航确保你即便在偏远地区也能保持通讯，记录探险路上的每一个精彩瞬间。

桃子手机，用心为你打造。我们相信，这款集颜值与实力于一身的智能手机，将成为你生活中不可或缺的伙伴。快来加入我们，一起探索美好世界，记录生活点滴！

图 3.3　第一次输出结果

第二次提示词如下（图 3.4）：

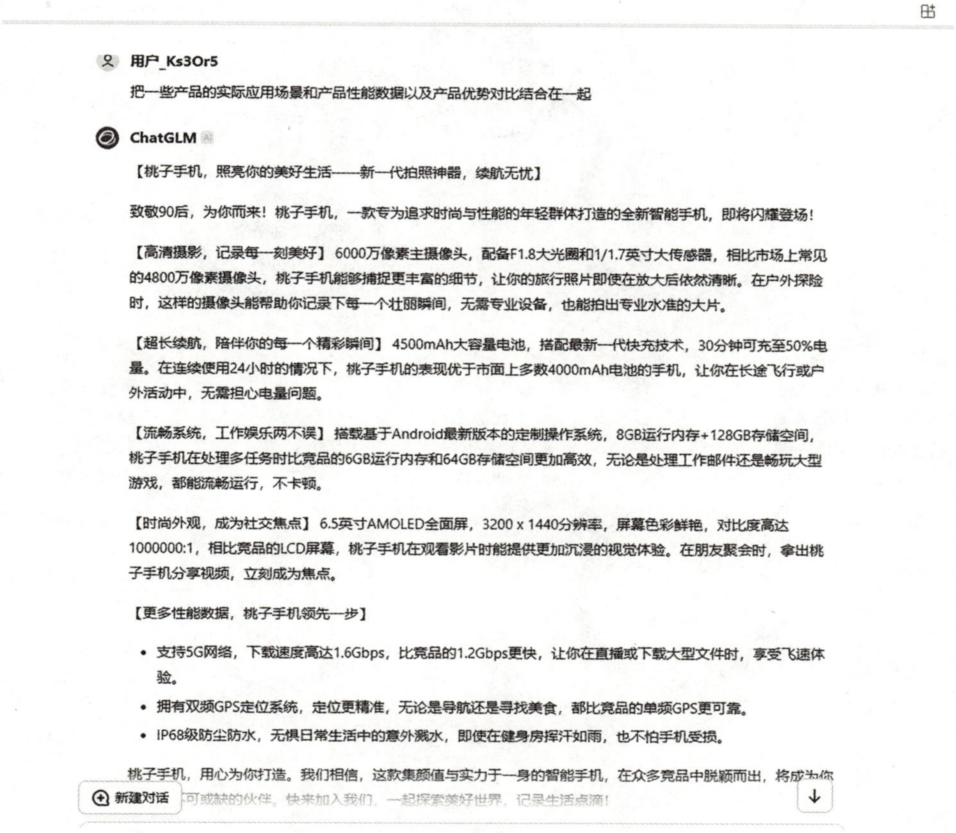

用户_Ks3Or5

把一些产品的实际应用场景和产品性能数据以及产品优势对比结合在一起

ChatGLM

【桃子手机，照亮你的美好生活——新一代拍照神器，续航无忧】

致敬90后，为你而来！桃子手机，一款专为追求时尚与性能的年轻群体打造的全新智能手机，即将闪耀登场！

【高清摄影，记录每一刻美好】6000万像素主摄像头，配备F1.8大光圈和1/1.7英寸大传感器，相比市场上常见的4800万像素摄像头，桃子手机能够捕捉更丰富的细节，让你的旅行照片即使在放大后依然清晰。在户外探险时，这样的摄像头能帮助你记录下每一个壮丽瞬间，无需专业设备，也能拍出专业水准的大片。

【超长续航，陪伴你的每一个精彩瞬间】4500mAh大容量电池，搭配最新一代快充技术，30分钟可充至50%电量。在连续使用24小时的情况下，桃子手机的表现优于市面上多数4000mAh电池的手机，让你在长途飞行或户外活动中，无需担心电量问题。

【流畅系统，工作娱乐两不误】搭载基于Android最新版本的定制操作系统，8GB运行内存+128GB存储空间，桃子手机在处理多任务时比竞品的6GB运行内存和64GB存储空间更加高效，无论是处理工作邮件还是畅玩大型游戏，都能流畅运行，不卡顿。

【时尚外观，成为社交焦点】6.5英寸AMOLED全面屏，3200 x 1440分辨率，屏幕色彩鲜艳，对比度高达1000000:1，相比竞品的LCD屏幕，桃子手机在观看影片时能提供更加沉浸的视觉体验。在朋友聚会时，拿出桃子手机分享视频，立刻成为焦点。

【更多性能数据，桃子手机领先一步】

- 支持5G网络，下载速度高达1.6Gbps，比竞品的1.2Gbps更快，让你在直播或下载大型文件时，享受飞速体验。
- 拥有双频GPS定位系统，定位更精准，无论是导航还是寻找美食，都比竞品的单频GPS更可靠。
- IP68级防尘防水，无惧日常生活中的意外溅水，即使在健身房挥汗如雨，也不怕手机受损。

桃子手机，用心为你打造。我们相信，这款集颜值与实力于一身的智能手机，在众多竞品中脱颖而出，将成为你不可或缺的伙伴。快来加入我们，一起探索美好世界，记录生活点滴！

新建对话

图 3.4　提示词截图

第十步：评估与修改

检查生成的内容文案是否满足以下要求：是否包含了所有必要的信息（如产品特征、顾客人群等），文章风格是否正式。信息是否准确、全面。如果文章满足以上要求，则任务完成。如果不满意，则根据需要进行修改。

六、充电桩

你已经学会了吗？下面，我们将用一个流程图帮你回顾、梳理一下（图 3.5），并请你完成接下来的任务，以检验自己的掌握程度吧！

现在，你已经掌握了如何编写营销文案的技巧，接下来，请你运用上面提到的流程步骤，完成以下任务。

任务：某电子设备品牌需要为新推出的智能手表撰写一篇详细的售后服务政策说明，以便在官网和产品手册中提供给消费者参考。

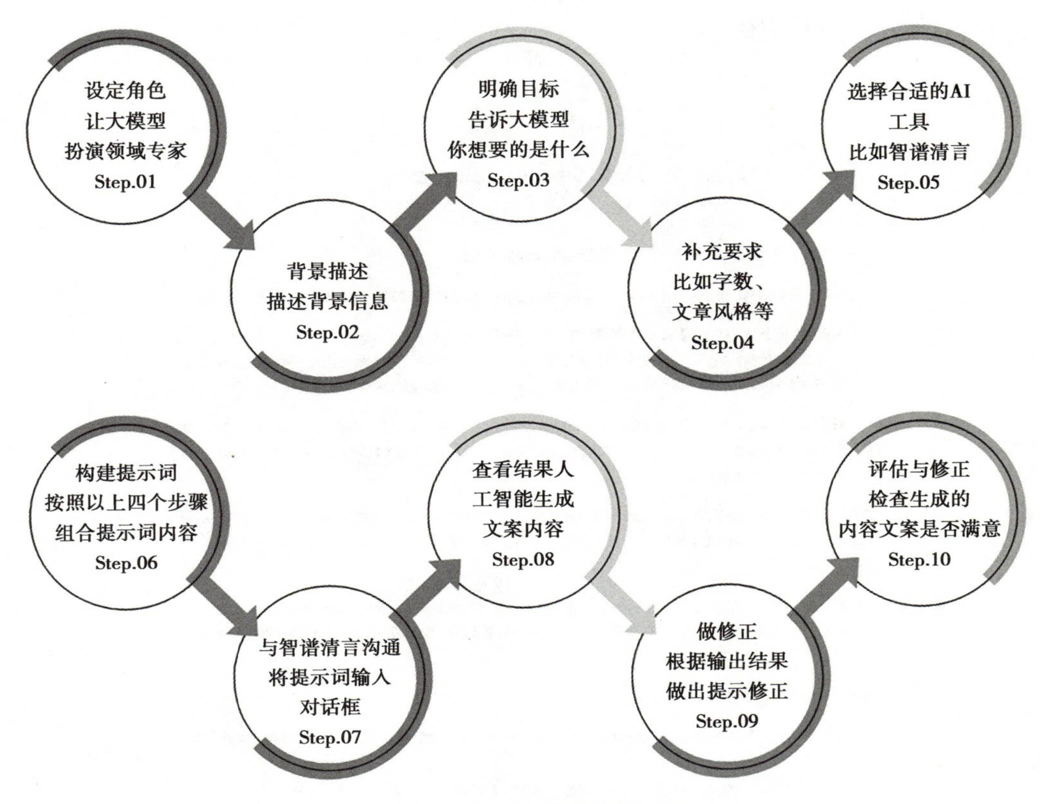

图 3.5　错误提示词输出结果

七、挑战营

你已掌握了使用人工智能撰写营销文案的方法。在这个挑战营环节，我们将面对一个更为复杂且有趣的任务。

任务背景：为一家初创科技公司制定一份全面的营销策略报告。这家公司专注于开发智能家居产品，目标市场是年轻的中产阶级家庭。报告需包含以下内容：市场分析、竞争对手分析、营销目标、策略规划以及预算计划。你觉得你可以完成吗？要不来试试？

八、拓展栏

AI 营销：创新与变革的新时代浪潮

在当今数字化和智能化飞速发展的时代背景下，营销行业正经历着一场深刻且全面的变革，而 AI 营销无疑成为这场变革中的核心驱动力。

ChatGPT 的全球风靡，使得生成式 AI 迅速成为各界热议的焦点。生成式 AI 具备如同人类般的思考能力和创造力，在文本、图像和视频的理解方面取得了显著进步，这为营销领域开辟了全新的发展空间。营销行业本身积累了极为丰富的专业经验，这些经验以数据形式被存储，并能够进行量化分析。同时，个性化的服务体验在营销中蕴含着巨大的价值收益，这些都为生成式AI技术在营销行业的成功落地提供了坚实的基础和优越的条件。

AI大模型元年的开启，标志着营销领域进入了一个崭新的时代。这不仅为营销领域带来了前所未有的新工具和新方法，更为营销理论的进一步发展提供了崭新的视野和深刻的思考。

生成式AI作为AI体验营销行业的强大新引擎，正以其创新的智能技术，为整个行业源源不断地注入强大动力。它借助自动化和个性化的内容生成方式，极大地提升了营销活动的效率和效果。不仅如此，还成功开辟了前所未有的全新客户互动模式，有力地推动着行业朝着更高层次的增长方向大步迈进。

根据国家市场监督管理总局、中国国际公共关系协会等权威机构的统计数据，2022年我国广告营销市场规模达到了令人瞩目的10403.5亿元。随着生成式AI的迅猛发展，预计其在广告营销领域的市场规模将从2023年的50亿元急速增长至2030年的1500亿元，增长态势十分惊人。

在人工智能不断发展的大趋势下，其在营销领域的应用正逐步深化且不断拓展。从最初作为基础工具和辅助性的“副驾驶”角色，到后来的营销代理，未来还将朝着能够全方位独立运作的自动化营销团队迅速发展。尽管目前我们仍处在这一演进过程的初期阶段，但众多企业已经敏锐地察觉到这一趋势，并开始将自动化技术积极整合进他们的工作流程中。可以预见，随着AI技术的持续进步和突破，营销渠道的内容投放、发布以及优化工作将日益实现自动化，未来由AI驱动的、能够独立运作的高效营销团队将不再是遥不可及的梦想。

然而，我们必须清醒地认识到，AI营销的发展并非一路坦途。在充分享受其带来的便捷、高效和创新成果的同时，我们也需要高度关注数据隐私保护、伦理道德以及可能出现的信息误导等一系列问题。但无论面临多少挑战和困难，AI营销蓬勃发展的趋势已不可阻挡，它必将持续引领营销行业的创新与变革，为企业创造更多的商业价值，为消费者带来更优质、更个性化的服务体验。

九、瞭望塔

在人工智能时代，营销领域正发生着翻天覆地的变化。无论是借助AI算法进行精准的市场定位，还是利用智能工具开展高效的客户互动，都伴随着一定的变数和挑战。未来的营销中，变化的是手段和工具，新技术不断涌现，营销方式日益多元化。但不变的是营销的本质，即建立信任、满足需求和创造价值。

在这一复杂的社会环境下，人与人之间的沟通显得尤为重要。“交流构筑理解的桥梁。”良好的沟通能够打破隔阂，拉近人与人之间的距离。人与人的沟通，不仅仅是简单的信息传递或表面的交流，更重要的是心灵的交融与情感的共鸣。每一次真诚的交流，每一回深入的倾听，都是在为成功的营销奠定基础。正如戴尔·卡耐基所言，如果希望成为一个善于谈话的人，那就先做一个善于倾听的人。技术是冰冷的，但人是有温度的。在沟通中传递温暖和善意，这是人工智能所无法企及的。因此，在工作中，我们应当认真倾听他人的声音，对他们的反馈给予充分的重视和及时的回应。你付出的每一份真心，都可能换来另一份真心与信赖。

十、评价单（见“教材使用说明”）

关卡 4　利用 AI 工具制作调研报告

一、入门考

1. 你知道收集调研数据的方法有哪些吗？
2. 你知道调研报告的基本结构都包括哪些部分吗？

二、任务单

公司新推出的智能手机，集高像素摄像头、超长续航电池与流畅操作系统于一身。为验证其市场竞争力与营销策略效果，公司特此开展调研。实习生小西需要将本次调研情况进行汇总分析，并提交调研报告……

跟着小西一起，利用我们提供的信息来完成这篇调研报告吧。调研情况如下：

一、调研基本要求

目标用户群：锁定为对摄影有较高要求、追求手机长续航及流畅操作体验的用户，包括摄影爱好者、商务人士及科技发烧友等。

调研方式：采用线上问卷、社交媒体互动、线下体验活动及深度访谈等多种方式，确保数据收集的多样性和全面性。

样本量：共收集有效问卷 2000 份，深度访谈用户 50 名，参与线下体验活动的用户超过 300 人。

二、调研信息与结果

1. 产品特性满意度

高像素摄像头：92% 的受访者对手机拍照效果表示满意或非常满意，认为其高像素摄像头能够捕捉更多细节，色彩还原准确，夜景拍摄能力尤为突出。

超长续航电池：85% 的用户对电池续航表现给予好评，表示在日常使用中能够轻松应对一天的需求，无需频繁充电。

流畅操作系统：90% 的受访者认为手机操作系统流畅无卡顿，应用切换迅速，整体体验优于同类产品。

2. 市场竞争力分析

品牌认知度：通过社交媒体互动和广告投放，品牌知名度在调研期间提升了 20%，展现出强大的市场渗透力。

市场份额：在目标用户群体中，我司新智能手机的市场份额从调研初期的 5% 提升至 12%，呈现出强劲的增长势头。

用户忠诚度：已有用户中，表示未来会继续选择我司产品的比例高达 80%，表明产品具有较高的用户忠诚度。

3. 营销策略效果评估

线上营销：通过社交媒体推广、KOL 合作及精准广告投放，线上曝光量达到千万级别，有效触达目标用户群体。

线下体验：线下体验活动吸引了大量潜在用户参与，其中超过 60% 的参与者在活动后表示有购买意向。

口碑传播：用户对产品的正面评价在社交媒体上广泛传播，形成良好的口碑效应，进一步推动了产品销量的增长。

三、数据支持

销量数据：自产品上市以来，月销量环比增长平均达到 30%，显示出市场对产品的强烈需求。

用户反馈：在收集到的用户反馈中，关于产品特性的正面评价占比高达 90%，为产品的持续优化提供了有力支持。

竞品对比：与竞品相比，我司新智能手机在拍照效果、电池续航及操作系统流畅度方面均获得了更高的用户评分。

三、知识库

调研报告的结构

调研报告是针对某一情况、事件、经验或问题，通过在实践中对其客观实际情况的调查了解，将所收集到的全部情况和材料进行“去粗取精、去伪存真、由此及彼、由表及里”的分析研究，旨在揭示本质，寻找规律，总结经验，并最终以书面形式陈述出来的报告。一份完整的调研报告通常包含以下结构：

（一）标题

标题应简洁明了，准确概括调研的主题。可以采用单标题或双标题的形式。单标题直接表明调研对象和内容，例如《关于 ×× 班级学生 AI 工具使用情况的调研报告》；双标题则由主标题和副标题组成，主标题提出问题或表明观点，副标题补充说明调研对象和内容，例如《探索新路径——×× 班级学生 AI 工具使用调研报告》。

（二）引言

引言部分主要阐述调研的背景、目的和意义。说明为何进行此次调研，调研旨在解决什么问题，以及调研结果可能带来的影响。

（三）正文

1. 调研对象和方法

介绍调研对象的范围、特征等，以及所采用的调研方法，如问卷调查、访谈、实地观察等，并阐述选择这些方法的原因。

2. 调研结果

详细呈现调研所获取的各种数据、信息和情况。可以通过图表、表格等形式进行直观展示，并对重要数据进行分析和解释。

3. 分析与讨论

对调研结果进行深入分析，探讨其中的原因、影响和趋势。与相关的理论、政策或其他类似情况进行比较和对照，揭示问题的本质和内在联系。

（四）结论

总结调研的主要发现和观点，回答调研之初提出的问题。明确指出调研结论，并提出针对性的建议和措施。

（五）参考文献

在调研过程中，如引用了他人的研究成果或文献资料，需在报告末尾列出参考文献。

（六）附录

附录部分包括调研问卷、访谈提纲、相关照片等补充材料，以便读者更好地理解调研过程和结果。

四、金手指

（一）制作一份调研报告的难点

（1）调研设计和规划：在实际调研过程中，可能会遇到各种困难，如难以联系到受访者、受访者不愿意参与调研、数据收集进度缓慢等。此外，对收集到的数据进行整理、分析和解读，以找出潜在的规律和趋势，需要掌握一定的统计学知识和数据分析技能。

（2）时间管理和资源协调：需要合理安排时间，确保各阶段任务按时完成，同时协调人力、财力、物力等资源，以确保调研的顺利进行。

（3）结果呈现与报告撰写：将调研结果以清晰、简洁、有逻辑的方式呈现在报告中，包括文字描述、图表、图片等形式。同时，要注意报告的结构、排版和语言表达。此外，根据调研结果得出有价值的结论，并提出针对性的建议或解决方案，需要深入理解调研主题，以及具备较强的逻辑思维和判断能力。

（二）使用 AI 工具制作调研报告的难点

（1）数据质量和准确性：AI 工具依赖输入数据的质量和准确性。如果提供的数据存在错误、偏差或不完整，将直接影响分析结果的可靠性。因此，在数据收集阶段，需要采用数据人工预处理技术，如异常值检测和处理，以确保数据质量。同时，应使用多个来源和多种方法来验证数据的准确性和完整性。

（2）数据专业性：AI 工具输出的数据和报告可能需要一定的专业知识来解释，特别是在解释复杂模型和统计结果时。对于复杂或新颖的调研问题，AI 工具可能无法提供有效的解决方案或建议。因此，需要不断向 AI 工具输入新的数据和知识，以更新其内部模型和算法，提高 AI 工具在处理复杂或新颖调研问题时的表现。

（3）适应性和灵活性：AI 工具生成的结果需要经过人工验证和审查，以确保结果的准确性和可靠性。此外，AI 工具可能在处理非标准化或非结构化数据时遇到困难，如图像、音频或文本数据。因此，在 AI 工具生成结果后，应由具有专业知识和经验的人员对结果进行验证和审查，以确保结果的准确性和可靠性。同时，需要关注 AI 工具的适应性和灵活性，以便更好地应对各种调研需求和数据类型。

五、一起练

步骤一：明确调研目的与范围

关卡 4

明确调研的类型、目标和需要涵盖的内容。例如，本关卡制作人分析得出的是一份市场调研报告。针对公司新推出的智能手机进行了全面的市场调研，旨在验证该手机的市场竞争力与营销策略效果。报告详细描述了调研方法、调研信息与结果、市场竞争力分析、营销策略效果评估以及相关的数据支持，为公司的决策提供了有力的依据。

步骤二：收集信息，生成大纲

根据调研目的，收集相关的素材和资料。这些资料可以来源于公司内部文档、数据、案例，以及互联网上的相关资料。利用 AI 工具（比如“文心一言”）（图 4.1），输入提示词：“你是专业市场调研员，请根据我提供的信息，生成一份调研报告大纲。大纲需包括引言、研究方法、调研结果、分析与讨论、结论与建议等部分。”如不符合要求，继续完善对 AI 工具的提问词，直到得到满意的大纲（图 4.2—图 4.3）。

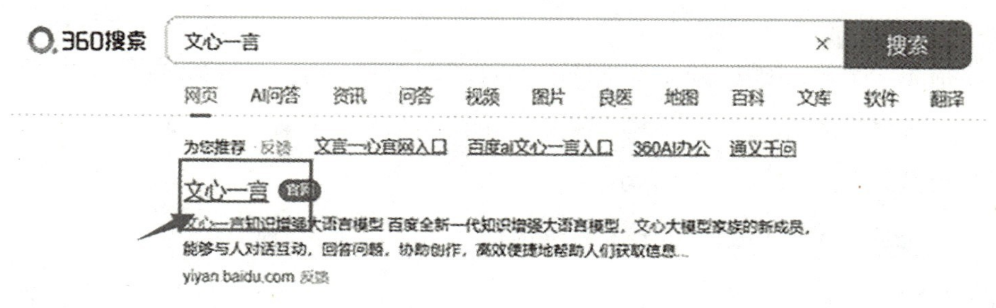

图 4.1　打开 AI 工具

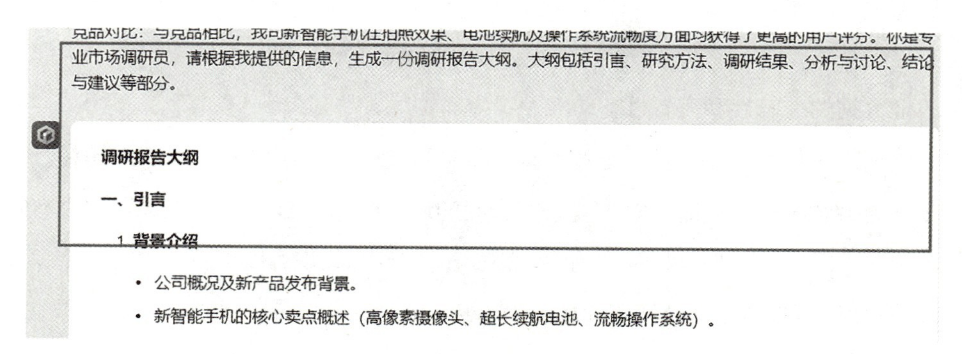

图 4.2　输入信息

步骤三：构建正文

向 AI 工具输入大纲，同时输入提示词：“请根据我提供的报告大纲，请帮我生成一份完整的调研报告，并描述清楚我在将其转到 Word 文档时，应采用的正确格式。”（图 4.4、图 4.5）

公司新智能手机市场竞争力与营销策略效果调研报告优化大纲

报告大纲

一、引言

1. 调研背景
   - 智能手机市场概况与公司新智能手机推出背景。
   - 调研目的与重要性概述。
2. 研究目标与范围
   - 明确调研主题：评估新智能手机市场竞争力与营销策略效果。
   - 界定目标用户群及其核心需求。

二、研究方法论

1. 调研设计
   - 调研方式：线上问卷、社交媒体互动、线下体验活动、深度访谈的综合运用。
   - 样本量与抽样方法：确保数据代表性与可靠性。
2. 数据来源与质量控制
   - 数据收集渠道与过程描述。
   - 数据清洗与校验方法，确保数据准确性。

三、调研结果概览

1. 产品特性反馈
   - 摄像头性能：满意度分析，拍照效果评价。
   - 电池续航：用户满意度与日常需求满足度。
   - 操作系统：流畅度评价与应用体验。
2. 市场竞争力分析
   - 品牌认知度提升：社交媒体与广告投放效果。
   - 市场份额变化：目标用户群体中的增长情况。

图 4.3　AI 输出大纲

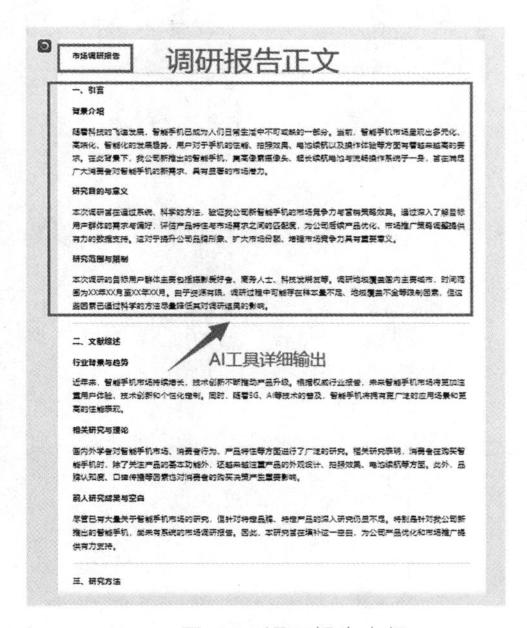
市场调研报告

一、引言

背景介绍

随着科技的飞速发展，智能手机已成为人们日常生活中不可或缺的一部分。当前，智能手机市场呈现出多元化、高端化、智能化的发展趋势，用户对于手机的性能、拍照效果、电池续航以及操作体验等方面有着越来越高的要求。在此背景下，我公司新推出的智能手机，集高像素摄像头、超长续航电池与流畅操作系统于一身，旨在满足广大消费者对智能手机的新需求，具有显著的市场潜力。

研究目的与意义

本次调研旨在通过系统、科学的方法，验证我公司新智能手机的市场竞争力与营销策略效果。通过深入了解目标用户群体的需求与偏好，评估产品特性与市场需求之间的匹配度，为公司后续产品优化、市场推广策略调整提供有力的数据支持。这对于提升公司品牌形象、扩大市场份额、增强市场竞争力具有重要意义。

研究范围与限制

本次调研的目标用户群体主要包括摄影爱好者、商务人士、科技发烧友等。调研地域覆盖国内主要城市，时间范围为XX年XX月至XX年XX月。由于资源有限，调研过程中可能存在样本量不足、地域覆盖不全等限制因素，但这些因素已通过科学的方法尽量降低其对调研结果的影响。

二、文献综述

行业背景与趋势

近年来，智能手机市场持续增长，技术创新不断推动产品升级。根据权威行业报告，未来智能手机市场将更加注重用户体验、技术创新和个性化定制。同时，随着5G、AI等技术的普及，智能手机将拥有更广泛的应用场景和更高的性能表现。

相关研究与理论

国内外学者对智能手机市场、消费者行为、产品特性等方面进行了广泛的研究。相关研究表明，消费者在购买智能手机时，除了关注产品的基本功能外，还越来越注重产品的外观设计、拍照效果、电池续航等方面。此外，品牌认知度、口碑传播等因素也对消费者的购买决策产生重要影响。

前人研究成果与空白

尽管已有大量关于智能手机市场的研究，但针对特定品牌、特定产品的深入研究仍显不足。特别是针对我公司新推出的智能手机，尚未有系统的市场调研报告。因此，本研究旨在填补这一空白，为公司产品优化和市场推广提供有力支持。

三、研究方法

图 4.4　调研报告大纲

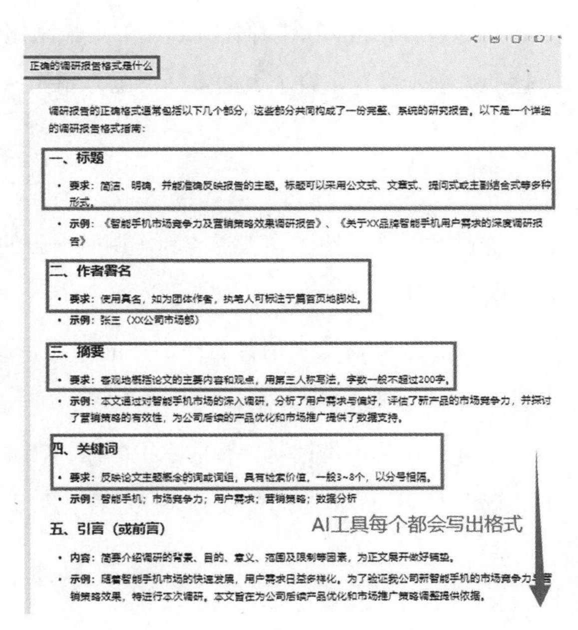
正确的调研报告格式是什么

调研报告的正确格式通常包括以下几个部分，这些部分共同构成了一份完整、系统的研究报告。以下是一个详细的调研报告格式指南：

一、标题

- 要求：简洁、明确，并能准确反映报告的主题。标题可以采用公文式、文章式、提问式或主副结合式等多种形式。
- 示例：《智能手机市场竞争力及营销策略效果调研报告》、《关于XX品牌智能手机用户需求的深度调研报告》

二、作者署名

- 要求：使用真名，如为团体作者，执笔人可标注于篇首页地脚处。
- 示例：张三（XX公司市场部）

三、摘要

- 要求：客观地概括论文的主要内容和观点，用第三人称写法，字数一般不超过200字。
- 示例：本文通过对智能手机市场的深入调研，分析了用户需求与偏好，评估了新产品的市场竞争力，并探讨了营销策略的有效性，为公司后续的产品优化和市场推广提供了数据支持。

四、关键词

- 要求：反映论文主题概念的词或词组，具有检索价值，一般3~8个，以分号相隔。
- 示例：智能手机；市场竞争力；用户需求；营销策略；数据分析

五、引言（或前言）

- 内容：简要介绍调研的背景、目的、意义、范围及限制等因素，为正文展开做好铺垫。
- 示例：随着智能手机市场的快速发展，用户需求日益多样化。为了验证我公司新智能手机的市场竞争力与营销策略效果，特进行本次调研。本文旨在为公司后续产品优化和市场推广策略调整提供依据。

图 4.5　继续对话 AI 工具

步骤四：进一步完善与修改

完成文稿后，可以邀请同事进行审阅和反馈，根据反馈意见进一步修改和完善报告内容，确保报告的质量和准确性。如需凸显数据，可以通过专业的可视化工具进行操作。

六、充电桩

你已经学会了吗？下面，我们将用一个流程图帮你回顾、梳理一下（图 4.6），并请你完成接下来的任务，以检验自己的掌握程度吧！

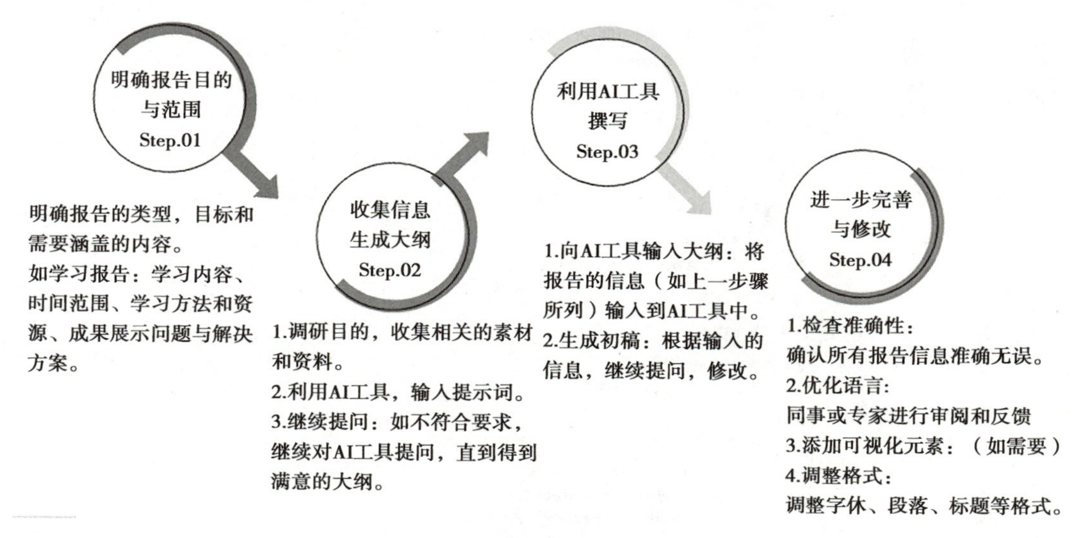

图 4.6　操作流程图

现在，你已经知道如何使用 AI 工具来制作一份调研报告了。那么，接下来，请你运用上述的流程步骤，结合个人的实际情况，制作一份个人或团队的学习报告吧。

七、挑战营

你已经掌握了使用人工智能制作调研报告的方法。在这个环节，我们将面对一个更复杂且有趣的任务。

任务背景：请大家结合前面学习的知识，发散思维，选择一个自己喜欢的 AI 工具，来完成一份调查问卷。

目标：设计一份针对新智能手机的用户调查问卷，旨在通过问卷收集用户反馈，验证其市场竞争力及营销策略的成效，为产品优化与市场策略的调整提供有力依据。

八、拓展栏

常见的企业调研报告框架

在对企业进行调研和分析时，借助 AI 技术，我们能够迅速且高效地生成一份内容翔实、丰富多样的调研报告。接下来，我将介绍几种经典的在撰写调研报告时可选用的框架思路，以便大家能够更好地对 AI 撰写的调研报告进行优化和完善。

1. 问题导向框架

这一框架的主要操作思路是：首先明确调研的核心问题；接着围绕核心问题分析相关因素，包括内部因素（如产品、人员、管理等）和外部因素（如市场、竞争、政策等）；最后给出针对问题的解决方案或建议。

2. PEST 分析框架

PEST 分析是指对宏观环境的分析，涵盖影响行业和企业的所有宏观因素。具体包括以下四个方面：

●政治（Political）：政策法规对企业的影响。

●经济（Economic）：宏观经济环境、行业经济趋势。

●社会（Social）：社会文化、人口结构、消费习惯等方面。

●技术（Technological）：技术创新对企业的推动作用或挑战。

3. SWOT 分析框架

SWOT 分析法（也称 TOWS 分析法、道斯矩阵）是态势分析法的一种，由美国旧金山大学的管理学教授韦里克于 20 世纪 80 年代初提出，常用于企业战略制定和竞争对手分析。SWOT 分析旨在了解企业内部的优劣势以及外部的机会和威胁。具体包括：

●优势（Strengths）：企业内部的优势资源、能力等。

●劣势（Weaknesses）：企业存在的不足和问题。

●机会（Opportunities）：外部环境中的有利因素。

●威胁（Threats）：来自外部的潜在风险。

4. 波特五力分析模型框架

波特五力分析模型是由迈克尔·波特于 20 世纪 80 年代初提出，对企业战略制定产生了全球性的深远影响。该模型用于竞争战略分析，可有效分析客户的竞争环境。波特五力分析模型将多种因素汇集在一个简便的模型中，分析行业的基本竞争态势。五种力量包括：供应商的议价能力、购买者的议价能力、潜在进入者的威胁、替代品的威胁，以及行业内现有竞争者的竞争。

5. 4P 营销框架

20 世纪 60 年代，著名营销学家麦卡锡提出了经典的“4P 营销理论”。该理论认为产品、价格、促销、渠道是市场营销过程中可以控制的因素，也是企业进行市场营销活动的主要手段。对这四个要素的具体运用，形成了企业的市场营销战略。4P 包括：

●产品（Product）：涉及产品特点、产品线等。

●价格（Price）：包括定价策略、成本结构等。

●渠道（Place）：涵盖销售渠道、物流配送等方面。

●促销（Promotion）：涉及广告、促销活动等。

6. 价值链分析框架

“价值链分析法”由美国哈佛商学院著名战略学家迈克尔·波特提出。该方法将企业内外价值增加的活动分为基本活动和支持性活动。基本活动涉及企业生产、销售、进料后勤、发货后勤、售后服务；支持性活动涉及采购、技术开发、人力资源管理、企业基础设施等。在价值链上，并非每个环节都创造价值，只有某些特定的价值活动才真正创造价值，这些活动被称为价值链上的“战略环节”。

7. 平衡计分卡框架

平衡计分卡是一种新型绩效管理体系，从财务、客户、内部运营、学习与成长四个角度，将组织的战略落实为可操作的衡量指标和目标值。因此，平衡计分卡被视为加强企业战略执行力的最有效的战略管理工具。它能够从多个维度全面评估企业的表现，为撰写调研报告提供更综合和系统的视角。具体包括：

●财务维度：财务业绩指标。

●客户维度：客户满意度、市场份额等。

●内部运营维度：运营效率、质量控制等。

●学习与成长维度：员工培训、创新能力等。

九、瞭望塔

“纸上得来终觉浅，绝知此事要躬行”这句古语深刻地揭示了实践对于获取真实认知的重要性。然而，在当今时代，AI 工具却能使我们足不出户便能撰写出关于某一事物或某一问题的调研报告。面对这样的选择，我们应该如何权衡呢？

首先，不得不承认，AI 工具具有显著的优势。它能够高效地整合并剖析海量的数据与信息，为我们提供丰富的参考资料以及初步的框架。例如，在对某个市场趋势进行调研时，AI 能迅速汇集各类市场报告、行业数据等，极大地节省了我们在收集基础信息方面所需的时间与精力。

但这并不意味着 AI 能够完全替代深入实际的调研工作。AI 生成的报告通常基于既有的数据和模式，很可能会忽略实际状况中那些细微的差别以及复杂的人性因素。举例来说，当调研一个社区的文化氛围时，AI 显然无法真正感受到当地居民之间的情感交流、独特的生活习惯等微妙之处。正如 AI 无法创作出像费孝通先生的《乡土中国》那样，基于亲身实地调研、充满对传统与现代社会深刻思考的学术巨著。

那么，在学习和工作中，我们应当如何选择呢？我们可以将 AI 工具作为辅助手段，利用其快速高效地掌握初步信息。在借助 AI 所提供的信息基础上，我们仍然需要深入实地，正如“要了解情况，唯一的方法是向社会做调查。”与此同时，我们还需要不断提升自身的判断能力，准确辨别 AI 生成内容的可靠性及其局限性。对于关键问题和核心要点，要有意识地通过实际调研去加以验证和补充。如此，我们才能真正掌握工具，而不是被工具所取代。

十、评价单（见“教材使用说明”）

关卡 5　学习使用 AI 写作工具进行文本创作

一、入门考

1. 你知道常见的修辞手法都有哪些吗？
2. 你知道故事的三要素是什么吗？

二、任务单

最近，随着气温的逐渐升高，大家工作的激情似乎有所减退。为了提升大家的工作热情，上周六，领导特地举办了一场团建活动。这周，小西的任务是撰写一篇关于本次团建活动的推文，但她正绞尽脑汁，不知从何下笔……

我们结合所提供的信息，和小西一起完成这篇推文吧。团建活动相关信息如下：

团建时间：上周六

团建地点：某度假村

参与人员：公司全体员工

活动环节：

【破冰游戏：团队拼图】

活动伊始，我们进行了“团队拼图”游戏。每组须迅速而准确地将数百块小拼图拼接成一幅完整的图案。这不仅考验了我们的手眼协调能力，更重要的是促进了团队成员间的沟通与协作。在欢声笑语中，我们纷纷献计献策，最终成功完成了任务，彼此间的距离也悄然拉近。

【高空挑战：信任背摔】

紧接着，我们来到了高空挑战区。其中，“信任背摔”项目尤为引人注目。每位成员站在高台上，背对着队友向后倒下，由下方排列整齐的队友们稳稳接住。这既是对个人勇气的挑战，也是对团队信任的极致考验。当第一位成员成功被接住时，现场爆发出雷鸣般的掌声和欢呼声，那份信任与默契让我们深受感动。

【团队协作：盲人方阵】

午餐过后，我们迎来了“盲人方阵”挑战。所有成员被蒙上眼睛，仅依靠语言沟通和手中的绳索，共同寻找并穿越一片布满障碍的“雷区”。在这个过程中，我们学会了倾听、信任与引导。当所有人安全穿越时，那份成就感与喜悦难以言表。

【烧烤晚会：星光下的欢聚】

夜幕降临，我们围坐在篝火旁，开始了烧烤晚会。大家亲手烤制美食，分享着工作中的趣事与生活中的点滴。星空下，我们的歌声与笑声交织在一起，形成了最美的风景线。这个夜晚，我们不仅是同事，更是彼此生命中不可或缺的朋友。

【总结与分享】

活动接近尾声时，我们进行了简短的总结与分享。每位成员都真诚地表达了自己的感受与收获。有人谈到了勇气与信任的重要性；有人感慨于团队力量的伟大；还有人表达了对未来工作的期待与信心。这些真挚的话语让我们更加坚信：只要我们团结一心、携手同行，就没有克服不了的困难。

三、知识库

文案创作的方法

文案创作指的是通过文字的组织和表达，以达到特定的传播目的和效果的一种创作活动。它是一种富有创意和策略性的写作过程，旨在用精准、生动、有吸引力的语言，向特定的受众传递信息、引发情感共鸣、塑造品牌形象、推广产品或服务、讲述故事、阐述观点，或者引导受众采取某种行动。

（一）文案创作步骤

1. 明确目标受众

在创作之前，要清晰地了解文案是为谁而写，他们的年龄、性别、兴趣、需求、痛点是什么。只有精准定位目标受众，才能让文案更有针对性和吸引力。

2. 确定文案主题

主题是文案的核心，要鲜明、独特且具有价值。可以从产品特点、用户需求、社会热点等方面入手，找到能引起受众关注和共鸣的主题。

3. 构建文案框架

（1）开头：吸引读者注意力，可采用悬念、提问、惊人事实等方式。

（2）中间：详细阐述主题内容，逻辑清晰，层次分明。可以运用故事、案例、数据等来支撑观点。

（3）结尾。总结升华，呼吁行动，引导读者采取具体的行动，如购买产品、关注账号、分享内容等。

4. 运用写作技巧

（1）语言表达：简洁明了，通俗易懂，避免使用过于复杂的词汇和句子结构。同时，要注意语言的生动性和趣味性，运用比喻、拟人、排比等修辞手法增强感染力。

（2）情感共鸣：挖掘受众的情感需求，让文案能够触动他们的内心，引发情感上的共鸣。

（3）讲故事：人类天生对故事感兴趣，通过讲述一个精彩的故事来传递信息，能让读者更容易接受和记住。

（4）营造氛围：运用环境描写、细节描写等手法，为读者营造出一种身临其境的感觉，增强文案的代入感。

5. 注重排版和设计

（1）段落分明：使用合适的段落划分，让文案易于阅读，避免大段文字堆砌。

（2）标点符号：正确使用标点符号，增强文案的节奏感和语气。

（3）字体字号：根据文案的重要性和层次，合理选择字体和字号，突出重点。

（4）图文搭配：适当插入图片、图表等元素，能够直观地展示信息，提升文案的吸引力。

6. 反复修改完善

完成初稿后，要仔细检查和修改，检查语法错误、逻辑漏洞、表达是否清晰等。同时，可以请他人阅读并提出意见，不断优化文案质量。

（二）以推文为例进行文案创作

1. 推文想要吸引人，标题至关重要

它就像是一扇门，一个好标题能激发人们推开门进去探究的欲望。标题应简洁明了，突出重点，同时可适当设置悬念或运用夸张手法来引起读者的兴趣。

2. 正文内容要有清晰的结构

比如，可以采用总分总、分总等形式。开头部分要迅速抓住读者的注意力，可以是一个引人入胜的故事、一个热点话题的引入，或者是一个令人震惊的事实陈述。

3. 注意表达形式

在行文过程中，语言要生动活泼、通俗易懂，避免使用过于复杂生僻的词汇。适当运用图片、表情符号等元素，能使推文更加丰富多彩，吸引读者的眼球。

（三）以文学作品为例进行文案创作

（1）情节是文学作品的骨架，要有起承转合，有冲突和解决，让读者的心随着情节的

发展而起伏。

（2）人物塑造要丰满立体，具有独特的性格、动机和成长历程。通过细腻的心理描写、动作描写、语言描写等手法，让人物活灵活现地呈现在读者眼前。

（3）环境描写能够烘托气氛，增强作品的感染力。比如，通过描写季节、天气、地理环境等自然元素，为故事营造出合适的背景氛围。

无论是推文还是文学作品等文案创作形式，都要注意主题的明确和统一。所有的内容都要紧密围绕主题展开，这样才能使文案具有灵魂和价值。

四、金手指

（一）进行文本创作的难点

（1）目标受众的精准定位：文案的首要任务是与目标受众建立联系。然而，不同受众群体有不同的兴趣、需求和偏好，这就要求文本创作者必须深入了解并精准定位目标受众。

（2）创意与差异化的追求：在信息爆炸的时代，如何使文案在众多信息中脱颖而出，成为吸引受众注意力的关键。这要求文本创作者具备高度的创意和差异化思维，能够打破常规，以新颖独特的角度和表达方式呈现信息。

（3）语言表达的精准与吸引力：文案的语言表达需要同时满足精准性和吸引力两个要求。精准性意味着文案必须准确无误地传达信息，避免产生歧义或误解；而吸引力则要求文案能够触动受众的情感或兴趣点，激发其进一步了解和行动的欲望。

（4）文化与价值观的敏感性：文本创作者需要考虑到不同文化和价值观的差异，确保文案内容不会冒犯或忽视任何受众群体。这要求文本创作者具备跨文化交流的能力，能够敏锐地捕捉到不同文化背景下的共性和差异，并据此调整文案策略。同时，文案还需要传递积极向上的价值观，以赢得受众的认同和尊重。

（5）市场趋势的敏锐洞察：市场趋势的不断变化对文本创作提出了更高的要求。文本创作者需要时刻保持敏锐的市场洞察力，关注行业动态、消费者需求以及竞争对手的动向。

（二）使用 AI 进行文本创作的难点

（1）创意与原创性的缺乏：尽管 AI 可以通过学习和模仿大量文本数据来生成文案，但在创意和原创性方面往往表现不足。因此，在使用 AI 进行文本创作时，需要新颖独特的思考角度和表达方式，使 AI 在基于生成的文案模式、文案模板上，融入创新性和个性化元素。

（2）个性化与定制化：不同品牌、产品或受众群体对文案的需求各不相同，需要高度个性化和定制化的内容。因此，针对不同地域和文化背景，创作者需要多训练 AI 系统，使其理解并适应其文化特色和表达习惯，确保生成的文案符合相应的文化语境。

（3）人机交互的流畅性：在使用 AI 工具进行文本创作时，人机交互的流畅性也是一个重要的难点。用户需要清晰地传达自己的意图和需求给 AI 系统，而 AI 系统则需要准确理解并转化为高质量的文案。然而，由于语言和理解的复杂性，这种交互往往不够顺畅。因此，需要用户进行多次调整和修正，或者通过优化 AI 系统的交互界面和算法来提高人机交互的流畅性。

（4）技术更新与迭代：AI 技术是一个快速发展的领域，新的算法、模型和技术不断涌现。因此，使用 AI 工具进行文本创作时，需要不断关注技术更新和迭代，以确保生成的文案保持最新、最优质的状态。

关卡 5

五、一起练

步骤一：确定推文内容，总结关键信息

明确推文的主题、背景、目的、语气和风格（如正式、热情等），并总结出关键信息。随后，打开 AI 工具（例如“通义千问”），在提供推文相关信息给“通义千问”的同时，输入以下提示词：“你是一位语言分析大师，请根据我所提供的相关信息，生成文本的关键信息。内容包括：主题、背景、目的、时间、地点、参与人员、活动内容，以及推文风格（如激励性、幽默风趣、正面积极、期待性等）和写文要求等。”（图 5.1—图 5.3）

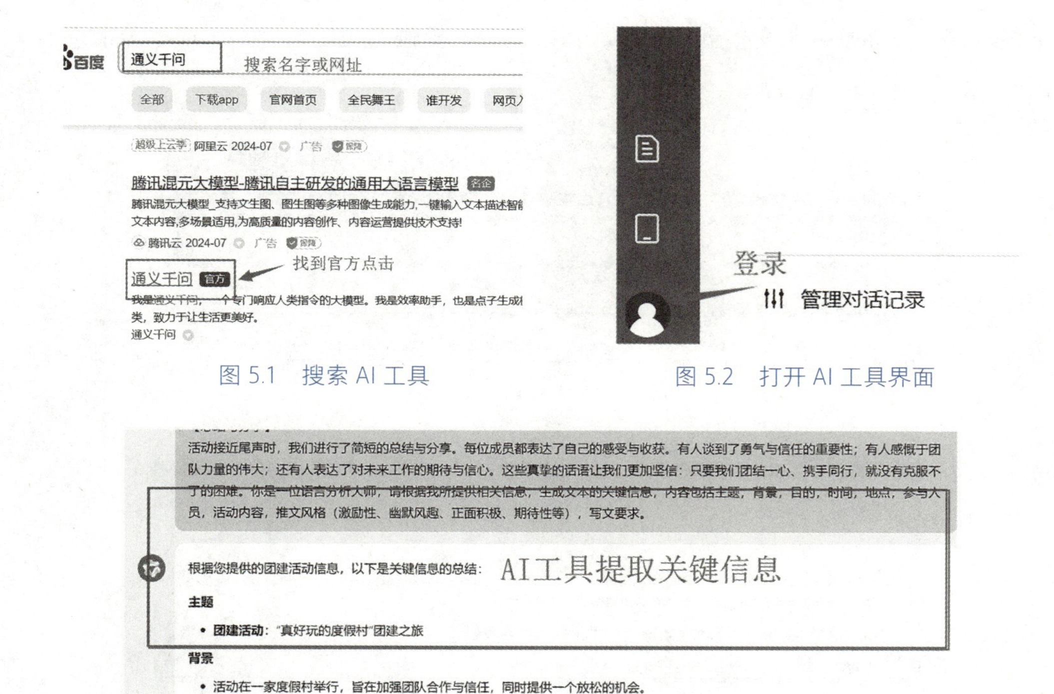

图 5.1　搜索 AI 工具

图 5.2　打开 AI 工具界面

图 5.3　AI 提取信息界面

“通义千问”提取的关键信息如下：

1. 推文关键信息

主题：团建活动，重燃工作热情。

背景：随着气温升高，团队成员的工作热情有所减退。

目的：通过团建活动增强团队凝聚力，提升工作动力。

时间：上周六。

地点：某度假村。

参与人员：公司全体员工。

2. 活动内容

破冰游戏：团队拼图，增进沟通与协作。

高空挑战：信任背摔，考验勇气与信任。

团队协作：盲人方阵，体验团队引导与信任。

烧烤晚会：星光下的欢聚，分享美食与故事。

总结与分享：表达感受与收获，展望未来。

推文风格：具备激励性、幽默风趣、正面积极、期待性。

步骤二：生成文本草稿

打开 AI 工具（例如“通义千问”），在提供关键信息给“通义千问”的同时，输入以下提示词：“你是一位文本创作大师，请根据我所提供的关键信息，生成一篇推文的文本内容。”（图 5.4—图 5.5）

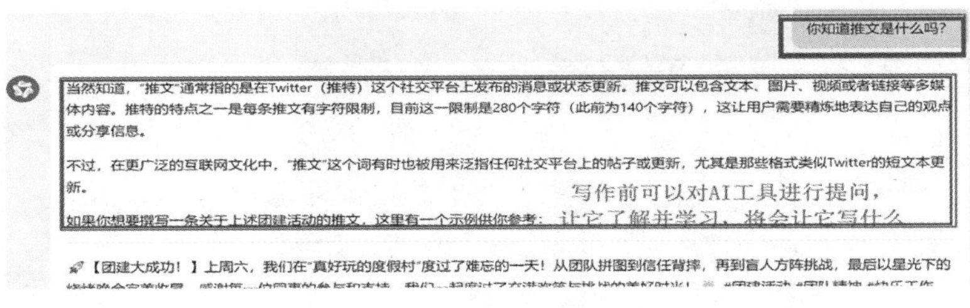

图 5.4　初步与 AI 对话界面

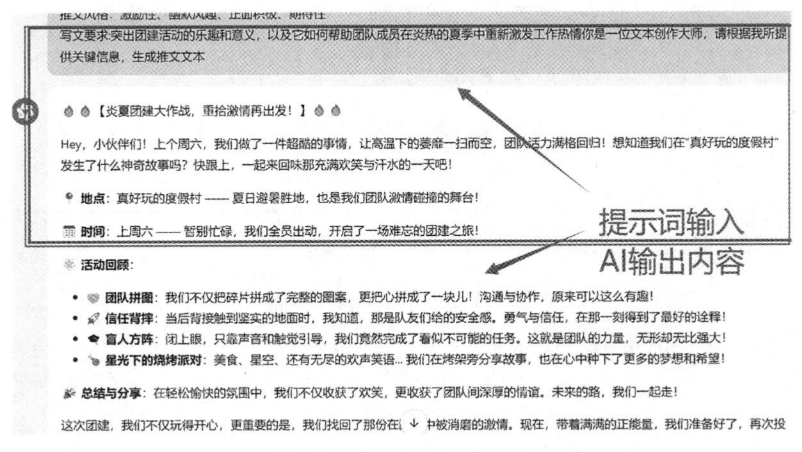

图 5.5　输入提示词界面

步骤三：推文内容更改与添加

输入以下提示词，以获取文本添加要素的建议："请继续给出文本添加要素的建议，如文本更改建议、推文排版建议、图片添加建议、视频添加建议、链接添加建议等。"（图 5.6）

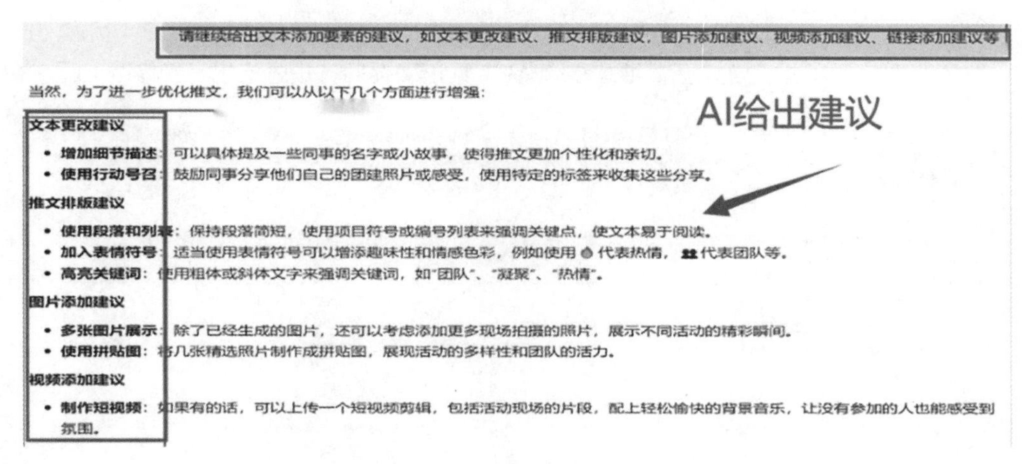

图 5.6　推文内容更改与添加

可利用 AI 工具的图文分析功能，对 AI 工具进行提问。给出一张或多张图片，并输入以下提示词："你是图像解读大师，请对这张图片进行文字描述。"（同理，也可以给出多张图片，让 AI 工具进行文字解释，协助我们进行推文撰写。提示词："你是图像解读大师，请通过观察这几张图片，来简要概括图片所展示的事情。"）（图 5.7）

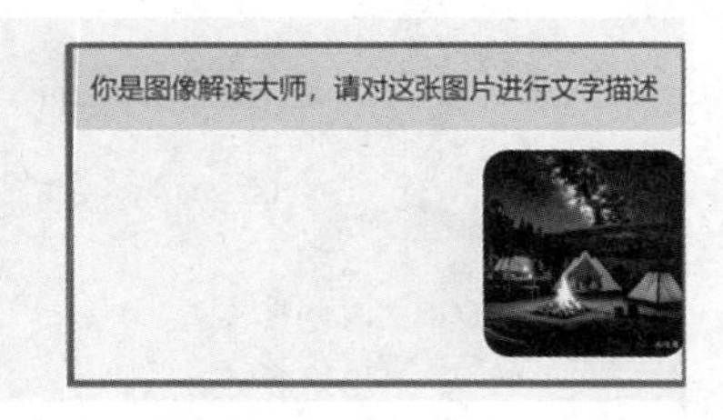

在这幅画面中，我们可以看到一个宁静的夜晚露营场景。三顶帐篷坐落在沙滩上，它们是黄色的，散发出温暖的光芒，在黑暗中显得格外醒目。中间的一顶帐篷前燃起了一堆熊熊燃烧的篝火，火焰跳跃着，照亮了周围的一切。在篝火旁边，有两个人影依稀可见，他们似乎正在享受这宁静的时刻。远处是一片湖水，湖面上倒

图 5.7　AI 进行图片文字描述界面

图生文：可以生成对图像中场景、物体、人物的自然语言描述。

图像内容识别：识别图像中的对象、动作、环境等，并用文字形式表达出来。

视觉问答：回答关于图像的问题，例如"图片中有多少人？"或"他们正在做什么？"

图像分类与标签：自动为图像添加描述性的标签，帮助分类和检索。

内容创作辅助：为社交媒体、新闻报道、博客等提供图像的自动描述，便于内容创作者快速生成配图说明。

广告与营销：自动创建基于图像的产品描述，用于电商网站或广告文案。

步骤四：综合得出终稿

（1）对照 AI 给出的建议，进行个性化修改。推文的文本内容修改和图片的文字添加后，可以选择综合成一份文稿，并再次查看是否需要继续与 AI 对话进行修改，还是进行人工个性化修改。

（2）得出完整的推文文本后，继续结合 AI 工具正确提问，并规范化完善修改（图 5.8）。

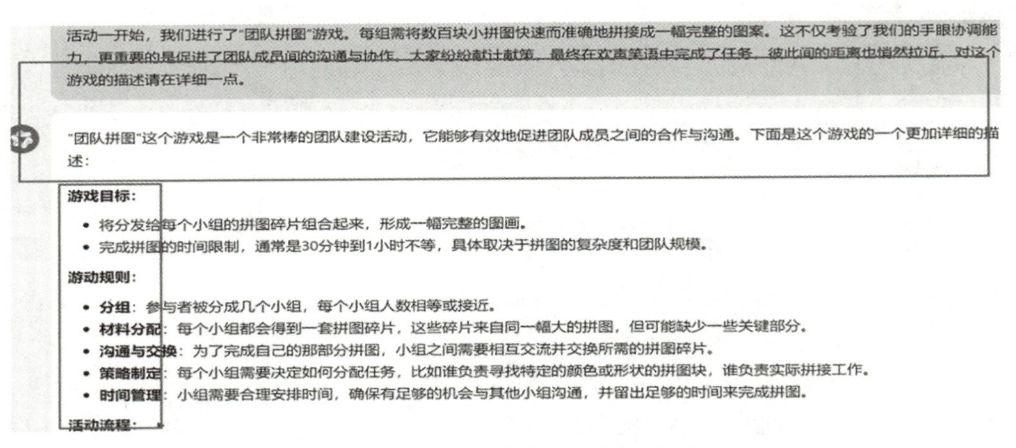

图 5.8　与 AI 进行推文内容更改的对话界面

六、充电桩

你已经学会了吗？下面，我们将用一个流程图帮你回顾、梳理一下（图 5.9），并请你完成接下来的任务，以检验自己的掌握程度吧！

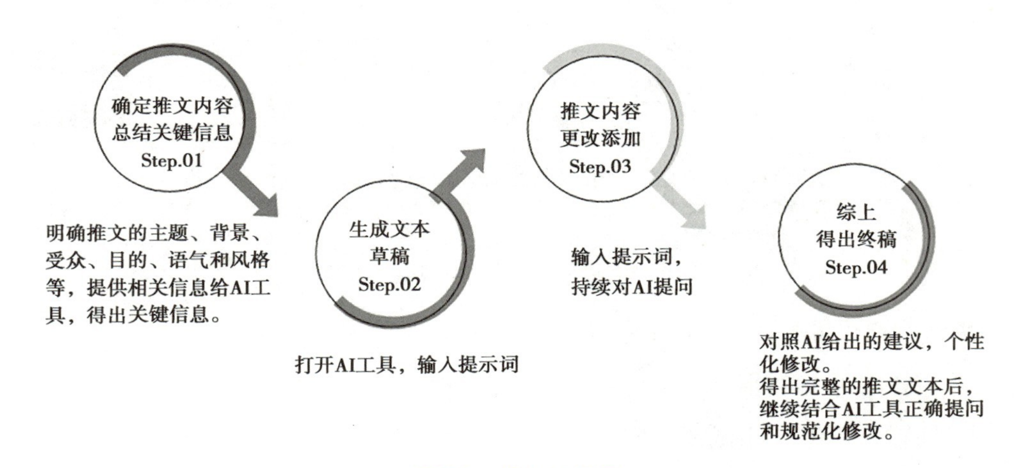

图 5.9　操作流程图

现在，你已经掌握了如何使用 AI 工具进行文本创作的方法，那么接下来，请你运用上述流程步骤，选择一个自己感兴趣的主题，撰写一篇推文。

七、挑战营

你已经掌握了利用人工智能进行文本创作的方法。在这个环节，我们将面对一个更复杂且有趣的任务。

任务背景：请大家结合之前所学的文本创作知识，选择一个自己喜欢的 AI 工具，去创作一篇网络小说。

目标描述：小西运用 AI 工具迅速完成了推文任务。在休息之余，小西再次翻阅到了聊天群里老师们分享的一篇关于利用 AI 技术编写网络小说的方法帖子，这进一步激发了她的兴趣。她想要将自己的美好大学生活写成网络小说，让自己的大学青春变得“触手可及”。

八、拓展栏

AI 创作出百万字小说，“人人皆能写长篇”不再是梦

人工智能在短篇文学创作领域，尤其是在诗歌创作上，已经取得了显著的成就。然而，在超长文本的创作上，一直未能实现突破。近年来，人工智能技术飞速发展，迭代迅速，文学创作领域也因此不断展现出新的可能性。2024 年 1 月，华东师范大学教授王峰的团队取得了一项重大突破——他们成功创作出一部超过百万字的人工智能小说《天命使徒》，这标志着人工智能在长篇文学创作方面迈出了重要的一步。《天命使徒》是通过“国内人工智能大语言模型（以下简称“大模型”）+ 提示词工程 + 人工后期润色”的方式完成的，整部小说字数超过 110 万。

1. 小说七成工作量由人工智能完成

《天命使徒》是王峰教授团队利用人工智能进行文学创作的一项重要成果。他们采用某国产大模型进行人机协作创作，一个勤奋的网络作家写作如此篇幅的小说大约需要一年时间，而人工智能仅用了一个半月。王峰团队的下一个目标是进一步缩短这一时间，至两到三周。

不仅是创作效率，人工智能的创作水准也出乎王峰的意料。在整个创作过程中，王峰团队向大模型输入了两三千条影响作品走向的提示词，每个词条大约有五六百字。在不断的人机交互中，一部百万字的《天命使徒》应运而生。“如果论工作量，人工智能占了 70%，工作人员只占了 30%。”显然，人工智能已经成为这部小说创作的主力军。

“如果从文学专业的角度，给这部作品打个分数，那我会打 61 分，也就是基本及格。”王峰对青年报记者说。不过，这个分数已经让专业人士比较满意了——人工智能创作的内容有时比较冗长，有时又出现跳跃，需要工作人员进行删减、修改和润色。不过王峰要求团队人员尽量减少对文本的干预，以体现人工智能创

作的真实水准。

2. 人工智能将大幅降低写作的门槛

人工智能无疑大大降低了写作的门槛。过去，写作是一个高门槛的职业，但现在“人人可以写作”似乎已不再遥不可及。《天命使徒》的创作还是在相对低端的“凤雏2.0”项目中完成的，而现在王峰团队又在研发专门针对文学创作的“卧龙”大模型，并希望在今年年底开始尝试创作。届时，写作门槛还会进一步降低。王峰表示：“我的目标是，未来一部作品的创作人工智能可以占到90%以上，而写作者的份额在10%以内。”

记者了解到，现在很多网络作家和传统作家都在或多或少地借助人工智能进行创作。随着人工智能的不断训练迭代，人工智能在创作中所扮演的角色将越来越重要。“虽然现在有的人工智能创作出来的东西还是‘中二水平’（初中二年级），但我觉得人工智能创作的作品，未来大部分普通读者是分辨不出来的。”王峰说，“写作为什么要有门槛？人人都可以写作不是很好吗？当然，这会造成每一部作品的读者会大幅减少的局面。”

3. 人类创意永远无可替代

事实上，这些年人工智能的发展已经在文学界引起了巨大争论。不少人认为，“人人都可以写作”将使得传统文学创作的模式完全崩塌，写作者将失去职业。

对此，王峰有自己的看法。他认为，那些经典作家的地位应该不会受到动摇，因为他们在读者心中已经先入为主，而且他们也不会大量使用人工智能辅助创作，这使得他们的作品仍然很稀缺。其次，到目前为止，人工智能进行创作还需要写作者输入大量提示词，这些提示词本身就是创意的体现。而人类的创意永远无法替代，即便是在人工智能迅速发展的未来。人工智能永远是在人类的指引下进行工作，有关“方向”和“创意”的主导权都掌握在人类手中。

（资料来源：《人工智能写出了一部百万字长篇小说，要将写作门槛降到最低》）

九、瞭望塔

在人工智能时代，保持创意并非易事，但也绝非不可能。首先，我们要保持对世界的好奇心，如同爱因斯坦所说，我没有特别的天赋，只有强烈的好奇心。我们要对周围的事物保持敏锐的观察，从日常生活的细微之处发现独特的视角和灵感。同时，我们可以广泛涉猎不同领域的知识和文化。“博观而约取，厚积而薄发。”便捷的网络和交通让我们可以通过阅读、学习、旅行等方式，拓宽自己的视野和思维边界，让各种想法在脑海中碰撞融合，从而激发新的创意火花。再者，我们在学习和工作中要敢于突破常规和传统的思维模式，不要被已有的模式和框架所束缚，勇于尝试新的方法和途径。就像乔布斯所言，活着就是为了改变世界，难道还有其他原因吗？当然，我们还要学会在人工智能的辅助下保持独立思考。人工智能可以提供参考和信息，但不能替代我们的创造力。坚持独立思考，才能让创意具有独特的个性和价值。总之，在人工智能时代，保持创意需要我们不断探索、勇于突破、用心感受，并坚守自己的思考和判断。因为，真正的创意永远源自人的内心和智慧。

十、评价单（见“教材使用说明”）

关卡6 利用AI工具进行文档校对与格式调整

一、入门考

1. 你知道文档校对主要检查哪些内容吗？
2. 你知道段落对齐方式主要有哪些吗？

二、任务单

实习生小西今天需要使用AI校对工具对一份即将提交给高层管理团队的报告进行内容校对和格式调整。这份报告是关于公司上一季度市场表现的总结与分析，对于公司未来战略决策的制定至关重要。小西从部门经理那里接收到了这份报告文档……

跟随小西的脚步，一同对这份报告进行校对，并调整格式吧。

公司上一季度市场表现总结与分析报告

一、引言

本报告旨在全面总结公司上一季度（假设为2024年第一季度）的市场表现，深入剖析市场动态、产品竞争力、销售渠道及客户反馈等关键要素，以期为公司未来的战略决策提供坚实的数据支撑和有力依据。

二、市场概况

行业趋势：上一季度，行业总体呈现稳定增长态势。受全球经济回暖的积极影响，市场需求有所增加。然而，市场竞争日益激烈，新兴品牌层出不穷，对我司市场份额构成了一定程度的挑战。

竞争对手分析：主要竞争对手A公司在市场推广方面加大了投入力度，通过社交媒体营销和线下活动成功吸引了大量新客户。而竞争对手B则在产品研发上取得了显著突破，推出了一系列创新产品，赢得了市场的广泛好评。

三、产品表现

销售数据：本季度，我司主打产品X系列销售额达到××万元，同比增长××%，展现出强劲的市场竞争力。然而，Y系列产品的销售业绩并不理想，仅完成了预期目标的××%。

客户满意度：通过问卷调查和客服反馈收集的数据显示，客户对我司产品的整体满意度达到××%，较上一季度有所提升。但在售后服务方面，仍有部分客户反映响应速度较慢，影响了客户体验。

四、市场策略与执行

营销策略：本季度，我们成功举办了多场线上线下营销活动，包括新品发布会、客户答谢会等，有效提升了品牌知名度和产品曝光率。同时，我们加强了与KOL和媒体的合作，进一步扩大了品牌影响力。

渠道拓展：我们进一步优化了线上销售渠道布局，加强了与电商平台的深度合作，显著提升了线上销售额。同时，我们也积极开拓线下市场，与多家零售商建立了长期稳定的合作关系。

五、挑战与机遇

挑战：市场竞争加剧、产品同质化现象严重、客户需求日益多样化等是当前面临的主要挑战。此外，供应链的不稳定性也给我们带来了不小的运营压力。

机遇：随着科技的不断进步和消费者需求的持续升级，我们有机会通过技术创新和产品开发来引领市场潮流。同时，新兴市场的崛起也为我们提供了新的增长点和发展空间。

六、结论与建议

综上所述，公司上一季度在市场竞争中取得了显著成绩，但也暴露出了一些亟待解决的问题。为了在未来的发展中保持领先地位并实现持续增长，我们提出以下建议：

1.加大研发投入力度，推出更多具有市场竞争力的创新产品。

2.优化营销策略体系，提高市场响应速度和客户体验水平。

3.拓展多元化销售渠道网络，降低对单一渠道的过度依赖。

4.加强供应链管理能力建设，确保产品供应的稳定性和质量可靠性。

三、知识库

文档校对与格式调整的注意事项

文档校对与格式调整在确保信息传递的准确性、提升文档的专业度以及增强读者阅读体验方面发挥着重要作用。

（一）文档校对注意事项

1. 内容校对

（1）准确性：检查事实、数据、引用等是否准确无误。

（2）一致性：确保文中术语、拼写、缩写等的使用保持一致。

（3）逻辑连贯性：审查段落、章节间的逻辑关系，确保条理清晰、逻辑顺畅。

（4）语法与标点：修正语法错误，合理使用标点符号以增强文本的可读性。

2. 格式规范

（1）标题层次：根据文档结构，合理使用不同级别的标题（如“一、（一）、1、（1）”等），以清晰呈现内容大纲。

（2）字体与字号：统一字体类型和大小，保持文档整体风格的协调一致。

（3）行距与段距：设置合适的行距和段落间距，以提升阅读的舒适度。

（4）对齐方式：确保文本、图片等元素的对齐方式一致，以增强视觉上的美观和整洁。

（二）具体格式调整注意事项

1. 页眉页脚

设计包含文档标题、页码、日期等信息的页眉页脚，便于读者查阅和归档。

2. 目录与索引

自动生成目录，并确保其与文档内容同步更新。根据需要添加索引，以方便读者快速定位所需信息。

3. 图表与公式

对图表进行编号并添加标题，确保其在文中被正确引用和说明。公式排版需清晰、准确，可以使用专业软件进行格式化处理，以提高可读性。

4. 引用与参考文献

遵循所在领域或出版机构的引用规范，确保引用的准确无误。整理参考文献列表，并保持格式的统一性和规范性。

5. 语言风格与语气

根据文档的性质和目标读者调整语言风格，保持正式或亲切的语气。避免使用模糊、歧义的词汇，确保表达清晰、准确、明了。

四、金手指

（一）文档校对与格式调整的难点

（1）人工校对的成本高、效率低：面对大量文档和复杂内容，人工校对需要投入大量时间和精力。校对过程中存在大量重复性工作，如检查错别字、标点符号等。由于人的知识水平、语言习惯和专业知识不同，可能导致在校对过程中出现理解偏差或遗漏错误。

（2）校对内容的复杂性：文档中可能包含大量专业名词和术语，这些词汇的准确性和规范性对校对人员提出了很高的要求。校对不仅仅是检查字词是否正确，还需要理解文本的整体语义和逻辑关系。此外，不同文档还有不同的格式要求，如字体、字号、行距、段落缩进等。

（3）自动化校对的局限性：虽然自动化校对工具在提高效率方面具有一定优势，但其在语义理解、上下文关联等方面仍存在不足。不同领域的文档具有不同的特点和要求，自动化校对系统需要针对不同领域进行定制和优化。由于领域范围广且差异性大，这使得自动化校对的领域适应性受到限制。

（4）格式调整的难点：存在兼容性问题，不同软件或平台对文档格式的支持程度不同，可能导致在一种环境下格式正确的文档在另一种环境下出现错乱或无法正确显示的问题。

（二）使用 AI 工具进行文档校对与格式调整的难点

（1）语义理解与上下文关联：尽管 AI 工具在文本处理方面取得了显著进展，但在语义理解和上下文关联方面仍存在一定的局限性，尤其是在处理复杂句子或段落时。因此，在模型训练过程中需要融入特定领域的专业知识，以提高 AI 工具在该领域的校对准确性。

（2）专业名词与术语的准确性：文档中可能包含大量专业名词和术语，AI 工具可能难以准确识别和处理这些词汇。因此，可以结合人工审核机制，对于 AI 工具无法准确判断的专业名词和术语进行人工审核，以确保校对结果的准确性。

（3）格式调整的复杂性：不同文档具有不同的格式要求，包括字体、字号、行距、段落缩进等多个方面。这些格式要求往往烦琐且复杂，需要 AI 工具具备高度的灵活性和准确性。因此，可以利用 AI 的智能化能力，自动识别文档中的元素（如标题、段落、表格、图片等），并根据预设的格式要求进行调整。

五、一起练

1. 对一篇实际文档进行 AI 校对，并调整格式

步骤一：文档初步校对

打开 AI 工具（比如“通义千问”），将需要校对的文档发送给 AI 工具，并输入提示词：“你是一位文字工作者大神，请根据我给出的文档，指出其中的语义、文字、符号及标点等错误。”（图 6.1—图 6.4）

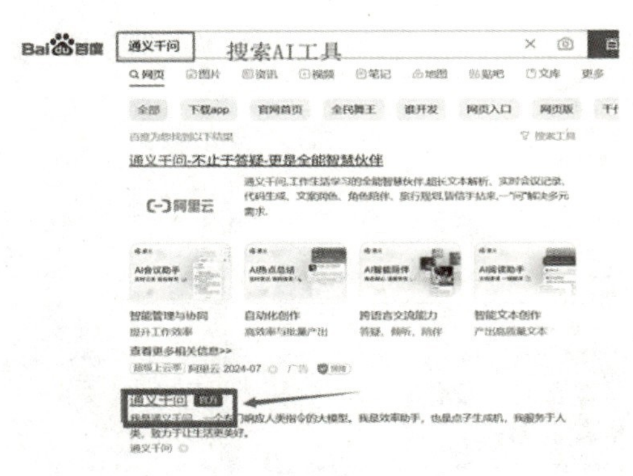

图 6.1　搜索 AI 工具

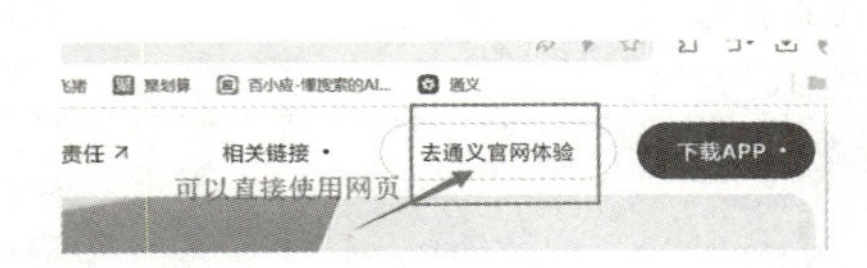

图 6.2　打开 AI 工具

拓展多元化销售渠道，降低对单一渠道的依赖。

加强供应链管理，确保产品供应的稳定性和质量。你是一位文字工作者大神，请根据我给出的文档，指出它语义文字，符号标点等错误。

您提供的公司上一季度市场表现总结与分析报告在语义、文字和符号标点方面整体上非常清晰且规范，没有明显的错误。然而，为了进一步提升报告的准确性和专业性，我可以提供一些微小的改进建议：

1. **销售数据中的具体数值**：

图 6.3　输入文档

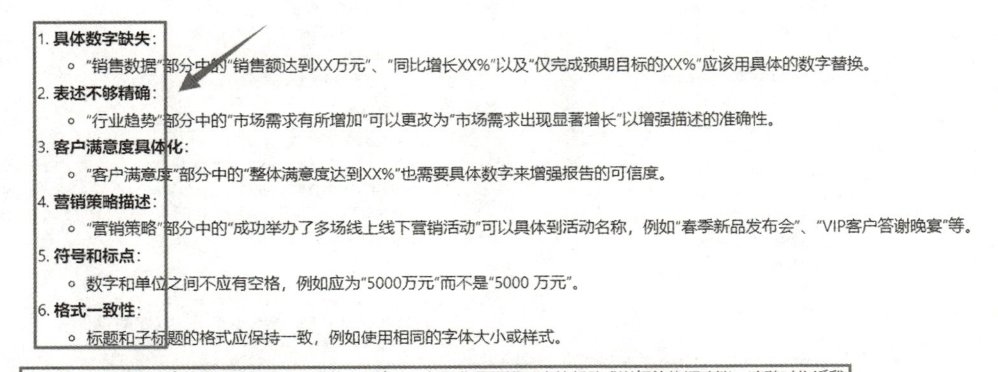

1. **具体数字缺失**：
   - “销售数据”部分中的“销售额达到XX万元”、“同比增长XX%”以及“仅完成预期目标的XX%”应该用具体的数字替换。
2. **表述不够精确**：
   - “行业趋势”部分中的“市场需求有所增加”可以更改为“市场需求出现显著增长”以增强描述的准确性。
3. **客户满意度具体化**：
   - “客户满意度”部分中的“整体满意度达到XX%”也需要具体数字来增强报告的可信度。
4. **营销策略描述**：
   - “营销策略”部分中的“成功举办了多场线上线下营销活动”可以具体到活动名称，例如“春季新品发布会”、“VIP客户答谢晚宴”等。
5. **符号和标点**：
   - 数字和单位之间不应有空格，例如应为“5000万元”而不是“5000 万元”。
6. **格式一致性**：
   - 标题和子标题的格式应保持一致，例如使用相同的字体大小或样式。

综上所述，这些是您文档中需要关注和改进的主要方面。如果您需要进一步的帮助或详细的修订建议，请随时告诉我。

图 6.4　AI 校对建议展示

步骤二：继续提问，得出修正后的文档

继续输入提示词：“请对照你所指出的错误，帮我输出修正后的文档。”根据实际情况，进行人工调整（图 6.6—图 6.7）。

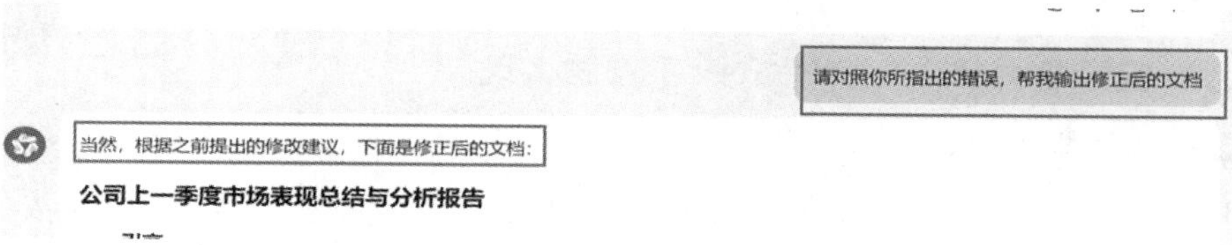

请对照你所指出的错误，帮我输出修正后的文档

当然，根据之前提出的修改建议，下面是修正后的文档：

公司上一季度市场表现总结与分析报告

图 6.5　继续与 AI 对话

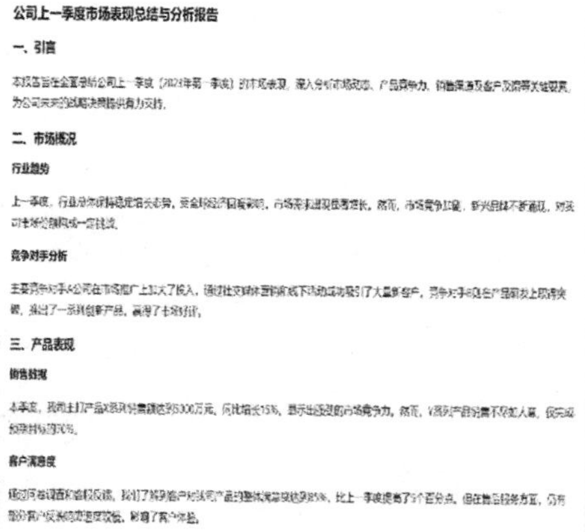

公司上一季度市场表现总结与分析报告

一、引言

二、市场概况

行业趋势

竞争对手分析

三、产品表现

销售数据

客户满意度

图 6.6　修正后文档（一）

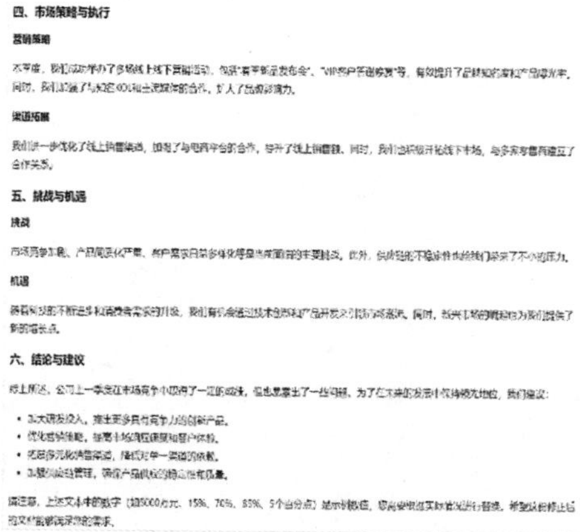

四、市场策略与执行

营销策略

渠道拓展

五、挑战与机遇

挑战

机遇

六、结论与建议

图 6.7　修正后文档（二）

步骤三：调整格式

继续输入提示词：“请结合修正后的文档，指出并给出正确的报告格式建议。”（图 6.8—图 6.9）

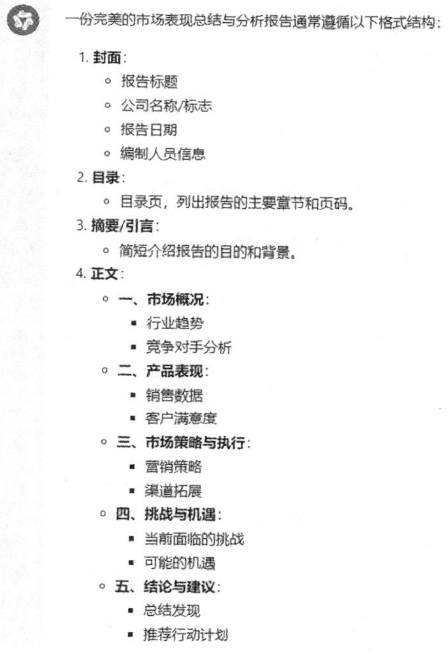

一份完美的市场表现总结与分析报告通常遵循以下格式结构：

1. **封面**：
   - 报告标题
   - 公司名称/标志
   - 报告日期
   - 编制人员信息
2. **目录**：
   - 目录页，列出报告的主要章节和页码。
3. **摘要/引言**：
   - 简短介绍报告的目的和背景。
4. **正文**：
   - **一、市场概况**：
     - 行业趋势
     - 竞争对手分析
   - **二、产品表现**：
     - 销售数据
     - 客户满意度
   - **三、市场策略与执行**：
     - 营销策略
     - 渠道拓展
   - **四、挑战与机遇**：
     - 当前面临的挑战
     - 可能的机遇
   - **五、结论与建议**：
     - 总结发现
     - 推荐行动计划

图 6.8　AI 格式修改建议（一）

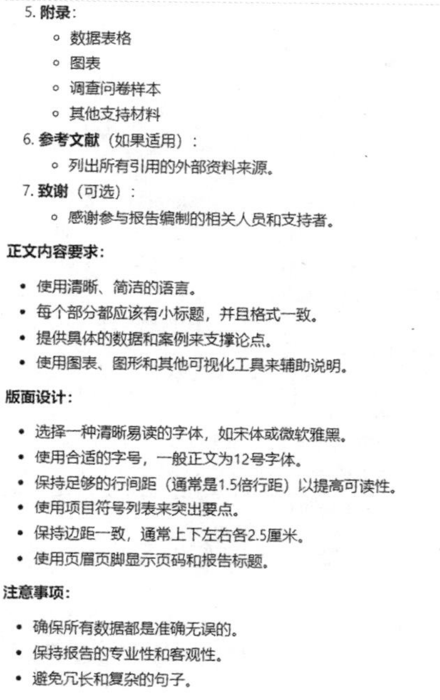

5. **附录**：
   - 数据表格
   - 图表
   - 调查问卷样本
   - 其他支持材料
6. **参考文献**（如果适用）：
   - 列出所有引用的外部资料来源。
7. **致谢**（可选）：
   - 感谢参与报告编制的相关人员和支持者。

正文内容要求：

- 使用清晰、简洁的语言。
- 每个部分都应该有小标题，并且格式一致。
- 提供具体的数据和案例来支撑论点。
- 使用图表、图形和其他可视化工具来辅助说明。

版面设计：

- 选择一种清晰易读的字体，如宋体或微软雅黑。
- 使用合适的字号，一般正文为12号字体。
- 保持足够的行间距（通常是1.5倍行距）以提高可读性。
- 使用项目符号列表来突出要点。
- 保持边距一致，通常上下左右各2.5厘米。
- 使用页眉页脚显示页码和报告标题。

注意事项：

- 确保所有数据都是准确无误的。
- 保持报告的专业性和客观性。
- 避免冗长和复杂的句子。

图 6.9　AI 格式修改建议（二）

2. 结合关卡 2 ，完成应用文书写作后利用 AI 进行校对与格式调整（图 6.10—图 6.12）

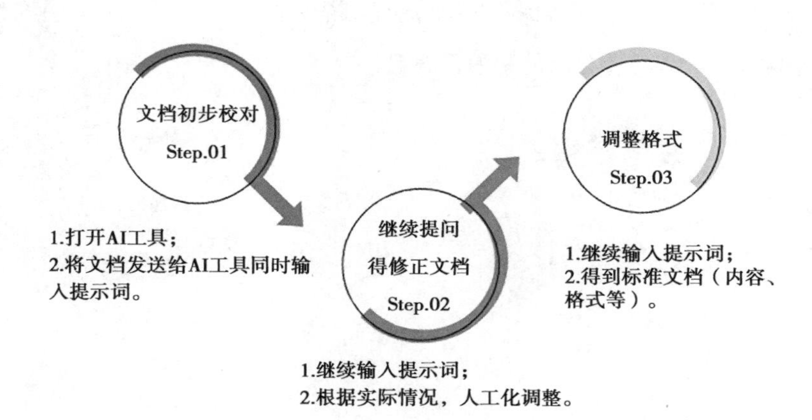

图 6.10　操作流程图

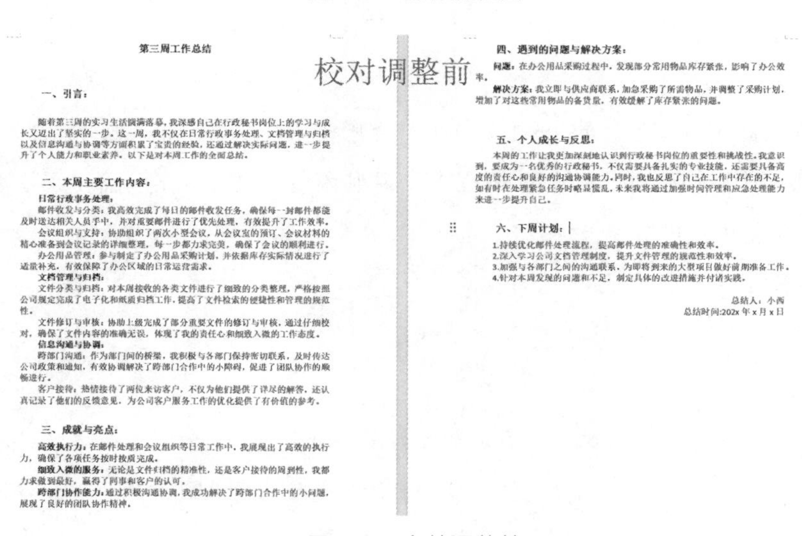

第三周工作总结

一、引言：

随着第三周的实习生活圆满落幕，我深感自己在行政秘书岗位上的学习与成长又迈出了坚实的一步。这一周，我不仅在日常行政事务处理、文档管理与归档以及信息沟通与协调等方面积累了宝贵的经验，还通过解决实际问题，进一步提升了个人能力和职业素养。以下是对本周工作的全面总结。

二、本周主要工作内容：

日常行政事务处理：

邮件收发与分类：我高效完成了每日的邮件收发任务，确保每一封邮件都能及时送达相关人员手中，并对重要邮件进行了优先处理，有效提升了工作效率。

会议组织与支持：协助组织了两次小型会议，从会议室的预订、会议材料的精心准备到会议记录的详细整理，每一步都力求完美，确保了会议的顺利进行。

办公用品管理：参与制定了办公用品采购计划，并依据库存实际情况进行了适量补充，有效保障了办公区域的日常运营需求。

文档管理与归档：

文件分类与归档：对本周接收的各类文件进行了细致的分类整理，严格按照公司规定完成了电子化和纸质归档工作，提高了文件检索的便捷性和管理的规范性。

文件修订与审核：协助上级完成了部分重要文件的修订与审核，通过仔细校对，确保了文件内容的准确无误，体现了我的责任心和细致入微的工作态度。

信息沟通与协调：

跨部门沟通：作为部门间的桥梁，我积极与各部门保持密切联系，及时传达公司政策和通知，有效协调解决了跨部门合作中的小障碍，促进了团队协作的顺畅进行。

客户接待：热情接待了两位来访客户，不仅为他们提供了详尽的解答，还认真记录了他们的反馈意见，为公司客户服务工作的优化提供了有价值的参考。

三、成就与亮点：

高效执行力：在邮件处理和会议组织等日常工作中，我展现出了高效的执行力，确保了各项任务按时按质完成。

细致入微的服务：无论是文件归档的精准性，还是客户接待的周到性，我都力求做到最好，赢得了同事和客户的认可。

跨部门协作能力：通过积极沟通协调，我成功解决了跨部门合作中的小问题，展现了良好的团队协作精神。

四、遇到的问题与解决方案：

问题：在办公用品采购过程中，发现部分常用物品库存紧张，影响了办公效率。

解决方案：我立即与供应商联系，加急采购了所需物品，并调整了采购计划，增加了对这些常用物品的备货量，有效缓解了库存紧张的问题。

五、个人成长与反思：

本周的工作让我更加深刻地认识到行政秘书岗位的重要性和挑战性。我意识到，要成为一名优秀的行政秘书，不仅需要具备扎实的专业技能，还需要具备高度的责任心和良好的沟通协调能力。同时，我也反思了自己在工作中存在的不足，如有时在处理紧急任务时略显慌乱，未来我将通过加强时间管理和应急处理能力来进一步提升自己。

六、下周计划：

1.持续优化邮件处理流程，提高邮件处理的准确性和效率。
2.深入学习公司文档管理制度，提升文件管理的规范性和效率。
3.加强与各部门之间的沟通联系，为即将到来的大型项目做好前期准备工作。
4.针对本周发现的问题和不足，制定具体的改进措施并付诸实践。

总结人：小西
总结时间:202x 年 x 月 x 日

图 6.11　文档调整前

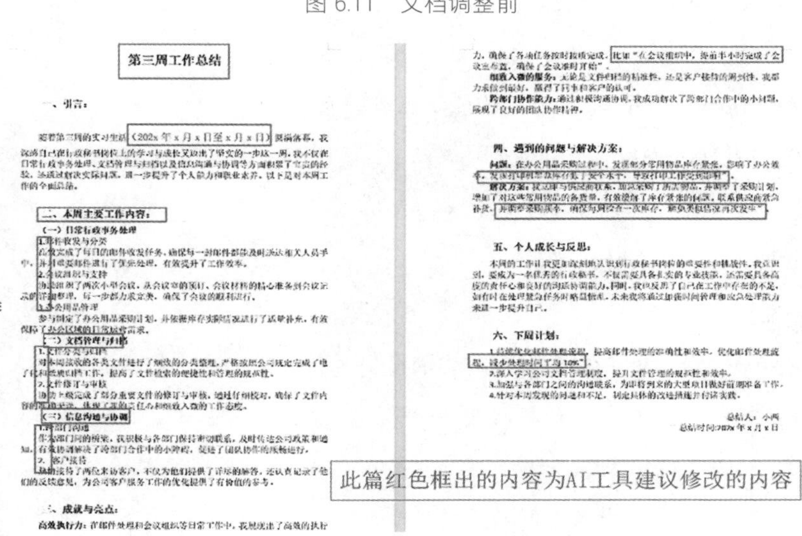

第三周工作总结

一、引言：

（202x 年 x 月 x 日至 x 月 x 日）

二、本周主要工作内容：

（一）日常行政事务处理

（二）文档管理与归档

（三）信息沟通与协调

三、成就与亮点：

四、遇到的问题与解决方案：

五、个人成长与反思：

六、下周计划：

总结人：小西

图 6.12　文档调整后

六、充电桩

你已经学会了吗？下面，我们将用一个流程图帮你回顾、梳理一下（图 6.13），并请你完成接下来的任务，以检验自己的掌握程度吧！

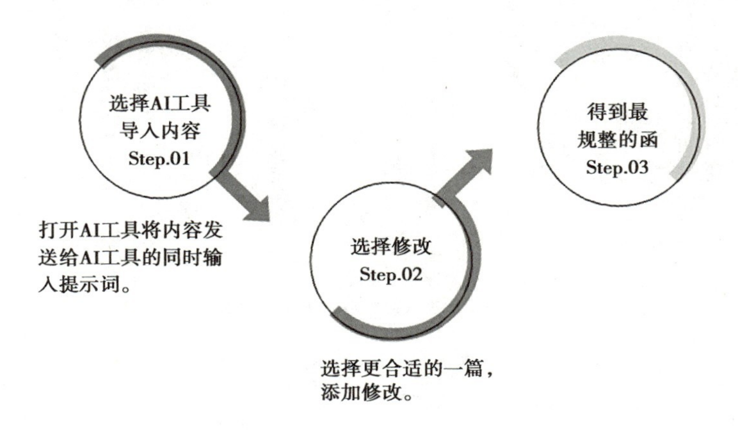

图 6.13　操作流程图

现在，你已经了解了如何使用 AI 工具进行文档校对与格式调整。接下来，请你按照上面的流程步骤，选择一个自己喜欢的 AI 工具，并利用该工具，找出两篇（或几篇）函件之间的差异，最终得出最规范的函件。

第一篇：

邀请函

尊敬的盛夏电视台团队：

随着中秋佳节的日益临近，我们智胜集团公司全体同仁满怀喜悦之情，准备共同庆祝这一传统节日。在此，我们诚挚地邀请贵电视台作为我们的特别合作伙伴，参与并协助我们举办中秋晚会。

晚会详情如下：

日期：2024 年 9 月 14 日（中秋节放假前一天）

时间：18：00—21：30

地点：××××××××××××××

着装要求：正式或传统服饰

晚会流程：

1. 18：00—18：30 嘉宾签到及迎宾酒会

2. 18：30—19：00 开场致辞及领导讲话

3. 19：00—20：30 文艺表演及互动环节

4. 20：30—21：00 中秋赏月及月饼品尝

5. 21：00—21：30 晚会总结及嘉宾致谢

我们希望贵电视台能够提供以下协助：

1. 现场直播 / 录制服务

2. 技术支持与设备提供

3. 节目策划与主持人派遣

此次晚会不仅是庆祝中秋这一传统节日，更是展现我们企业文化和团队精神的重要契机。我们相信，贵电视台的参与定能使晚会更加精彩纷呈，给所有参与者留下深刻而难忘的回忆。

请您在收到本邀请函后，于 2024 年 9 月 6 日前通过以下方式与我们联系确认参与意向：

联系人：李女士

联系电话：191××××××××

电子邮箱：34×××××××××@qq.com

我们期待着与盛夏电视台的合作，共同打造一个温馨、难忘的中秋之夜。感谢您的关注与支持，期待您的积极回复。

此致

敬礼

智胜集团公司

2024 年 8 月 29 日

第二篇：

邀请函

尊敬的盛夏电视台团队：

在这个丹桂飘香、月圆人团圆的中秋佳节即将来临之际，我们智胜集团公司满怀期待地筹备着一年一度的中秋庆典。我们深知，贵电视台的参与将为我们的晚会增添一份特别的精彩。因此，我们诚挚地邀请贵电视台的团队加入我们，共同庆祝这个意义非凡的节日。

晚会亮点：

主题：“月满中秋，智胜同庆”——寓意着在中秋月圆的美好时刻，智胜集团与全体员工及合作伙伴共享团圆与成功的喜悦。

时间：2024 年 9 月 14 日（中秋节前夕），18：00—22：00

地点：［×××××××××］，一个融合传统韵味与现代设施的场所，以确保晚会的圆满举行。

着装要求：请着正装或传统民族服饰，让我们在传统节日的氛围中展现各自的风采。

晚会流程：

1.18：00—18：30 嘉宾签到 & 迎宾鸡尾酒会

2.18：30—19：00 开场表演 & 领导致辞

3.19：00—20：00 文艺演出 & 互动游戏（包括传统舞狮、古筝演奏、诗歌朗诵等）

4.20：00—20：30 中秋文化讲座 & 月饼 DIY 体验

5.20：30—21：30 晚宴 & 抽奖环节

6.21：30—22：00 赏月 & 晚会闭幕

我们期待贵电视台在以下方面给予支持：

1. 提供专业的现场直播 / 录制服务，记录下晚会的每一个精彩瞬间。

2. 技术支持，包括灯光、音响等设备的提供与调试，确保晚会顺利进行。

3. 节目策划与创意，为我们的晚会增添更多独特的亮点。

4. 主持人派遣，以确保晚会流程的顺畅与专业性。

我们相信，贵电视台的专业参与将使我们的晚会更加完美，给所有嘉宾留下深刻而美好的记忆。

请您在收到本邀请函后，于 2024 年 9 月 6 日前通过以下方式与我们联系确认参与意向：

联系人：李女士

联系电话：191××××××××

电子邮箱：34×××××××××@qq.com

智胜集团公司全体同仁期待与贵电视台的合作，让我们携手共度一个温馨、难忘的中秋夜晚。感谢您的关注与支持，期盼您的光临。

此致

敬礼！

智胜集团公司

2024 年 8 月 29 日

七、挑战营

你已经掌握了使用人工智能进行文档校对与格式调整的方法。在这个环节，我们将面对一个更复杂有趣的任务。快来挑战一下自己吧！

任务背景：请大家结合前面所学的知识，选择自己喜欢的一个 AI 工具和一本书籍，去进行 AI 拆书（AI 拆书是指利用先进的人工智能技术，如自然语言处理、机器学习等，深度剖析书籍内容，精准提炼核心观点与关键信息，使用户能够轻松掌握书籍精髓，实现高效阅读。）

目标：小西周末去看了一部关于成长、亲情与故乡情感的电影——《云边有个小卖部》，意犹未尽，想继续通过阅读书籍来体味电影中的情感。但实习生活太过充实，没有更多精力，于是小西想到了利用 AI 拆书来辅助阅读此书。

八、拓展栏

大模型时代下的智能文档处理

近年来，随着深度学习技术的蓬勃发展，以大模型为代表的智能技术已在各个领域展现出卓越的能力。这些模型依托于庞大的数据集和强大的计算能力，不仅能处理和理解复杂的信息，还在自然语言处理、图像识别、数据分析等多个领域引发了革命性的变革。特别是在文档处理领域，大模型的应用为传统方法带来了颠覆性的创新，引领智能文档处理进入了一个崭新的时代。

传统的文档处理技术主要依赖于预定义的规则和模式，其处理对象大多局限于文本数据。这些方法在处理固定格式和简单结构的文档时表现尚可，但面对复杂的上下文和多样化的数据形式时，便显得力不从心。例如，基于关键词的搜索技术在面对长文本和复杂结构时，往往难以精确定位用户所需的信息。此外，传统方法在处理图像、音频和视频等非文本数据时，更是力不从心。

随着深度学习技术的不断进步，特别是以 Transformer 为基础的大模型的出现，智能文档处理迎来了前所未有的机遇。大模型通过训练大量的多模态数据，能够同时处理和理解文本、图像、音频和视频等多种形式的数据。例如，在图像描述生成任务中，大模型不仅能理解图像内容，还能生成相应的描述文本，这种能力已显著超越了传统方法的局限。

大模型的跨模态处理能力，是其相较于传统方法的一个显著优势。跨模态处理指的是模型能够同时处理和理解不同形式的数据，并将它们进行有机融合。在智能文档处理过程中，大模型不仅能解析文本内容，还能理解和分析文档中的图像、表格和图表。这种能力使得大模型在处理多媒体文档时，能提供更加全面和准确的分析结果。

除了跨模态处理能力，大模型在上下文理解方面也表现出色。传统的文档处理方法往往依赖于简单的词频统计和预定义的规则，难以捕捉到文本中的复杂上下文关系。而大模型通过训练海量的文本数据，学会了如何理解和分析上下文，从而能更好地处理长文本和复杂结构。

例如，在自然语言处理任务中，大模型能够通过捕捉上下文信息，准确识别出文本中的关键信息和隐含关系。在智能文档处理过程中，这种能力使得大模型能更加准确地理解用户的需求，并提供个性化的服务。在法律文档分析中，大模型能通过理解上下文，准确识别出相关的法律条款和案例，从而帮助律师更加高效地处理案件。

在大模型时代，智能文档处理正经历一场深刻的变革。依托深度学习和强大的计算能力，大模型不仅能够处理和理解复杂的信息，还能在多模态数据融合、上下文理解和个性化服务等方面展现出前所未有的能力。随着技术的不断发展和应用场景的不断扩展，大模型在智能文档处理领域有望进一步推动各行各业的数字化转型和创新发展。面对未来的挑战和机遇，我们有理由相信，大模型将在智能文档处理领域创造更加辉煌的成绩，为用户提供更加精准、高效和个性化的服务体验。

（资料来源：迪迪评测·大模型时代下的智能文档处理新范式）

九、瞭望塔

“没有规矩，不成方圆。”严格的公文格式要求正是公文规范运作的基石。严格的格式排版首先为公文设定了明确的“规矩”。就像在一个棋局中，棋子的走法和布局都有其既定的规则，公文也需要遵循特定的格式来组织和呈现信息。这种规则性使得公文在形式上具有一致性和稳定性，有效避免了混乱和无序。从信息传递的角度来看，格式排版的规矩确保了重要内容能够在恰当的位置突出展示。比如，标题的醒目设置、正文的分段布局以及附件的明确标识，都能让读者迅速捕捉到关键信息，从而提高信息传递的效率和准确性。这就如同在地图上清晰标注出目的地和路线，使人能够目标明确、路径清晰地获取所需信息。在组织管理方面，严格的格式要求有助于维护公文的权威性和严肃性。一份格式规范、排版整齐的公文，展现出了组织的严谨和专业，增强了其在内部管理和对外交流中的公信力。它向接收方传递出一种信号，即这里的工作是有条不紊、值得信赖的。对于公文的存档和检索而言，格式的规矩性更是至关重要。统一的格式使得大量的公文能够按照既定的标准进行分类和整理，方便日后的查找和复用。这就像是将书籍按照特定的分类法整齐地摆放在书架上，需要时能够迅速找到所需内容。

如今，随着 AI 技术的发展，其在公文格式排版中也发挥着越来越重要的作用。AI 能够快速且精准地按照预设的格式要求对公文进行排版，大大提高了工作效率，减少了人为失误。然而，我们不能完全依赖 AI，仍需保持对格式规则的深入理解和把握，以便在必要时进行人工的调整和优化。同时，我们也要不断提升自身的能力，适应这一技术带来的变化，让 AI 成为我们提升公文格式排版质量的有力助手，而非完全取代我们的思考和判断。

十、评价单（见“教材使用说明”）

关卡 7　运用 AI 掌握文档自动化管理

一、入门考

1. 你知道文档分类的主要依据是什么吗？

2. 你知道归档文档时需注意哪些问题吗？

3. 你知道文档管理的目的是什么吗？

二、任务单

公司文档种类繁多，包括合同、项目报告、会议纪要、员工手册等，存在查找困难、版本混乱等问题。因此，实习生小西被赋予了一项重要任务：对文档进行自动化管理，以提升公司文档分类、归档、检索和使用的效率……

我们跟随小西的脚步，利用我们提供的信息，一起完成文档自动化管理的任务吧。具体文档信息整理如下。

1. 人力资源部门

员工手册：包含公司文化、规章制度、福利待遇等信息的综合性文档。

入职合同：新员工入职时与公司签订的劳动合同，涵盖职位、薪资、工作期限等条款。

培训资料：内部或外部培训课程的 PPT、视频、讲义等学习材料。

绩效评估报告：定期评估员工工作表现的文档，包含评估标准、结果及反馈意见。

离职手续单：员工离职时需填写的表格，记录离职原因、工作交接情况等。

2. 财务部门

财务报表：包括资产负债表、利润表、现金流量表等，反映公司财务状况和经营成果的文档。

预算报告：年度、季度或月度预算计划，详细列出开支和收入预期的文档。

发票与收据：与客户或供应商之间的交易凭证，需妥善保存以备查账。

税务申报文件：如增值税申报表、所得税申报表等，用于向税务机关提交税务信息的文档。

审计报告：由外部审计机构出具的，对公司财务状况和经营成果进行审计的报告。

3. 项目管理部门

项目计划书：详细阐述项目目标、范围、时间表、预算、资源分配等内容的文档。

项目报告：定期或不定期提交的项目进展报告，涵盖已完成工作、存在问题、下一步计划等。

会议纪要：记录项目会议讨论内容、决策结果及行动项的文档。

变更请求：对项目范围、时间表、预算等进行变更的申请文档，需经过审批流程。

项目结项报告：项目完成后提交的总结性文档，包括项目成果、经验教训、资源使用情况等。

4. 市场与销售部门

市场调研报告：对市场趋势、竞争对手、目标客户等进行分析的文档。

销售合同：与客户签订的销售协议，明确产品规格、价格、交付时间等条款。

客户资料：包含客户基本信息、购买记录、沟通记录等的文档，需保护客户隐私。

营销方案：针对特定产品或市场制定的营销策略和计划文档。

广告素材：包括海报、宣传册、视频广告等营销活动中使用的创意素材。

5. 技术研发部门

需求规格说明书：详细描述软件或产品开发需求的文档，作为开发工作的基础。

设计文档：涵盖系统架构设计、数据库设计、界面设计等内容的文档。

代码库：虽然不直接作为文档管理，但代码版本控制（如 Git）是技术文档管理的重要组成部分，确保代码的可追溯性和可维护性。

测试报告：对产品或软件进行功能测试、性能测试等后生成的测试结果文档。

技术白皮书：介绍公司技术实力、产品技术特点等的宣传性文档。

三、知识库

文档自动化管理的方法

（一）文档自动化管理的定义与目标

1. 文档自动化管理的定义

文档自动化管理是指利用信息技术和相关工具，对文档的创建、编辑、存储、检索、共享及销毁等全生命周期进行自动化处理和优化，旨在提高工作效率、确保数据准确性和安全性，并实现更高效的知识管理。

2. 文档自动化管理的主要目标

（1）提高文档处理效率，减少人工操作和重复劳动。

（2）确保文档的质量和一致性，遵循统一的格式和标准。

（3）增强文档的安全性和保密性，严格控制访问权限。

（4）实现知识的有效积累和共享，促进团队协作。

（二）文档分类的方法

1. 按内容主题分类

这是最常见的分类方式，如财务文档、市场营销文档、人力资源文档等。

2. 按时间顺序分类

可以按照创建时间、更新时间或有效期限来分类，适合于需要追踪文档时效性的情况。

3. 按项目或业务流程分类

对于以项目为导向的组织，将文档与特定项目或业务流程关联，有助于项目的顺利推进和复盘。

4. 按用户角色分类

根据不同用户群体的需求，如管理层文档、普通员工文档等。

（三）归档文件的原则

（1）归档文件整理应遵循文件的形成规律，保持文件之间的有机联系。

（2）归档文件整理应区分不同价值，以便于保管和利用。

（3）归档文件整理应符合文档一体化管理要求，便于计算机管理或计算机辅助管理。

（4）归档文件整理应确保纸质文件和电子文件整理协调统一。

（四）文档归档的流程

1. 筛选

确定哪些文档需要归档，哪些可以删除或保留在当前工作区域。

2. 整理

对选定的文档进行整理，如添加必要的标签、备注等。

3. 存储

选择合适的存储介质和位置，如云存储、本地服务器等，并按照预定的分类结构存放。

4. 建立索引和目录

便于后续快速查找和检索归档的文档。

（参照《中华人民共和国档案行业标准归档文件整理规则》，有改动）

四、金手指

（一）对企业文档进行分类和归档的难点

（1）文档管理的规模与复杂性：文档数量庞大且类型多样。随着企业规模的扩大和运营时间的增长，文档数量急剧增加，包括合同、报告、图纸、邮件等多种类型。如果缺乏有效的办公自动化和管理信息系统支持，电子文件的生成和管理将变得尤为困难。

（2）信息化与标准化的集成、传递、存储和归档过程可能不规范，增加了分类和归档的复杂性：企业在推进信息化过程中，可能面临传统实体档案与电子文档并存的局面，管理难度大。不同部门、不同项目之间可能采用不同的分类和归档标准，导致文档管理混乱。缺乏统一的分类和归档标准不仅影响文档的查找和利用效率，还可能增加管理成本。

（3）协同共享与版本管理的挑战：企业文档管理需要实现跨部门、跨地域的协同共享，但现有的管理系统可能无法满足这一需求。文档可能分散存储在不同设备或系统中，缺乏统一的目录结构和协作共享功能，导致信息共享不畅。在文档频繁更新的过程中，版本管理成为一大难题。缺乏有效的版本控制机制可能导致旧版本文件被误用或新版本文件无法及时推广，进而影响企业的正常运营和决策。

（二）使用 AI 工具对企业文档进行分类和归档的难点

（1）技术挑战与算法准确性：由于文档内容的复杂性和多样性，AI 算法在识别和分类过程中可能会出现偏差，导致分类错误或归档不准确。因此，需要通过数据增强技术增加训练样本的多样性，同时提高数据标注的准确性和一致性，为算法提供更优质的学习材料。此外，在 AI 分类过程中应引入人工审核环节，对分类结果进行校验和修正，并将这些反馈用于算法的持续优化。

（2）标准化与一致性：不同企业、不同部门可能采用不同的文档分类标准，为确保 AI 算法能够准确理解和执行这些标准，需要制定统一的分类标准，并构建文档分类和归档的知识库，包含各类文档的特征描述、分类依据等，为 AI 算法提供清晰的参考和指导。

（3）安全性与隐私保护：在使用 AI 进行文档分类和归档的过程中，需要处理大量的敏感信息。因此，必须确保这些信息在传输、存储和处理过程中的安全性，防止数据泄露和非法访问。

（4）人工与 AI 协同：虽然 AI 可以自动化处理大量文档，但在某些情况下，为确保文档分类和归档的质量，仍需要人工干预和审核。因此，需要明确AI自动化处理与人工干预的边界，确保在需要人工审核的环节及时介入，以提高文档分类和归档的整体质量。同时，应建立有效的沟通机制，促进人工团队与AI系统之间的协作和配合。

五、一起练

关卡7

步骤一：数据收集与处理

（1）文档收集：收集企业内需要归类和归档的文档，包括纸质文档和电子文档。

（2）文档预处理：对于纸质文档，使用文件扫描设备将其转换为电子文档。

（3）清洗与整理：去除文档中的无用信息，如页眉、页脚、水印等，确保文档内容的纯净性。

（4）格式统一：将文档转换为统一的格式，如PDF或Word，以便于搜索和查看。

步骤二：文档分类

1. 按照文件类型分类

合同：包括与供应商、客户、员工等签订的各类合同文件。

报告：如工作报告、市场调研报告、财务分析报告等。

通知：公司内部或对外发布的通知性文件。

会议纪要：各类会议的记录和决议文件。

政策与制度：公司制定的各项政策、规章制度等。

技术文档：产品说明书、技术手册、操作指南等。

2. 按照文件格式分类

Word文档：主要用于文本编辑和排版。

Excel表格：用于数据处理和分析。

PDF文档：便于阅读和打印，且格式不易被篡改。

PPT演示文稿：用于会议演示和汇报。

图片与视频：包含公司活动、产品展示等内容的多媒体文件。

3. 按照文件主题分类

人力资源：包括员工档案、招聘材料、培训资料等。

财务管理：如财务报表、预算计划、税务文件等。

市场营销：市场调研报告、营销计划、广告素材等。

产品研发：产品设计文档、技术规格书、测试报告等。

客户服务：客户反馈、投诉处理记录、服务协议等。

4. 按照文件时间分类

年度分类：按年份将文件归档，便于查找历史资料。

季度 / 月度分类：对于需要定期更新的文件，如财务报告，可按季度或月度归档。

项目周期分类：针对特定项目，按项目周期（如启动、执行、收尾）归档相关文件。

5. 按照文件重要性分类

重要文件：如公司战略规划、核心客户资料、关键合同等，需要特别关注和保护。

一般文件：日常工作中产生的普通文件，如工作邮件、日常报告等。

次要文件：参考性较强但非关键的文件，如行业报告、市场分析报告等。

6. 按照文件归属分类

部门分类：按公司内部的部门结构进行分类，如财务部、人力资源部、市场部等。

个人分类：对于个人负责或相关的文件，可按个人名称或岗位进行分类。

步骤三：归档命名标注

打开 AI 工具（比如 Majic ToDo，图 7.1—图 7.4）。

图 7.1　点击网址

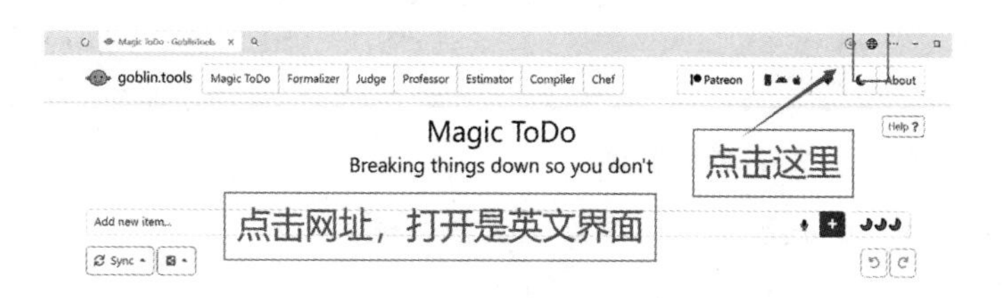

图 7.2　打开 AI 工具

图 7.3　将英语翻译成中文

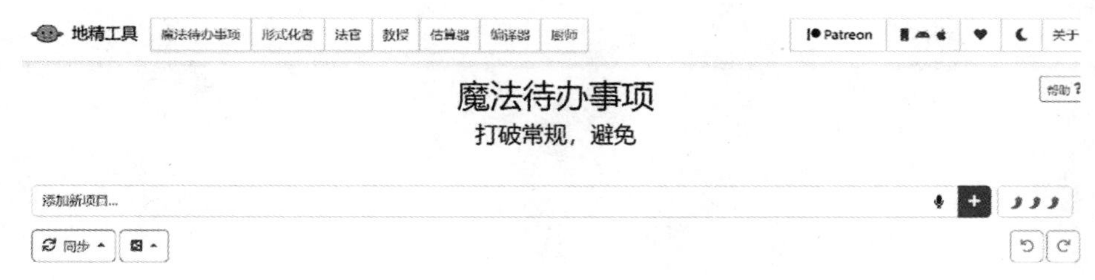

图 7.4　AI 工具中文版界面

根据查看文档（事项）的内容、关键词、主题等信息进行人工分类。以任务单上的“人力资源部门”为例，对分类结果在 Majic ToDo 上进行项目（任务）的命名标注。如：在“添加新项目”处输入“人力资源部门”（图 7.5）。

图 7.5　输入项目名称

“人力资源部门”输入后，使用者可以点击类似于魔法棒的按钮，使此项目自动拆分成许多小任务（图 7.6）。小任务也可以通过此操作继续分解。对 AI 工具命名的任务（项目）名称满意则不用更改（见图 7.7），不满意则自行编辑（图 7.8—图 7.10）。

图 7.6　细节操作（一）

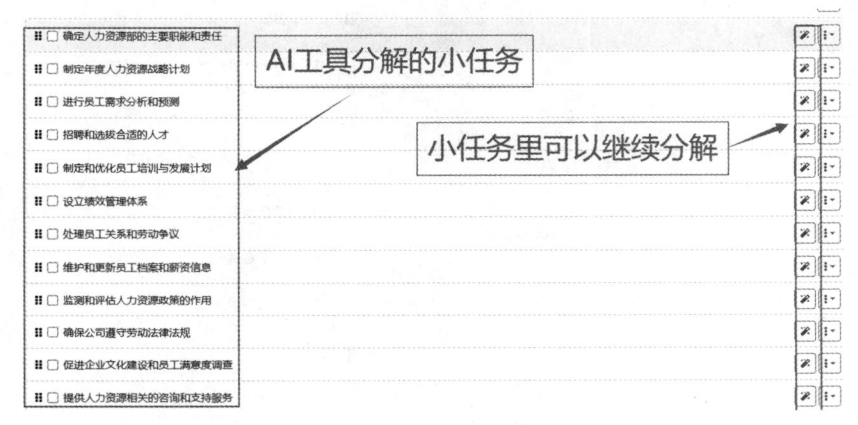

图 7.7　分解的小任务展示

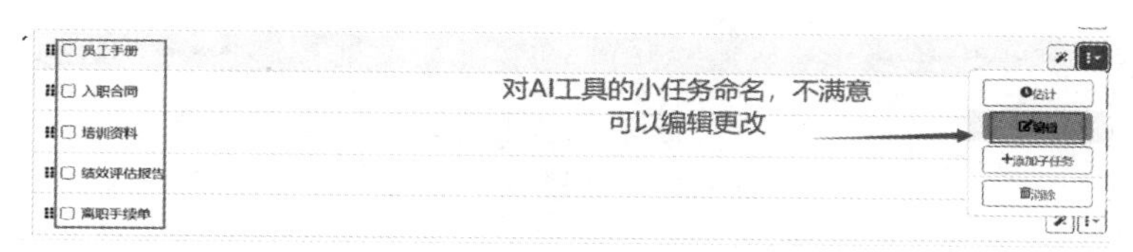

图 7.8　细节操作（二）

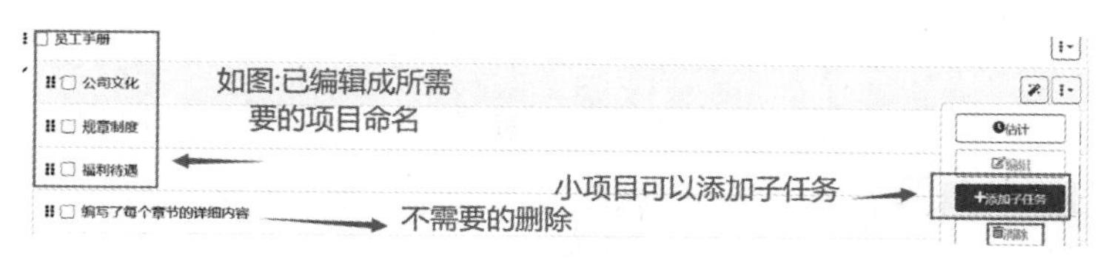

图 7.9　细节操作（三）

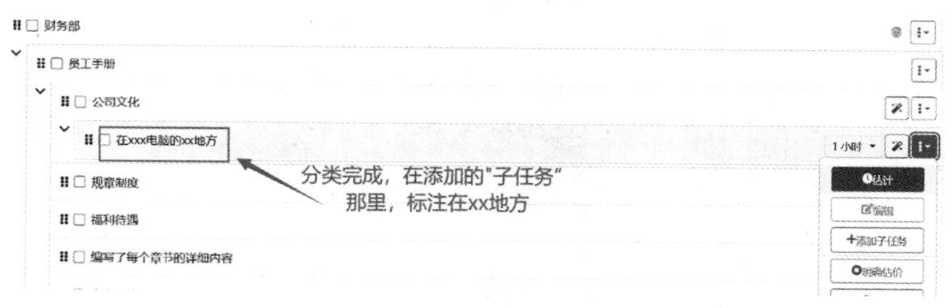

图 7.10　细节操作（四）

对需要估算设置提醒的任务进行设置时间提醒（图 7.11）。

图 7.11　估算时间

完成以上操作后，文档的分类管理即告完成（图 7.12—图 7.13）。

图 7.12　成果展示（一）

图 7.13　成果展示（二）

六、充电桩

你已经学会了吗？下面，我们将用一个流程图帮你回顾、梳理一下（图 7.14），并请你完成接下来的任务，以检验自己的掌握程度吧！

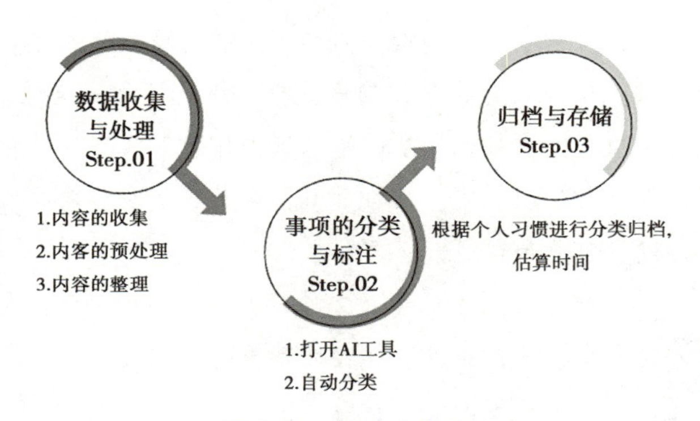

图 7.14　操作流程图

现在，你已经掌握了如何使用 AI 工具对企业文档进行分类和归档的方法。接下来，请你运用上述流程步骤，归纳自己未来一周或一个月的待办事项，并进行添加和分类。

七、挑战营

你已经掌握了利用人工智能进行文档自动化管理的方法，如分类和归档。在这个环节，我们将面对一个更复杂且有趣的任务。

任务背景：在日常工作、学习、项目管理或个人生活中，我们经常会面临各种各样的任务。这些任务可能性质不同、紧急程度各异、所需资源也不尽相同。为了更有效地管理和执行这些任务，我们需要一种系统的方法来对它们进行分类。请提炼出一种适合个人或团队实际情况的任务分类方法。

八、拓展栏

人工智能在文件管理中的应用与未来展望

在当今数字化时代，文件管理面临着日益增长的复杂性和海量数据的挑战。人工智能的出现为文件管理带来了革命性的变革。

人工智能在文件管理中的应用十分广泛。首先是自动分类与标签化，通过机器学习算法，能够自动识别文件内容、类型及上下文关系，实现文档的智能分类与标签化。例如，深度学习模型能为法律文件、医疗报告等专业文档进行准确分类和添加标签，提升检索效率。其次是智能检索与推荐，基于自然语言处理技术，AI 可以理解用户查询意图，提供精准搜索结果，并根据用户习惯主动推荐相关文件或信息，增强用户体验。再者是内容分析与摘要生成，AI 能对大量文本进行快速分析，提取关键信息，生成摘要或报告，帮助用户快速把握核心内容。此外，通过情感分析，AI 还能为企业提供决策支持。

在人工智能的影响方面，自动化技术极大地简化了文件管理中重复性高、规则明确的任务，如文件的上传、备份、归档等。通过设置工作流自动化工具，能自动执行预设步骤，减少人为错误，确保数据的一致性和安全性。随着 RPA（机器人流程自动化）技术的发展，复杂的跨系统操作也能实现自动化，显著提高工作效率。同时，自动化与 AI 的结合强化了风险管理能力，能实时监控数据访问，预警安全威胁，确保企业合规运营。

展望未来，随着技术的不断成熟，文件管理系统将更加智能化和个性化。AI 将更深入地融入每一个环节，不仅能够实现精准的预测性维护，提前察觉并解决可能出现的问题，还能进行智能优化存储，依据文件的重要性、使用频率等因素合理分配存储空间。同时，跨语言信息处理能力也将得到显著提升，打破语言障碍，实现全球范围内的高效信息交流与管理，从而全方位增强信息管理能力。

区块链技术的广泛应用也必将为文件管理带来巨大的变革。其去中心化、加密和不可篡改的特性，能够极大地加强数据的安全性和透明度，保证文件的完整性和真实性，使其具备不可篡改性和可追溯性。任何对文件的操作和更改都将被清晰记录，为文件的安全性和可靠性提供了坚实的保障。

此外，随着物联网技术的日益普及和广泛应用，物理文件与数字世界之间的融合不再是遥不可及的梦想。通过先进的智能扫描、高精度的 OCR（光学字符识别）等前沿技术，实体文档能够在极短的时间内被迅速数字化，并顺利整合进高效的管理系统当中。这一融合将实现从文件的生成、存储、传输到使用的全链条自动化，大大减少人工干预，提高文件管理的效率和准确性。

总之，人工智能与自动化的融合为文件管理解决了现有难题，奠定了未来信息社会发展的坚实基础，一个更加高效、智能、安全的文件管理新时代正在来临。

（资料来源：《文件管理的未来：人工智能和自动化的趋势展望》）

九、瞭望塔

办文、办会、办事是文秘工作的主要任务。从某种意义上讲，办文、办会和办事的水平在很大程度上体现了工作能力。办文能力，是秘书的核心能力、看家本领，没有这种能力和本领，秘书将难以在工作中脱颖而出。办文不仅要求秘书具备扎实的文字功底，更需要其拥有敏锐的洞察力，能够准确把握文件的主旨和精神。关键之处在于，秘书一定要全面且深刻地理解文件的性质、用途、发文单位以及接收对象的详细要求，只有这样，才能够高质量地完成办文工作。

如今，伴随AI技术的迅猛发展，它在办文的各个方面都带来了一定的冲击。AI虽能迅速处理海量文本数据，大幅提升办文效率，但也可能存在对语义理解偏差、欠缺人文关怀等问题。秘书在应对AI带来的影响时，一方面要善于借助AI的优势，比如利用其进行初步的文字处理和信息筛选，以此节省时间和精力；另一方面，更要坚守自身的专业判断和人文素养，对AI生成的内容进行细致入微的审核和修正，全力确保文件的准确性、逻辑性和情感表达恰如其分。

为了能在工作中更加游刃有余地应对各种挑战，秘书应当持之以恒地提升自身的专业素养和能力。首先，要积极了解并学习办文相关的政策法规和业务知识。例如，及时了解最新的公文格式规范和AI行业发展动态等。其次，高度重视锻炼文字表达能力，通过广泛阅读优秀的文章范例，并进行大量的写作练习，提高文字的准确性和感染力。最后，培养沟通协调能力，以及增强自身的逻辑思维能力，切实提高办文的效率和质量。

十、评价单（见“教材使用说明”）

关卡8 如何用AI快速制作PPT

一、入门考

1. 你知道PPT中字体和颜色搭配应遵循哪些原则吗？
2. 你知道在PPT设计中应如何体现主题风格吗？

二、任务单

一眨眼，小西的假期实习已经来到了最后一周。周三临近下班时，小西接到了一项紧急任务——制作明天要展示的“2024年度市场趋势分析汇报”PPT。面对时间紧、任务重的挑战，小西决定尝试利用AI来辅助制作PPT，以提高效率。

根据我们提供的信息，跟随小西的步伐，来制作这次PPT吧。小西的构思如下：

PPT标题：2024年度市场趋势分析汇报

封面页：

标题：2024年度市场趋势分析汇报

副标题：××公司市场部

日期：2024年××月××日

制作人：小西（公司秘书行政岗位实习生）

设计说明：采用AI生成的简洁商务风格背景图作为封面装饰。

目录页：

本汇报将分为以下几个部分进行：

引言：介绍汇报的背景、目的及数据来源。

行业概况：概述当前行业的整体情况，包括规模、增长率及主要参与者。

市场趋势分析：详细分析三个主要市场趋势——数字化转型加速、消费者行为变化、可持续发展重视度提升。

竞争对手分析：对主要竞争对手的市场策略、优劣势及市场份额进行深入剖析。

机会与挑战：总结市场中的机会点与面临的挑战。

结论与建议：基于分析提出对公司未来发展的策略建议。

三、知识库

PPT制作要素

PPT制作是一个涉及内容组织、视觉设计和信息传递的综合过程。以下是PPT制作的关键要素。

（一）整体规划

1. 明确主题

确保PPT有一个清晰、明确的主题，所有内容都紧密围绕该主题展开。

2. 确定目标

明确制作PPT的目的，是用于演讲、汇报、培训还是展示等，以便有针对性地设计内容和风格。

（二）内容设计

1. 简洁明了

避免堆砌过多文字，重点突出关键信息，使用图表、图片等元素辅助表达。

2. 逻辑清晰

内容组织要有条理，采用总分总或递进等逻辑结构，确保各页面之间过渡自然。

3. 数据准确

引用的数据要真实可靠，并以恰当的形式呈现，以增强说服力。

4. 图表清晰

使用图表和图像来可视化数据和概念，并为图表和图像提供简短的解释或标题，确保它们清晰、易于理解。

（三）页面布局

1. 统一风格

保持整个 PPT 色彩、字体、字号、图表样式等的一致性，营造整体美感。一般情况下，PPT 整体颜色应遵循三色原则（不超过三种颜色）。

2. 留白适当

避免页面过于拥挤，留出足够的空白空间，使页面看起来更加舒适。

3. 图文搭配

图片要与文字内容相关，且质量高清，大小适中，比例协调。

（四）文字排版

1. 字体选择

根据主题和场合选择合适的字体，一般不超过两种字体。

2. 字号适中

标题字号较大，以突出重点；正文字号适中，便于阅读。

3. 颜色搭配

文字颜色与背景颜色对比明显，确保易于分辨。

（五）动画效果

1. 适度使用

动画效果应起到辅助展示、引导注意力的作用，避免过度干扰。

2. 简洁流畅

动画切换效果要自然、简洁，避免过于复杂导致卡顿。

（六）演示技巧

1. 控制时间

根据内容和场合，合理安排演示时间，避免过长或过短。

2. 讲解清晰

结合 PPT 内容，讲解时语言要简洁、生动、有重点。

3. 与观众互动

适当提问、进行眼神交流，增强与观众的互动和沟通。

四、金手指

（一）制作一份 PPT 的难点

1. 创意与设计的挑战

如何构思出既符合主题又具有吸引力的 PPT 设计方案，是制作者面临的一大挑战。这要求制作者具备良好的审美能力和创新思维，能够创造出独特且易于理解的视觉呈现。

2. 内容的整合与呈现

面对大量的信息，如何筛选出关键内容并进行有效整合，是一个既耗时又费力的过程。制作者需要确保信息的准确性和相关性，同时避免冗余和无关的内容。此外，还需将筛选出的内容按照逻辑顺序进行组织，并设计出清晰的层次结构，以便观众能够轻松理解和记忆。

3. 高级功能应用

一些高级功能，如动画效果、视频嵌入、交互设计等，虽然能够增强 PPT 的吸引力和互动性，但其实现过程相对复杂。这要求制作者具备一定的技术水平和经验。

4. 时间管理的压力

PPT 的制作往往不是一蹴而就的，而是需要经过多次的修改和完善。时间管理因此成为了一个不可忽视的因素。特别是在面临紧迫的截止日期时，制作者需要在有限的时间内完成大量的工作，这对其时间管理能力提出了很高的要求。

（二）使用 AI 工具制作 PPT 的难点

1. 内容质量

AI 工具在生成 PPT 内容时，需要确保信息的准确性和完整性。然而，由于自然语言处理技术的限制，AI 可能无法完全理解用户输入的复杂指令或语境，导致生成的内容存在偏差。因此，在 AI 生成 PPT 内容后，应进行人工审核，以确保信息的准确性和完整性。对于存在偏差的内容，应进行手动修正或提供反馈给 AI 系统，以便其不断优化。

2. 个性化定制

不同用户对 PPT 的风格、布局、内容等有不同的需求。AI 工具需要具备一定的智能化能力，能够根据用户的个性化需求生成定制化的 PPT。然而，这要求 AI 具有更高的理解和学习能力，以及更丰富的模板库和素材库。因此，用户可以在 AI 生成初步 PPT 后，根据个人喜好和需求进行手动调整，如更改风格、布局、内容等。同时，也可以向 AI 系统提供具体的定制要求，如颜色偏好、字体样式等，以引导 AI 生成更符合个人需求的 PPT。

3. 交互性设计

现代 PPT 制作越来越注重交互性设计，如添加动画、链接、视频等多媒体元素。然而，这些元素的添加需要复杂的编程和设计技能，对于 AI 工具来说是一个挑战。因此，AI 工具的设计者可以优化界面和操作流程，使添加动画、链接、视频等多媒体元素变得更加简单和直观，降低用户的操作难度。

4. 动态效果

AI 工具需要能够自动调整 PPT 的布局、字体、颜色等元素，以实现动态效果。然而，这要求 AI 具有更高的视觉设计能力和审美能力。因此，对于需要高度定制化和专业设计的 PPT，可以引入专业设计师进行人工设计和调整。设计师可以根据用户的具体需求和审美偏好，创作出具有独特风格和动态效果的 PPT 作品。

五、一起练

关卡 8

步骤一：明确主题和内容

首先确定 PPT 的主题，并规划好要呈现的主要内容和要点。人工总结后，将这些内容输入到 AI 工具中（比如抖音“豆包”），同时输入提示词：“你是一位资深文员，请根据我输入的内容，分析并生成 PPT 的文字大纲。”此处所指的“输入的内容”是任务单里“小西的构思”（图 8.1—图 8.3）。

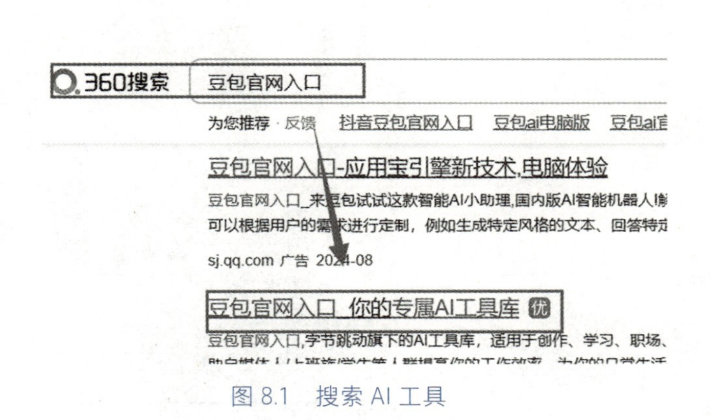

图 8.1 搜索 AI 工具

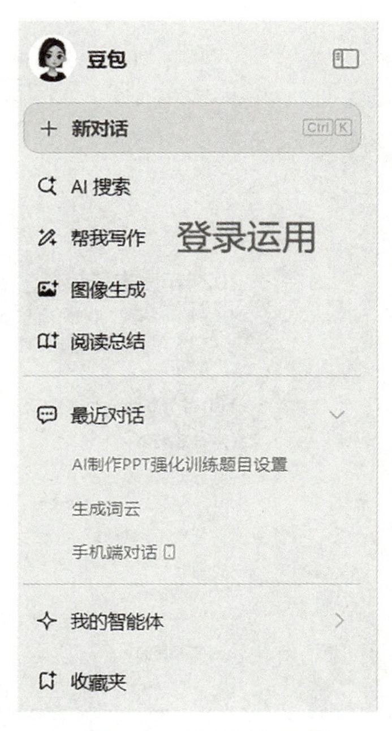

图 8.2 打开 AI 工具

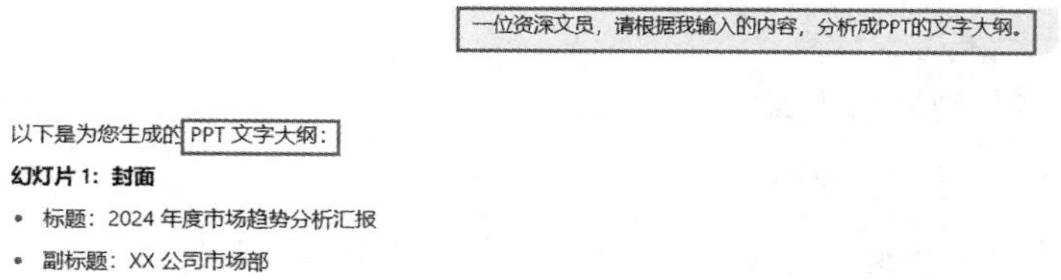

一位资深文员，请根据我输入的内容，分析成PPT的文字大纲。
以下是为您生成的 PPT 文字大纲：
幻灯片 1：封面
• 标题：2024 年度市场趋势分析汇报
• 副标题：XX 公司市场部

图 8.3　输入提示词

步骤二：选择 AI 工具，输入文字大纲

选择 AI PPT 制作工具（比如“iSlide”，图 8.4）。

360搜索
https://www.islide.cc
iSlide 网址
网页　AI问答　资讯　问答　视频　图片　良医　地图　百科
为您推荐 · 反馈　islide插件下载官网　islide官方网站　islide官网　chatppt官网中文
iSlide- 让PPT设计简单起来| PPT模板下载平台
iSlide - 简单,好用的PPT插件!拥有30万+原创可商用PPT模板,PPT主题素材,PPT案例,PPT图表,PPT图示,PPT图标,PPT插图和800万+正版图片。提供38个设计辅助...
企业服务-PPT插件-下载Windows版
www.islide.cc 反馈
为您推荐 · 反馈

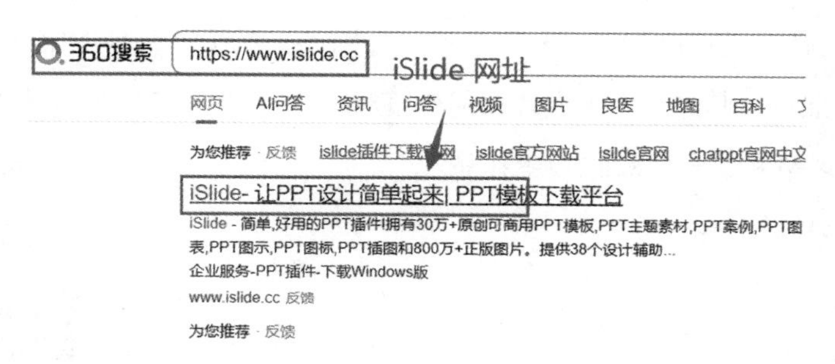

图 8.4　搜索 AI 工具

在 iSlide 网址里，可以直接输入所要写的主题，也可以导入步骤一中做好的大纲文档。两者均可生成 PPT 大纲，但经过步骤一操作后生成的 PPT 大纲更贴合后续我们所需制作的 PPT 内容（图 8.5—图 8.9）。

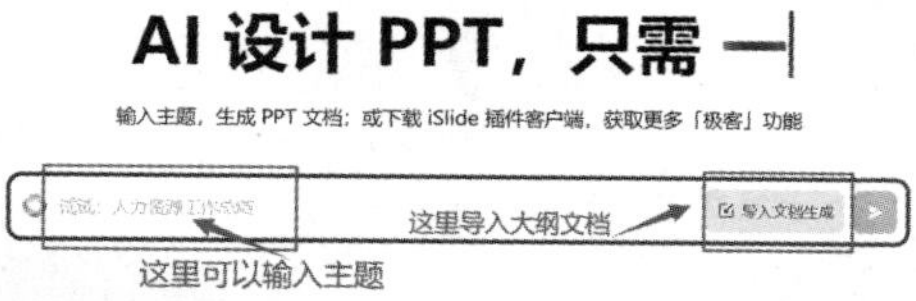

AI 设计 PPT，只需 一
输入主题，生成 PPT 文档；或下载 iSlide 插件客户端，获取更多「极客」功能
这里导入大纲文档
这里可以输入主题

图 8.5　导入大纲文档

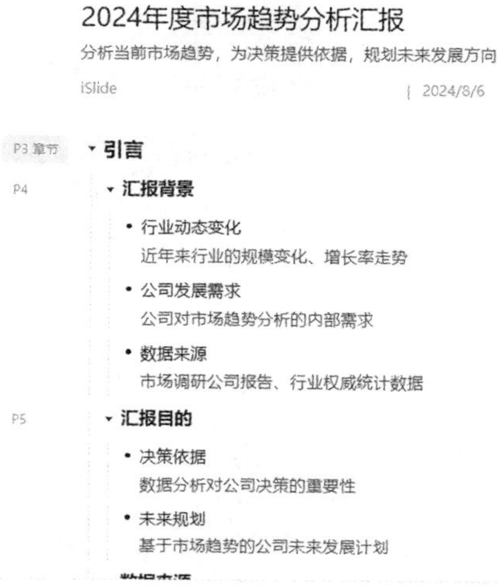

2024年度市场趋势分析汇报
分析当前市场趋势，为决策提供依据，规划未来发展方向
iSlide
2024/8/6
P3 章节
引言
P4
汇报背景
• 行业动态变化
近年来行业的规模变化、增长率走势
• 公司发展需求
公司对市场趋势分析的内部需求
• 数据来源
市场调研公司报告、行业权威统计数据
P5
汇报目的
• 决策依据
数据分析对公司决策的重要性
• 未来规划
基于市场趋势的公司未来发展计划

图 8.6　PPT 大纲

P6
数据来源
• 市场调研方法
内容不满意，可以编辑
定量调研、定性调研等方法
• 数据来源介绍
权威机构发布的市场数据、公司内部数据等

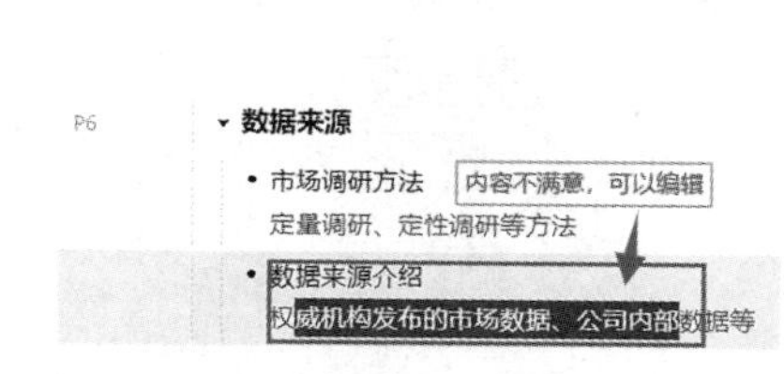

图 8.7　大纲内容的更改

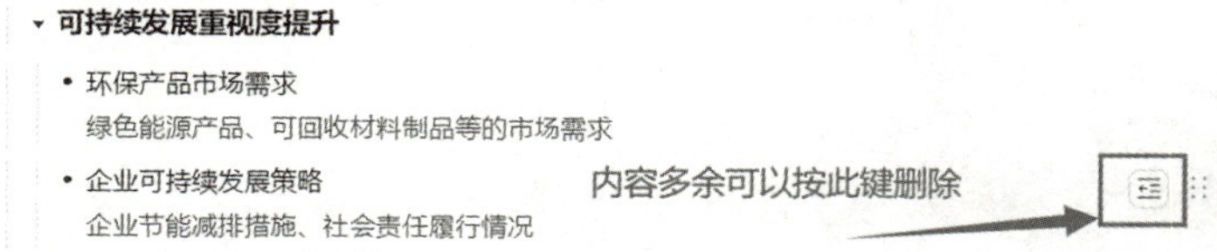

- 可持续发展重视度提升
  - 环保产品市场需求
    绿色能源产品、可回收材料制品等的市场需求
  - 企业可持续发展策略
    企业节能减排措施、社会责任履行情况

内容多余可以按此键删除

图 8.8　大纲内容的删除

建议的合作模式和

共 25 页

生成PPT

点击

图 8.9　生成 PPT

步骤三：选择模板和风格

AI 工具通常会根据您输入的主题，为使用者推荐多种模板和风格。使用者也可以根据需求和喜好进行选择（图 8.10—图 8.11）。

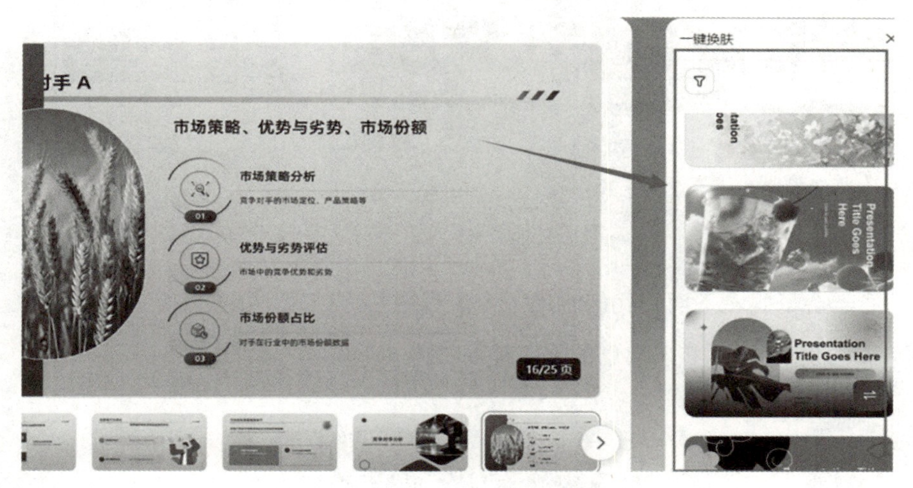

图 8.10　PPT 套用模板皮肤

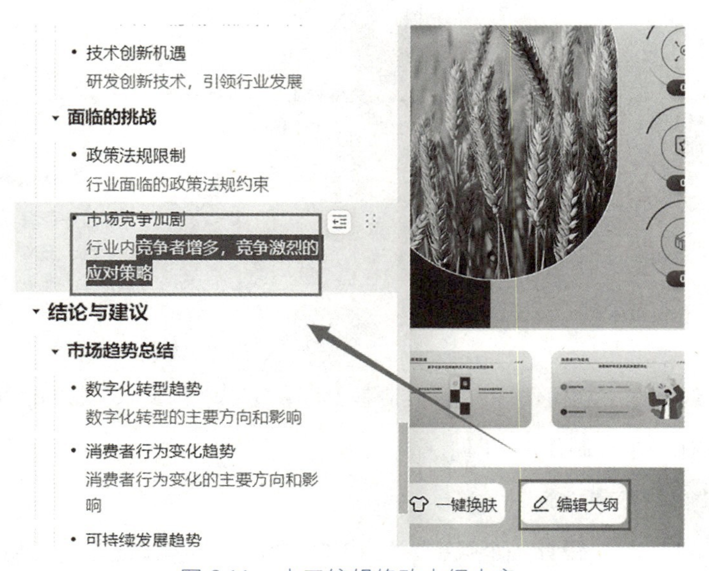

图 8.11　人工编辑修改大纲内容

步骤四：完善——提问 AI/ 人工修改

编辑文字内容：对 AI 生成的文字进行检查和修改，确保语言准确、流畅、符合您的表

达意图。根据内容的重要性和逻辑关系，调整页面的布局和元素的排版。如图 8.12 所示，可以根据美观要素，更改单页模板皮肤。

图 8.12　更改单页 PPT 模板皮肤

六、充电桩

你已经学会了吗？下面，我们将用一个流程图帮你回顾、梳理一下（图 8.13），并请你完成接下来的任务，以检验自己的掌握程度吧！

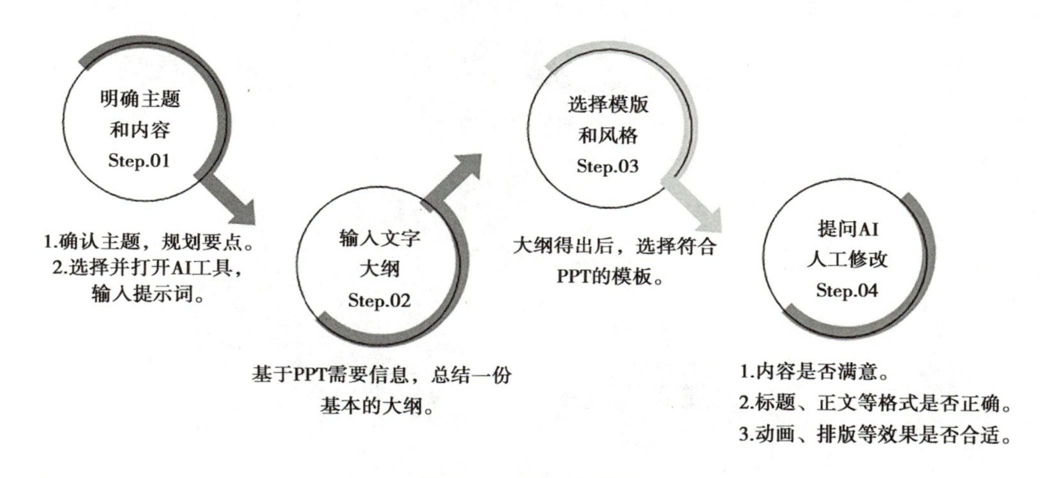

图 8.13　操作流程图

现在，你已经掌握了如何使用 AI 工具制作 PPT 的方法，接下来，请你运用上述流程步骤，从以下题目中选择一个，制作成 PPT。

题目一：“我的梦想之旅”

（1）利用 AI 工具，设计一个吸引人的 PPT，展示自己梦想之旅的规划和想象，包括目的地、行程安排、预计花费等方面。

（2）至少包含 10 页内容，每页要有清晰的主题和简洁的文字说明。

（3）运用适当的图片、图表和动画效果，以增强演示效果。

题目二：“环保行动方案”

（1）借助 AI 工具制作一个 PPT，提出针对校园或社区的环保行动方案。

（2）详细阐述行动的目标、具体措施、预期效果和实施步骤。

（3）不少于 15 页，且要使用不同的布局和色彩搭配，以突出重点。

题目三：“历史人物传记”

（1）选择一位自己感兴趣的历史人物，通过 AI 工具制作其传记 PPT。

（2）涵盖人物的生平经历、主要成就、对社会的影响等方面。

（3）制作 8~10 页，注重文字与图片的比例，使页面美观且内容丰富。

题目四：“文学作品赏析”

（1）挑选一部经典文学作品，使用 AI 工具制作 PPT 进行赏析。

（2）分析作品的主题、人物形象、写作风格和艺术特色。

（3）控制在 10~12 页，使用恰当的音频或视频元素来增强感染力。

题目五：“我最喜爱的运动”

（1）运用 AI 工具制作一个 PPT，介绍自己最喜爱的运动项目。

（2）包含运动的规则、技巧、著名运动员以及自己参与该运动的经历和感受。

（3）不少于 10 页，使用有活力的色彩和动态元素来展现运动的魅力。

题目六：“美食文化之旅”

（1）选择一个国家或地区，通过 AI 工具制作关于其美食文化的 PPT。

（2）介绍当地的特色美食、烹饪方法、饮食习俗以及美食与当地文化的关系。

（3）8~10 页的内容，搭配精美的美食图片和有趣的美食故事。

题目七：“音乐的魅力”

（1）利用 AI 工具制作一个展示音乐魅力的 PPT。

（2）包括不同音乐类型的特点、著名音乐家的生平和作品、音乐对人们生活的影响等。

（3）不少于 12 页，插入音乐片段，让观众更直观地感受音乐的美妙。

题目八：“动物世界的奥秘”

（1）选择一种动物，使用 AI 工具制作关于其的科普 PPT。

（2）讲解该动物的生态特征、生活习性、生存现状和保护措施。

（3）10~12 页的内容，使用生动的图片和有趣的动画来吸引观众。

题目九：“传统节日的传承”

（1）运用 AI 工具制作一个介绍我国传统节日的 PPT。

（2）详细阐述节日的由来、庆祝方式、文化内涵和现代意义。

（3）15 页左右，运用传统元素的设计，如剪纸、灯笼等，营造节日氛围。

七、挑战营

你已经掌握了使用人工智能制作 PPT 的方法。在这个环节，我们将面对一个更复杂且有趣的任务。

任务背景：请大家结合前面学习的知识，灵活运用，选择一个自己喜欢的 AI 工具，并从下面的题目中选择一个，将题目制作成 PPT，并继续利用 AI 辅助 PPT 的优化与美化工作。

目标：借助 AI 工具，辅助调整 PPT 的布局、配色、字体大小及样式等，以提升视觉吸引力，确保 PPT 既专业又美观。

题目一：“科技创新成果展示”

（1）调研一项最新的科技创新成果，并利用 AI 工具制作展示 PPT。

（2）解释该成果的原理、应用领域、优势以及发展前景。

（3）页面不少于 20 页，运用合适的图表来直观呈现相关数据。

题目二：“未来城市规划”

（1）借助 AI 工具，设想一个未来城市的规划方案。

（2）涵盖城市的交通、建筑、能源、公共设施等方面的创新设计。

（3）制作 30 页左右的 PPT，运用 3D 效果图和虚拟漫游等技术增强展示效果。

题目三：“艺术作品鉴赏”

（1）挑选一幅著名的艺术作品，并借助 AI 工具制作 PPT 进行深入鉴赏。

（2）分析作品的构图、色彩、表现手法以及作者的创作背景和意图。

（3）不少于 20 页，使用高清图片和专业的艺术术语进行讲解。

八、拓展栏

PPT 的“前世今生”

PPT，即演示文稿，是一种通过丰富多样的形式呈现信息的电子文档，其诞生具有深远的意义。

20 世纪 80 年代，具有远见的企业家罗伯特·加斯金斯敏锐地察觉到商业幻灯片在图形化电脑时代所蕴含的巨大潜力。他携手软件开发师丹尼斯·奥斯汀 Dennis Austin，共同完善梦想，设计出了“Presenter”，并最终将其定名为“PowerPoint”。1987 年，Mac 操作系统版的 PowerPoint 1.0 成功上市。

PPT 之所以能够应运而生，主要归因于当时电脑技术的迅猛发展。人们在商务活动、教育领域等诸多方面，迫切需要一种更直观、生动的方式来展示信息。PPT 以其图形化和交互性的显著特点，极大地满足了这一需求，使演讲者能够更高效地传递观点和信息。

历经多次升级与改进，PPT 从最初的简单形态逐渐发展，不断满足着不同用户的多样化需求。尽管在推广过程中曾面临诸如形式过于花哨、内容浅显等批评，但其重要性仍无可替代，已然成为现代职场和教育等领域的关键工具。

如今，我们已步入人工智能时代，未来的 PPT 必将发生更为深刻的变革。

在外观和风格上，它将具备动态且自适应的布局，能根据不同展示环境和内容量智能调整；3D 和虚拟现实元素将深度融合，为观众带来身临其境的感受；色彩搭配将更加智能，实时特效也会更加炫酷。

内容呈现方面，智能图表将与实时数据相连，实现自动更新与分析；文本生成和优化将更加智能，能根据不同需求快速生成和调整内容；多媒体的整合也会更加智能化，实现更精准、高效的展示效果。

交互方式上，语音和手势交互将成为主流，观众能通过简单的语音提问获取信息，通过手势操作控制展示进程；实时互动展示让观众的参与更加直接，个性化体验则能满足不同用户的特定需求。

协作方面，实时协同编辑让团队合作更加紧密高效，智能审核保障内容质量，知识共享则促进了行业内的交流与进步。

随着科技的不断进步，PPT 也将持续演进，更好地服务于人们的信息传递与交流需求。

九、瞭望塔

在当今信息快速传播的时代，PPT 已成为我们传递思想、展示成果、沟通交流的重要工具。无论是商务汇报、学术演讲还是项目展示，PPT 都扮演着举足轻重的角色。而那些备受赞誉的成功 PPT，其实都蕴含着共通的底层逻辑。在学习用 AI 制作 PPT 的同时，不妨深入了解成功 PPT 的底层逻辑，让我们的 PPT 不仅形式华丽，而且内涵丰富，真正成为沟通与交流的有力桥梁。

（一）明确目标与受众

在制作 PPT 之前，必须清晰地确定演示的目标，既要传达信息、说服听众又要引发思考。同时，要深入了解受众的背景、需求和期望。例如，若受众是专业技术人员，PPT 内容应更注重数据和技术细节；若受众是普通大众，则应使用更通俗易懂的语言和形象的比喻。

（二）简洁清晰的结构

一个好的 PPT 应具备明确的开头、中间和结尾。开头应吸引观众注意力并引出主题，中间内容逻辑严谨、层次分明，结尾进行总结并强调重点。例如，可采用“总－分－总”的结构，先概述主要观点，然后分别阐述细节，最后再次总结并升华主题。

（三）突出重点内容

避免在PPT中堆砌过多信息，应突出关键要点。可通过使用较大字体、醒目颜色、加粗或下画线等方式来强调重点。比如，在介绍产品优势时，将最核心的优势用大字号和鲜艳颜色突出显示。

（四）优质的内容

内容要准确、权威、有价值。无论是数据、案例还是观点，都应经过严格筛选和验证。比如，可引用权威机构的研究数据来支持自己的观点，或讲述真实且具有代表性的成功案例。

（五）良好的视觉设计

视觉设计包括布局合理、色彩搭配协调、图片和图表清晰易懂。应遵循简洁美观的原则，避免页面过于杂乱。比如，应选择与主题相关且高质量的图片，使用简洁明了的图表来展示数据。

（六）讲故事的能力

将PPT的内容以故事的形式呈现，更能吸引观众并让他们记住。通过设置情节的起承转合，引发观众的情感共鸣。比如，可讲述一个企业从困境到成功的发展历程。

（七）适当的节奏控制

掌握好每页的展示时间和整个PPT的时长，给观众留出思考和消化的时间。例如，在重要观点处可适当停顿，与观众进行眼神交流或互动。

在展示PPT时，制作者应对PPT内容非常熟悉，能够流畅、自信地进行演示，并与观众保持良好的互动。可通过提前多次练习，避免在演示时出现卡顿或紧张。总之，成功的PPT并非仅取决于页面的美观，更在于其背后对目标、内容、结构、设计和演示等多方面的精心策划和有效执行。

十、评价单（见“教材使用说明”）

任务三
智能事务管理与日程管理

关卡 9　学习使用 AI 工具进行日程规划与安排

一、入门考

1. 你觉得怎样才能确保日程规划的灵活性呢?

2. 你认为在日程规划中应该如何平衡学习、工作与个人生活呢?

二、任务单

假期的实习让小西收获颇丰，开学后她更加努力地学习专业知识，巩固专业技能，并不断提高自己的综合素质。周末到了，小西计划充分利用这两天的时间来完成学业任务、锻炼身体、准备即将到来的考试，并留出时间与朋友聚会，放松自己。为了确保一切井然有序，小西决定提前进行详细的日程规划与安排。

就和小西一起，根据提供的信息来完成这项任务吧。小西的周末计划如下：

（1）完成专业课作业的剩余部分（预计耗时 4 小时）。

（2）复习下周要考的英语科目（预计耗时 3 小时）。

（3）去健身房进行 2 次锻炼（每次 1 小时）。

（4）与朋友进行一次户外野餐（预计耗时 3 小时）。

（5）观看一部电影以放松自己（预计耗时 2 小时）。

三、知识库

日程规划与安排的步骤

（一）明确目标和优先级

1. 了解需求

首先，与你的上级、团队成员或相关方进行沟通，明确工作需求、工作任务、会议安排、截止日期等重要信息。

2. 列出任务清单

将需要完成的任务详细列出，这有助于清晰地了解工作量和时间分配。同时，对每个任务所需的时间进行大致估计，以便合理分配时间。

3. 设定优先级

根据任务的紧急程度和重要性，对各项任务进行排序，确保先处理最重要和最紧急的事项。可以使用四象限法则：将任务分为紧急且重要、重要但不紧急、紧急但不重要、不紧急且不重要四个象限，然后按优先级逐一处理。

4. 合理分配时间段

根据个人的精力和效率规律，将不同类型的任务安排在合适的时间段，例如将需要高度集中精力的任务安排在精力充沛的时段。

（二）使用工具和技术

1. 日历应用

利用电子日历（如 Outlook 日历等）来安排会议、约会和截止日期。这些工具通常支持提醒功能，有助于避免遗漏。

2. 任务管理工具

采用任务管理软件（如“钉钉”等）来跟踪和管理任务。这些工具可以帮助你分配任务、设置截止日期、跟踪进度。

3. 时间管理技巧

学习时间管理技巧，如番茄工作法、时间块法等，以提高工作效率。

（三） 制订详细计划

1. 每日 / 周 / 月计划

根据工作需求，制订详细的每日、每周或每月计划。可采用 SMART 目标管理法（Specific 具体的、Measurable 可衡量的、Attainable 可达成的、Relevant 相关的、Time-bound 有时限的）

制定目标。确保计划中包含所有重要任务、会议和截止日期。

2. 预留缓冲时间

在计划中预留一些缓冲时间，以应对突发事件或意外延误。

3. 考虑交通和准备时间

对于需要外出的会议或活动，务必考虑交通和准备时间，以免迟到。

（四）持续监控与调整

1. 保持沟通

如果是团队日程安排，要与团队成员保持良好的沟通，确保信息的准确传递和任务的协调执行。

2. 定期回顾

定期回顾日程安排的执行情况，评估效果并总结经验教训。充分利用 PDCA（Plan 计划、Do 实施、Check 检查、Action 处理）循环法。

3. 灵活调整

根据实际情况的变化，及时调整日程安排，确保计划与实际相符。

四、金手指

（一）日程规划与安排的难点

（1）信息整合与优先级确定：现代生活中，人们需要处理的信息量巨大且来源多样。有效整合来自工作、学习、个人生活等各方面的信息，并准确判断每个事项的优先级，是一项既耗时又复杂的任务。这要求个体具备出色的信息筛选和判断能力，以确保关键任务能够得到优先处理。

（2）时间管理与任务协调：日程规划不仅仅是列出要做的事情，更重要的是要合理安排时间，确保每个任务都能在预定的时间内完成。这涉及对时间的精确把控，以及在不同任务之间的灵活切换和协调。同时，还需要考虑到任务之间的依赖关系和可能的冲突，以便做出最优的安排。

（3）灵活性与适应性：生活中充满了不可预见的情况，如突发事件、紧急任务等，这些都会打乱原有的日程安排。因此，在进行日程规划时，必须具备高度的灵活性和适应性，能够根据实际情况迅速调整计划，确保日程的连续性和有效性。这要求个体具备快速决策和应对变化的能力。

（二）使用 AI 工具进行日程规划与安排的难点

（1）用户习惯与偏好的差异：由于不同的用户可能对同一件事情有不同的优先级和处理方式。AI 工具在尝试满足个性化需求时可能会遇到困难。为了解决这个问题，可以提供多样化的日程规划模板和示例，供用户根据自己的情况进行选择和调整。这有助于用户更快地适应 AI 工具，并找到适合自己的日程规划方式。

（2）用户适应性问题：对于习惯于传统日程规划方法的用户来说，接受和适应 AI 工具可能需要一定的时间和努力。为了帮助用户更好地适应，可以引导他们学习如何与 AI 工具进行有效沟通，并调整自己的日程规划习惯以适应新的方式。

关卡 9

五、一起练

步骤一：选择 AI 工具并登录使用（图 9.1—图 9.2）

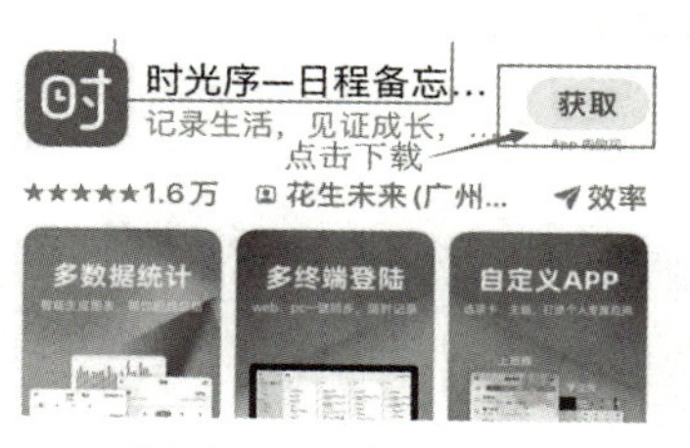

图 9.1　搜索 AI 工具

图 9.2　进入 AI 工具

步骤二：总结安排并输入提示词

总结好自己的安排，输入安排的同时，输入提示词：“你是一位日程规划管家，请根据我给出的事项，对这些事项进行规划与安排，并且告诉我怎么设置提醒。”再根据 AI 助手给出规划和安排进行设置（图 9.3—图 9.12）。

图 9.3　点击“小序”

图 9.4　操作细节（一）

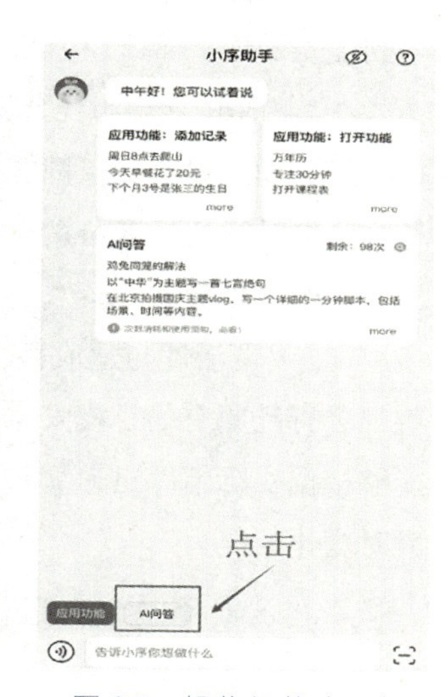

图 9.5　操作细节（二）

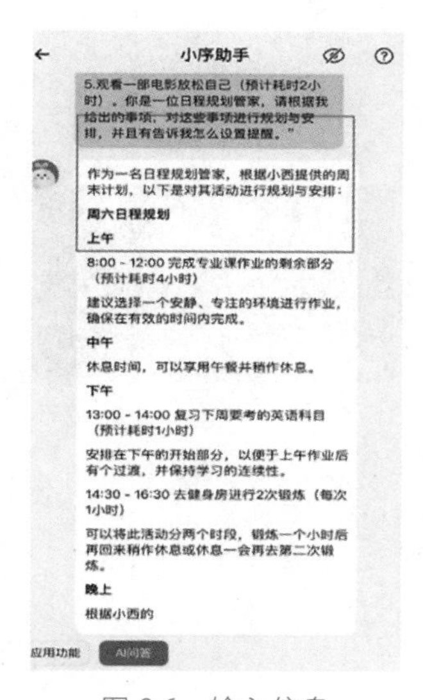

图 9.6　输入信息

图 9.7　操作细节（三）

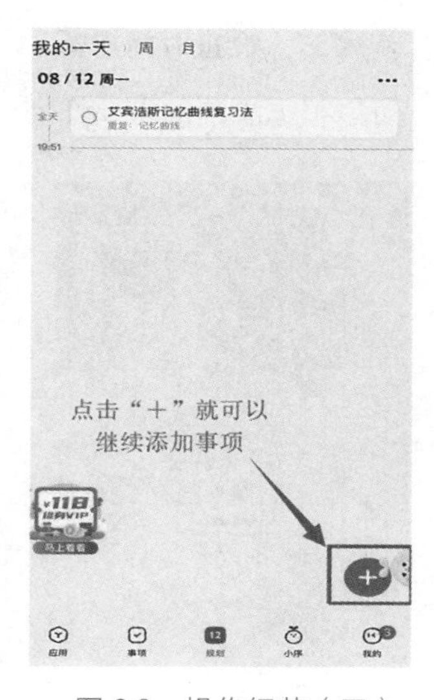

图 9.8　操作细节（四）

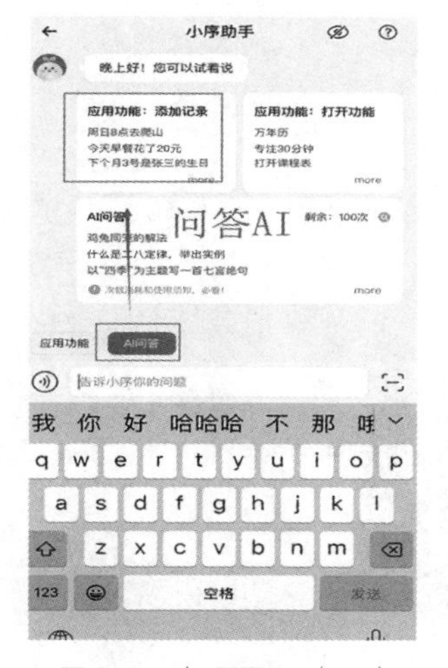

图 9.9　事项展示（一）

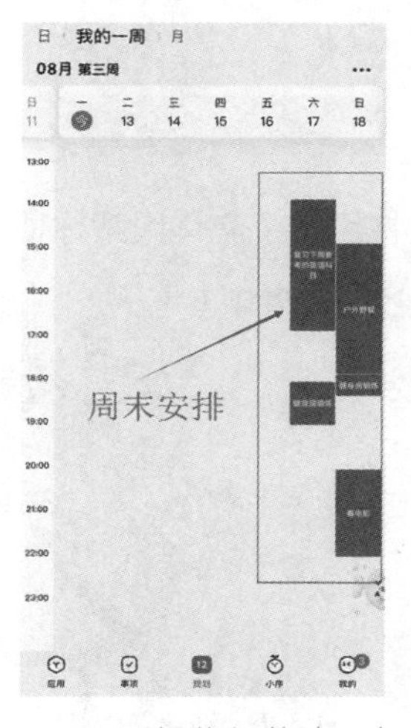

图 9.10　操作细节（五）

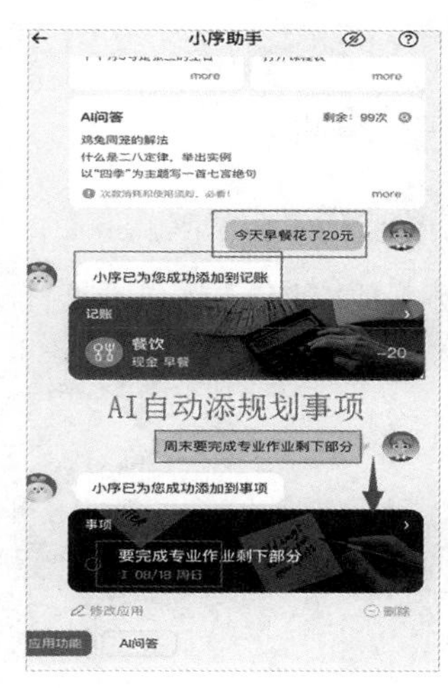

图 9.11　AI 自动添加

图 9.12　事项展示（二）

步骤三：设置时间提醒

可以根据事项的重要性划分性质（图 9.13—图 9.15）。

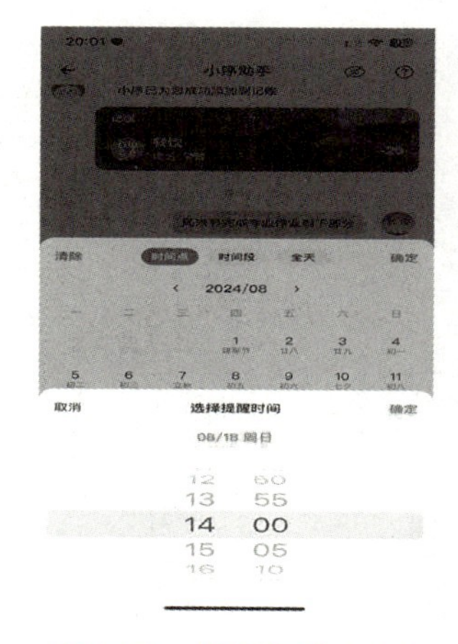

图 9.13　操作细节（六）

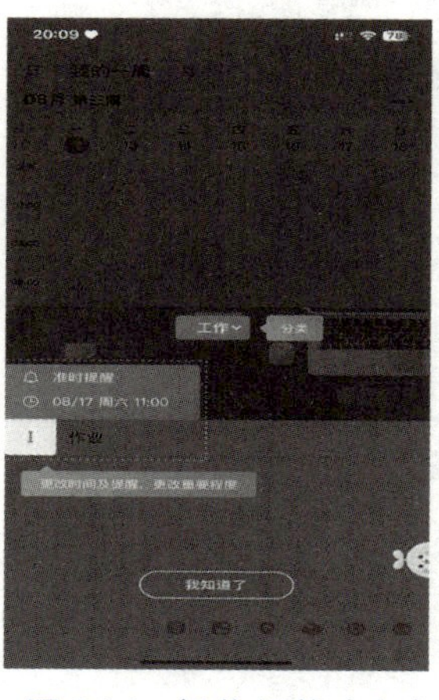

图 9.14　操作细节（七）

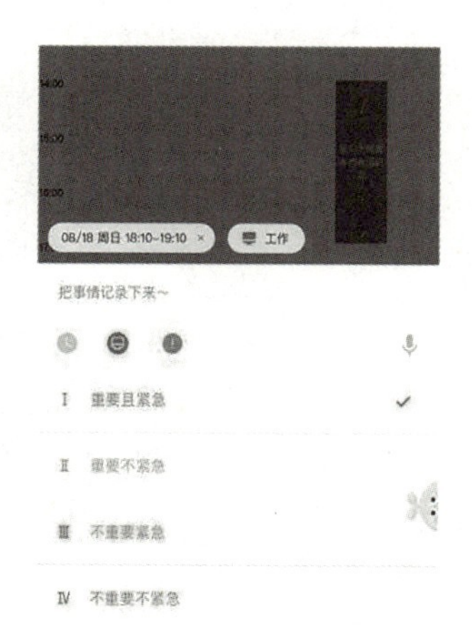

图 9.15　操作细节（八）

六、充电桩

你已经学会了吗？下面，我们将用一个流程图帮你回顾、梳理一下（图 9.16），并请你完成接下来的任务，以检验自己的掌握程度吧！

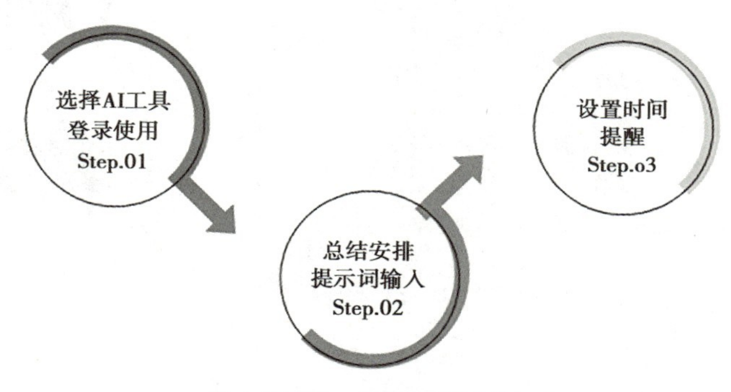

图 9.16　操作流程图

现在，你已经知道如何使用 AI 工具进行日程规划与安排了。接下来，请你运用上面的流程步骤，结合个人实际学习生活情况，制作一份自己未来两天或一周（选择一个时间段）的日程规划与安排吧。

七、挑战营

你已经掌握了使用人工智能进行日程规划与安排的方法。在这个环节，我们将面对一个更复杂且有趣的任务。

任务背景：转眼间，小西已经实习了几个月，感到十分疲惫。正好国庆假期即将到来，小西想利用这个假期去四川成都旅游。

目标：结合前面学习的知识，选择一个自己喜欢的 AI 工具，为小西完成旅游日程规划。

八、拓展栏

未来秘书的一天

早上 7：00，智能闹钟轻声唤醒秘书，同时 AI 助手已为其准备好当天的天气预报和交通状况信息。秘书起床洗漱后，AI 助手根据其健康数据和口味偏好，推荐了适合的早餐搭配。

早上 8：00，秘书乘坐无人驾驶汽车前往公司，途中通过智能眼镜查看 AI 整理的领导今日工作重点和紧急事项。AI 已根据领导和同事的日程安排，预约好了需要领导参加的会议，并将相关资料提前准备妥当。

早上 9：00，秘书到达公司，AI 自动打开办公设备。秘书开始处理邮件，AI 已对邮件进行分类和优先级排序，提醒秘书优先回复重要邮件，并提供回复的建议和模板。

上午 10：00，领导参加部门会议，秘书利用 AI 实时记录会议内容，并进行语音转文字和要点总结。在会议期间，秘书协助领导，确保会议顺利进行。

中午 12：00，午餐时间，AI 根据领导和秘书的营养需求及个人喜好，推荐附近的餐厅，并提前预订座位。

下午 1：00，秘书继续工作，AI 协助其起草文件和报告。通过对大量数据的分析和整合，AI 为秘书提供准确的信息和有价值的观点。同时，秘书还需与领导确认下午的行程。

下午 3：00，有访客到来，AI 提前通知秘书访客的信息和来访目的，并安排好接待事宜，包括准备相关资料、安排会议室等。

下午 5：00，秘书整理一天的工作成果，AI 帮助检查文件的格式和语法错误。同时，秘书向领导汇报当天的工作情况，并根据领导的指示安排第二天的工作。

晚上 7：00，秘书下班回家，在路上通过 AI 与家人沟通晚餐的安排。

晚上 8：00，秘书陪伴家人，AI 会根据需求自动调整家中的灯光、温度和音乐，营造舒适的氛围。

晚上 10：00，秘书准备休息，AI 监测睡眠环境，调整至最佳状态，助其进入甜美的梦乡。

九、瞭望塔

在快节奏的现代生活中，时间对于每个人，尤其是职场人来说，无比珍贵。有效的时间管理不仅能够提升时间的使用效率，更是实现工作与生活平衡的关键。

过去，你可能常常觉得自己在忙碌中迷失，被琐事分散精力，不清楚在特定时间里自己究竟该做什么。如今，AI 的发展成为我们管理时间的得力助手。借助它，我们能更清晰地规划每一天。它会根据工作任务、个人习惯和生活需求，制定出合理的时间表，让我们在任何时候都能明确当下最该做的事，避免时间浪费和精力分散。

然而，制订出合理的时间计划只是第一步，如何有效执行才是关键。AI 只是工具，真正的核心是自身对时间的重视和聚焦当下的意识。这还要求我们在此基础上做好效率管理、精力管理、情绪管理、项目管理等等。即便有 AI 辅助，我们仍需时刻保持清醒，专注正在做的事，全身心投入。

时间从不为谁停留，我们要在有限的时间里充分利用每分每秒，让每个当下都充满意义。

十、评价单（见“教材使用说明”）

关卡 10　掌握 AI 工具在任务跟踪与提醒方面的应用

一、入门考

1. 你知道在有多项任务时如何确定任务的优先级吗？
2. 你知道如何设置有效的任务提醒吗？
3. 你知道常用的任务跟踪方法有哪些吗？

二、任务单

小西在校园里担任学生会秘书一职，负责协调多个部门的活动安排、会议日程、任务分配以及进度跟踪。随着学生会活动的日益增多，小西发现传统的手工记录和管理方式已经无法满足高效、准确的工作需求。最近，小西正在筹备校园文化节。为了确保活动的顺利进行，小西准备利用 AI 工具来辅助自己在任务跟踪与提醒方面的工作……

就让我们一起，根据以下提供的信息，帮助小西完成这项任务吧。

校园文化节任务分配表

一、 开幕式

任务1：策划开幕式流程

责任人：小明（文艺部部长）

时间：文化节前一个月开始，预计耗时一周

任务2：邀请嘉宾

责任人：小红（外联部部长）

时间：文化节前两周启动，预计耗时一周

任务3：布置开幕式现场

责任人：小刚（宣传部部长）

时间：文化节前三天，预计耗时一天

任务4：彩排与预演

责任人：小李（总导演）

时间：文化节前一周至前两天，每日下午进行

二、 文艺汇演

任务1：征集与筛选节目

责任人：小张（文艺部副部长）

时间：文化节前两个月开始，预计耗时两周

任务2：编排节目顺序

责任人：小王（文艺部助理）

时间：文化节前一周，预计耗时三天

任务3：舞台设计与搭建

责任人：小赵（技术部部长）

时间：文化节前三天至活动当天，预计耗时两天半

任务4：音响灯光调试

责任人：小刘（技术部助理）

时间：文化节前一天至活动当天，持续进行

三、 创意市集

任务1：招募摊主与摊位分配

责任人：小陈（社团联合部部长）

时间：文化节前一个月开始，预计耗时两周

任务2：市集布局规划

责任人：小杨（宣传部副部长）

时间：文化节前一周，预计耗时三天

任务3：现场秩序与安全维护

责任人：小周（安保部部长）
时间：文化节活动期间，全天候进行
任务 4：市集宣传与推广
责任人：小孙（宣传部成员）
时间：文化节前两周至活动当天，持续进行
四、闭幕式
任务 1：总结文化节成果
责任人：小西（学生会秘书）
时间：文化节倒数第二天，预计耗时一天
任务 2：策划闭幕式流程
责任人：小明（文艺部部长，兼任）
时间：文化节倒数第三天开始，预计耗时两天
任务 3：颁发奖项与表彰
责任人：小丽（学习部部长）
时间：闭幕式当天，预计耗时一小时
任务 4：清理现场与物资回收
责任人：全体学生会成员
时间：闭幕式结束后立即进行，预计耗时两小时

三、知识库

任务跟踪与提醒方法

任务跟踪与提醒是确保工作、学习和生活高效、有序进行的重要环节。

（一）任务跟踪的重要性

任务跟踪在工作、学习和生活中扮演着关键角色，它有助于确保各项活动按时完成，从而提高效率和质量。通过任务跟踪，我们可以及时了解工作进度，发现潜在问题，并采取相应的解决措施，从而避免延误或失误。

（二）任务跟踪的方法

1. 建立任务清单

定期整理并更新工作任务清单，明确每项任务的名称、内容、截止日期和责任人等信息。可以使用电子表格、项目管理软件等工具来记录和管理任务清单，以便随时查阅和修改。

2. 设置提醒

利用办公软件（如钉钉、企业微信等）的提醒功能，为重要任务设置提醒事项，确保不

会遗漏。提醒方式可以包括邮件提醒、短信提醒、弹窗提醒等，根据个人习惯和工作需要选择合适的提醒方式。

3. 定期跟进

定期沟通了解任务进展情况和遇到的问题，及时提供帮助和支持。对于进度滞后的任务，要分析原因并制订相应的解决方案，确保任务能够按时完成。

4. 记录与反馈

在任务跟踪过程中，应详细记录工作进展、问题和解决方案等信息，以便日后查阅和总结。若是在团队中进行任务追踪，要将重要信息及时反馈给上级领导或相关部门，确保信息的准确性和及时性。

（三）任务提醒的技巧

1. 明确提醒对象

在设置提醒时，要确保提醒对象明确无误，避免信息误传或遗漏。

2. 合理设置提醒时间

根据任务的紧急程度和重要性，合理设置提醒时间。对于紧急任务，可以设置多个提醒时间点，以确保及时完成。

3. 采用多种提醒方式

结合多种提醒方式（如邮件、短信、电话等），提高提醒的效率和准确性。

4. 注重提醒语气

在给他人进行提醒时，要注意语气和措辞，保持礼貌和尊重，避免引起误会和冲突。

（四）在工作中进行任务跟踪与提醒的注意事项

1. 保持沟通畅通

在任务跟踪和提醒过程中，保持密切联系，确保信息畅通无阻。

2. 注重细节

在任务跟踪和提醒过程中，要注重细节问题，如任务名称、截止日期等信息的准确性。

3. 及时反馈

对于遇到的问题和困难，要及时向上级领导或相关部门反馈，以便得到及时支持和解决。

4. 持续改进

不断总结经验教训，改进任务跟踪和提醒的方法和技巧，提高工作效率和质量。

综上所述，任务跟踪与提醒在日常生活、工作和学习中发挥着重要作用。通过采用科学的方法和技巧进行任务跟踪和提醒，我们可以确保生活、工作和学习高效、有序进行。

四、金手指

（一）任务规划与执行

（1）任务定义：明确任务的目标和要求，并指导学生如何将复杂任务分解为简单步骤。

（2）优先级和时间管理：评估任务的紧急性和重要性，并合理安排时间以优化工作流程。

（3）适应性调整：在任务执行过程中，根据实际情况灵活调整计划的重要性应得到强调。

（二）跟踪、监控与反馈

（1）进度跟踪：使用工具监控任务进度，及时识别潜在的延误和问题。

（2）提醒系统：设置有效的提醒机制，确保任务能够按时完成。

（3）反馈循环：重视收集任务完成的反馈，进行自我评估，并根据反馈进行相应的调整。

（三）技术应用与技能提升

技术整合：将 AI 工具与其他应用程序整合，提高任务管理的自动化程度和效率。

技能提升：提供策略和技巧，帮助学生克服拖延，提升自我管理能力。

关卡 10

五、一起练

步骤一：选择并安装 AI 工具

在手机应用商店或钉钉官网下载并安装钉钉应用，打开钉钉应用后，选择“注册”，按照提示输入手机号码，接收验证码并完成注册。注册成功后，使用注册的手机号码和密码（或验证码）登录钉钉（图 10.1）。

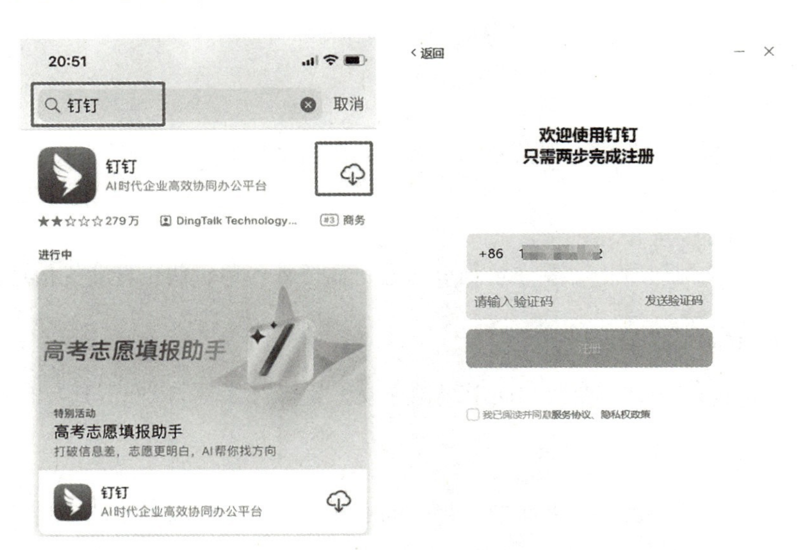

图 10.1　安装 AI 工具

步骤二：打开 AI 助理

点击主界面左上角“AI 助理”功能，可以通过语言或输入需要设定的项目计划，比如：“下周三的下午 3 点和老板在 3 号会议室开会，讨论是不是该涨工资的问题。”这样就可以快速创建日程和代办（图 10.2）。

图 10.2　打开 AI 助理

步骤三：设置智能提醒

在与 AI 助理对话界面，直接输入：“请你在会议开始前 30 分钟给我发送邮件提醒，我的邮箱是 12345XX@example.com”（图 10.3）。

图 10.3　设置智能提醒

六、充电桩

你已经学会了吗？下面，我们将用一个流程图帮你回顾、梳理一下（图 10.4），并请你完成接下来的任务，以检验自己的掌握程度吧！

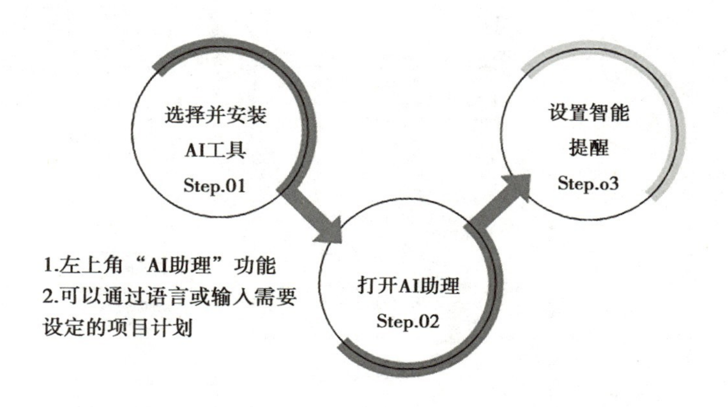

图 10.4 操作流程图

现在，你已经掌握了如何使用人工智能进行任务跟踪和提醒。接下来，请你运用上述流程步骤，设置一个具体的学习计划，并进行任务跟踪与提醒。

第一步：打开钉钉应用。在手机上找到钉钉应用图标，点击打开。然后，输入你的账号和密码，或者通过其他验证方式登录钉钉。

第二步：打开 AI 助理。在主界面左上角点击“AI 助理”功能。你可以通过语音或输入需要设定的项目计划，以便快速创建日程和代办事项。

第三步：设置任务跟踪与智能提醒。在与 AI 助理的对话界面中，直接输入：“请你在我设定的会议时间开始前 30 分钟给我发送邮件提醒。”

第四步：保存并激活学习计划。确认所有设置无误后，点击“保存”或“提交”按钮。确保任务状态设置为“激活”或类似选项，以便钉钉能够按照你的设置进行提醒。

第五步：跟踪与调整学习计划。在学习计划开始后，你可以在钉钉的任务功能模块中查看到你的学习计划任务。钉钉会在你设定的时间发送提醒，确保你不会错过学习计划。如果需要调整学习计划或提醒设置，你可以随时编辑任务，更新相关信息。

七、挑战营

你已经掌握了如何使用钉钉 AI 工具设置一个具体的学习计划，并进行任务跟踪与提醒。在这个挑战营环节，我们将面对一个更加复杂且有趣的任务。

任务背景：管理一个包含多个子任务的长周期项目，这些子任务包括英语每日学习计划和阅读计划。你需要利用钉钉 AI 工具对这些子任务进行跟踪与提醒。你觉得你能胜任吗?来试试吧!

八、拓展栏

未来的人工智能助手

在科技飞速发展的时代浪潮中,我们对未来充满了无尽的遐想与期待。其中,人工智能助手的发展尤为引人瞩目,它们正以令人惊叹的速度演进,即将展现出前所未有的形态和能力,彻底改变我们的生活方式。

未来的人工智能助手可能会具备以下几个显著的特点和形态:

1. 高度个性化

它能够深度理解用户的偏好、习惯和情感需求,为每个人提供独一无二的服务。例如,根据用户的日常行为和兴趣,精准推荐符合其口味的音乐、电影或书籍;以用户熟悉和喜欢的风格进行交流,无论是幽默风趣、严肃专业,还是亲切温馨等。

2. 多模态交互

不再仅仅依赖文字或语音交流,还能通过图像、手势甚至眼神进行交互。比如,用户可以通过简单的手势指令让人工智能助手完成一系列操作。同时,具备面部表情和肢体语言的模拟能力,使与其交流更加生动和自然。

3. 强大的自主学习和进化能力

不断从与用户的交互中学习新知识和技能,不需要频繁的人工更新和升级。能够根据用户的反馈和新的数据自动优化自身的服务和回答,提供更准确和有用的信息。

4. 无缝融入各种设备和环境

无论是在家中的智能家电、办公场所的电脑,还是移动设备上,都能随时随地提供服务,实现跨平台的无缝切换。与物联网深度融合,全面掌控和管理家庭、办公等各种场景的设备。

5. 更强的预测和决策支持能力

基于大数据和先进的算法,提前预测用户的需求和可能面临的问题,并提供相应的解决方案。帮助用户在复杂的情况下做出更明智的决策,例如投资理财、职业规划等。

6. 情感感知和陪伴

能够敏锐地感知用户的情绪变化,并给予相应的情感支持和安慰。成为用户真正的心灵伙伴，在孤独、压力大等时刻给予陪伴和鼓励。

未来的人工智能助手必将以更为卓越的智能水平、极具个性的服务模式、无所不能的强大功能以及无微不至的贴心关怀，成为人们生活与工作中不可或缺、无可替代的重要组成部分。

九、瞭望塔

大学生如何高效利用任务跟踪与提醒的AI工具

大学生活丰富多彩，同时也伴随着忙碌与挑战。课程、作业、社团活动……每一项都需要我们精心规划与管理。幸运的是，AI技术的发展为我们提供了强大的任务跟踪与提醒工具，使我们能够更高效地安排时间。

AI工具能够自动捕捉并整理我们的日程信息，从课程安排到社团活动，无一遗漏。它们通过分析我们的学习模式，为我们量身定制个性化的提醒方案，确保我们不会错过任何重要事项，成为我们高效学习与生活的得力助手。

更令人兴奋的是，AI工具还能实现信息的无缝整合。无论是校园APP中的课程表，还是邮件中的社团通知，它们都能为我们统一呈现，形成清晰的任务列表。这样，我们就无须在多个平台间频繁切换，大大提高了学习和工作的效率。

此外，高级AI工具还具备预测分析的能力。它们能够基于我们的历史数据，预测未来的学习趋势和潜在挑战，并为我们提供相应的日程安排建议。这种个性化和前瞻性的支持，让我们在面对复杂多变的学业生活时，能够更加从容不迫。

然而，我们也要保持理性与自律。AI工具虽好，但终究只是辅助工具。真正的成长和进步还需要我们自己的努力和坚持。同时，在使用AI工具时，我们也要关注数据安全和隐私保护的问题，确保个人信息的安全。

大学生活如同一场精彩的探险，而AI工具则是我们手中的魔法指南针。它不仅帮助我们精准定位目标，还引领我们穿越知识的海洋，避开时间的旋涡。只要我们善于利用这些工具，就能够更好地规划自己的学业生活，实现个人价值的最大化。

十、评价单（见“教材使用说明”）

关卡 11　如何使用 AI 编写日报、周报、月报及季度报表

一、入门考

1. 你清楚日报的主要用途或目的是什么吗？

2. 你知道周报通常包含哪些部分吗？

3. 你知道日报、周报、月报以及季度报表之间的主要区别吗？

二、任务单

校园文化节圆满落幕，作为学生会秘书处的核心成员，小西全程参与了活动的策划、组织、执行以及后期总结工作。本周一，她需要撰写一份详尽的周报，以便向学生会全体成员及指导老师全面汇报上周校园文化节的工作情况……

三、知识库

日报、周报、月报及季度报表的形式

日报、周报、月报及季度报表是不同时间周期下用于工作总结与报告的重要形式，它们在企业管理、项目跟踪以及个人工作管理中发挥着关键作用。

（一）日报

1. 定义

日报是每天记录工作内容和进展的报告，旨在帮助个人梳理和总结当天的工作，确保工作的连续性和进展的追踪。

2. 内容要点

（1）任务与完成情况：列出当天的主要任务及其完成情况。

例如：完成了项目报告的初稿撰写（80% 完成度），参加了部门早会；在数据收集方面遇到了一些困难。

（2）问题与解决方案：记录遇到的问题及采取的解决方案。

例如：与同事在工作沟通上出现误解，通过及时沟通已消除误会。

（3）计划更新：如有必要，更新次日或后续的工作计划。

3. 目的

个人工作梳理与总结；保持工作连续性；及时反馈问题，促进解决。

（二）周报

1. 定义

周报是每周总结工作的报告，通常涵盖一周内的任务、成果、挑战、解决方案及下周计划等内容。

2. 内容要点

（1）工作总结：回顾本周完成的主要任务和项目。例如：完成了项目的阶段性交付，处理了多起客户投诉。

（2）问题与挑战：列出遇到的问题、困难或挑战，并简述解决方案。例如：团队协作不畅，通过组织沟通会议得以改善。

（3）需要协调与支持的事项：列出需要团队成员、领导或其他部门协调和支持的事项。

（4）下周计划：明确下周的工作计划和目标，包括具体任务、预计完成时间和关键步骤。

3. 目的

促进团队内部和跨部门间的沟通与协作；分享信息和资源，提供支持和反馈；发现问题并寻找解决方案，改进工作流程。

（三）月报

1. 定义

月报是每月总结工作的报告，内容更为详尽，涵盖了整个月份的工作内容、目标达成情况、问题与挑战、解决方案及下月计划等。

2. 内容要点

（1）工作内容与进展：详细记录整个月的工作内容和进展。例如：完成了月度销售指标，推进了新产品的研发。

（2）目标达成情况：评估工作目标的完成情况。例如：销售额增长了10%，原因是市场推广活动效果显著。

（3）问题与挑战：深入分析遇到的问题和挑战，提出解决方案。

（4）下月计划：制订下月的工作计划和目标，包括重点项目和预期成果。

3. 目的

评估长期目标的实现情况；发现工作中的趋势和问题，进行战略规划和改进；为团队提供全面的工作概览和绩效评估依据。

（四）季度报表

1. 定义

季度报表是对一个季度工作的深度总结和展望。

2. 内容要点

（1）季度工作综述：全面总结季度内的工作重点和成果。

（2）业绩评估：对各项关键业绩指标进行评估和分析。例如与上一季度相比，利润增长了15%。

（3）战略执行情况：评估公司或部门战略在季度内的执行情况。

（4）下季度规划：制订下一季度的工作策略和重点工作计划。

无论是日报、周报、月报还是季度报表，都应注重语言的简洁明了、数据的准确无误以及重点的突出，以便相关人员能够快速了解工作情况和进展。

四、金手指

（一）编写日报、周报、月报及季度报表的难点

（1）信息收集与整理：在编写各类报表的过程中，需要广泛收集相关信息，这些信息涵盖了工作进展、成果、问题以及存在的问题等。然而，这些信息往往分散于不同的渠道和来源，如会议记录、电子邮件、即时通信工具等，给收集与整理工作带来了挑战。

（2）内容的筛选与重点突出：面对繁杂的工作细节和海量信息，如何从中筛选出关键且重要的内容，并有效地突出重点，避免报表内容冗长且缺乏核心价值，是编写报表时的一大难点。

（3）数据的准确性与分析：报表中通常包含各种数据，如工作量、完成率、销售额等。确保这些数据的准确无误至关重要，因为任何微小的错误都可能导致决策失误，进而影响整个项目的进展。

（二）使用AI工具编写日报、周报、月报及季度报表的难点

（1）理解与解析复杂需求：AI工具在编写报表时，需要准确理解并解析具体的报表需求，这包括报表的格式、内容要点以及重点展示的信息等。这要求AI工具具备强大的自然语言处理能力，以及对业务知识的深入理解和灵活应用。同时，由于业务需求可能随时发生变化，AI工具还需要具备快速适应和调整的能力，以确保报表的内容和格式能够随时满足实际需求。

（2）报表的可读性与吸引力：AI工具在生成报表时，需要注重报表的可读性和吸引力。这包括使用恰当的图表、颜色、字体等元素来增强视觉效果，使报表更加直观易懂。同时，AI工具还需要确保语言表达的准确性和流畅性，避免出现语法错误或歧义，以提升报表的整体质量。

五、一起练

关卡 11

步骤一：明确目标与受众

明确本次周报的主要目的，是总结工作进展、分享成果、提出问题，还是规划未来工作。同时，考虑报告的阅读对象是谁，以及他们期望从报告中获取哪些信息，以便调整周报的内容和风格。

步骤二：选择 AI 工具，输入信息

打开 AI 工具（例如“笔灵 AI”），使用简洁明了的语言向 AI 工具输入周报的重点工作内容、成果、挑战及未来计划等。例如，可以引用任务单中的信息“岗位名称：学生会秘书处的核心成员；本周主要工作：参与了学校文化节活动的策划、组织、执行和后期总结工作。”（图 11.1—图 11.5）

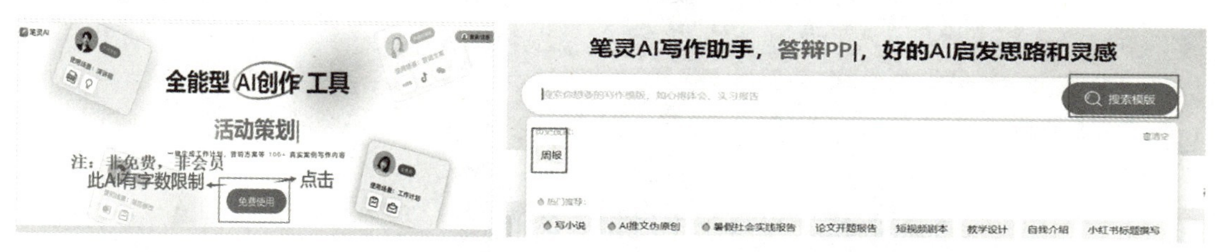

图 11.1　打开 AI 工具　　　　图 11.2　搜索需要的智能体

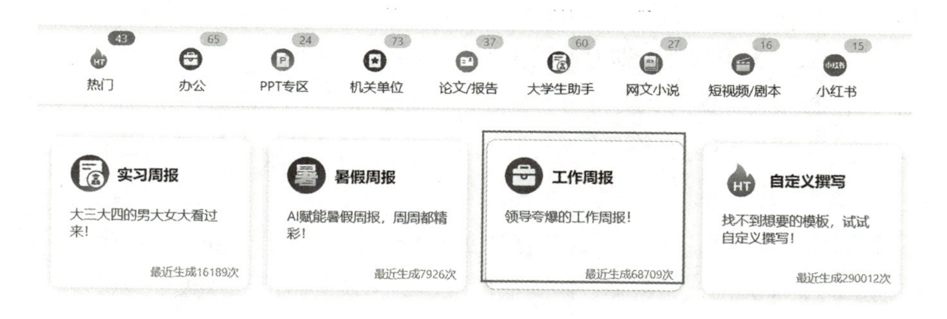

图 11.3　点击智能体

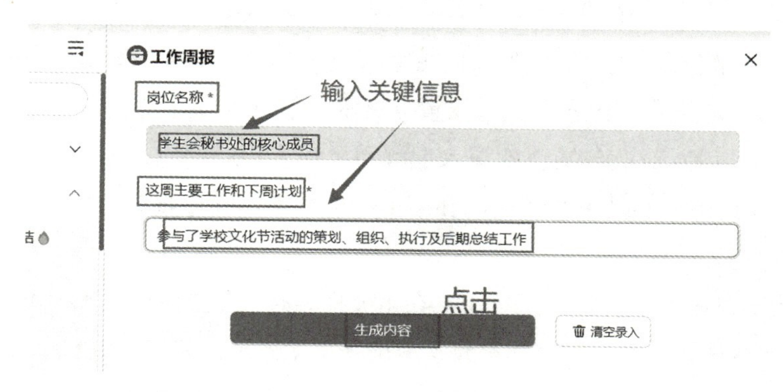

图 11.4　输入信息

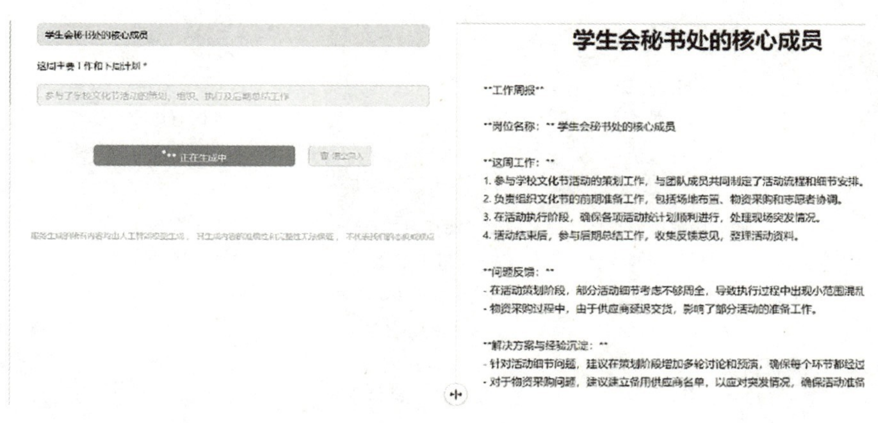

学生会秘书处的核心成员

正在生成中

学生会秘书处的核心成员

工作周报

岗位名称： 学生会秘书处的核心成员

这周工作：
1. 参与学校文化节活动的策划工作，与团队成员共同制定了活动流程和细节安排。
2. 负责组织文化节的前期准备工作，包括场地布置、物资采购和志愿者协调。
3. 在活动执行阶段，确保各项活动按计划顺利进行，处理现场突发情况。
4. 活动结束后，参与后期总结工作，收集反馈意见，整理活动资料。

问题反馈：
- 在活动策划阶段，部分活动细节考虑不够周全，导致执行过程中出现小范围混乱
- 物资采购过程中，由于供应商延迟交货，影响了部分活动的准备工作。

解决方案与经验沉淀：
- 针对活动细节问题，建议在策划阶段增加多轮讨论和预演，确保每个环节都经过
- 对于物资采购问题，建议建立备用供应商名单，以应对突发情况，确保活动准备

图 11.5　成果展示

步骤三：审核与修改

仔细审阅 AI 生成的报告初稿，检查是否有遗漏、错误或不符合实际情况的地方。根据需要对初稿进行修改和完善，确保报告内容准确、完整，且符合你的要求（图 11.6—图 11.7）。

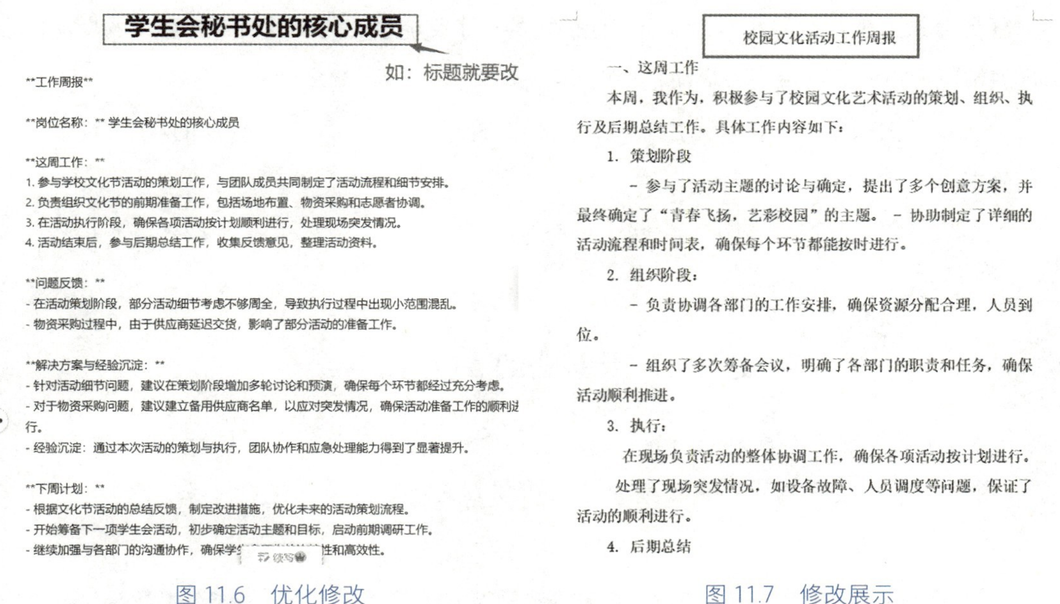

学生会秘书处的核心成员

如：标题就要改

工作周报

岗位名称： 学生会秘书处的核心成员

这周工作：
1. 参与学校文化节活动的策划工作，与团队成员共同制定了活动流程和细节安排。
2. 负责组织文化节的前期准备工作，包括场地布置、物资采购和志愿者协调。
3. 在活动执行阶段，确保各项活动按计划顺利进行，处理现场突发情况。
4. 活动结束后，参与后期总结工作，收集反馈意见，整理活动资料。

问题反馈：
- 在活动策划阶段，部分活动细节考虑不够周全，导致执行过程中出现小范围混乱。
- 物资采购过程中，由于供应商延迟交货，影响了部分活动的准备工作。

解决方案与经验沉淀：
- 针对活动细节问题，建议在策划阶段增加多轮讨论和预演，确保每个环节都经过充分考虑。
- 对于物资采购问题，建议建立备用供应商名单，以应对突发情况，确保活动准备工作的顺利进行。
- 经验沉淀：通过本次活动的策划与执行，团队协作和应急处理能力得到了显著提升。

下周计划：
- 根据文化节活动的总结反馈，制定改进措施，优化未来的活动策划流程。
- 开始筹备下一项学生会活动，初步确定活动主题和目标，启动前期调研工作。
- 继续加强与各部门的沟通协作，确保学　　　　性和高效性。

续写

图 11.6　优化修改

校园文化活动工作周报

一、这周工作

本周，我作为，积极参与了校园文化艺术活动的策划、组织、执行及后期总结工作。具体工作内容如下：

1. 策划阶段

－参与了活动主题的讨论与确定，提出了多个创意方案，并最终确定了“青春飞扬，艺彩校园”的主题。－协助制定了详细的活动流程和时间表，确保每个环节都能按时进行。

2. 组织阶段：

－负责协调各部门的工作安排，确保资源分配合理，人员到位。

－组织了多次筹备会议，明确了各部门的职责和任务，确保活动顺利推进。

3. 执行：

在现场负责活动的整体协调工作，确保各项活动按计划进行。处理了现场突发情况，如设备故障、人员调度等问题，保证了活动的顺利进行。

4. 后期总结

图 11.7　修改展示

六、充电桩

你已经学会了吗？下面，我们将用一个流程图帮你回顾、梳理一下（图 11.8），并请你完成接下来的任务，以检验自己的掌握程度吧！

现在，你已经掌握了使用 AI 工具编写周报的方法。接下来，请运用上述流程步骤，结合个人实际情况，制作一份个人或团队的学习报告吧。

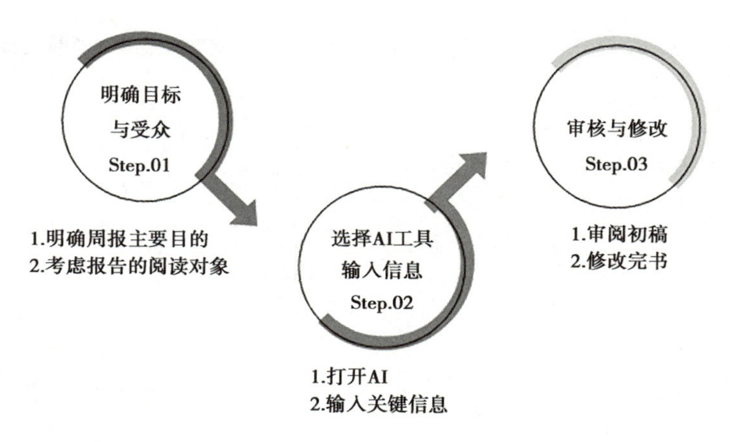

图 11.8　操作流程图

七、挑战营

你已经掌握了使用人工智能编写周报的方法。在这个环节，我们将面对一个更复杂且有趣的任务。

任务背景：小西参与并筹办了与其他公司的学术交流会，为了及时反映会议的交流内容和进展情况，小西需要编写一篇简报。

目标：请大家结合前面学习的知识，融会贯通，并选择一个自己喜欢的 AI 工具来完成这篇简报。

八、拓展栏

适用于工作报告的 AI 创作平台

文心一言：百度研发的知识增强大语言模型，用户可通过“一言百宝箱”中的“工作报告撰写”模板或直接表明需求来使用，还能进行文本润色和作图（图 11.9）。

图 11.9　文心一言

宙语 Cosmos：该平台提供多种分类功能，在工作汇报中，用户只需输入职务和工作内容，即可自动生成相应的文档内容。不过，该平台有一定体验次数限制（图 11.10）。

图 11.10　宙语 Cosmos

HeyFriday：这是一款线上 AI 文本内容生成工具，可根据提示生成、改写、续写出高质量文章。年度总结和周报可免费生成，用户可自定义生成文章篇数，但修改生成内容需要付费。需微信登录或邮箱登录（图 11.11）。

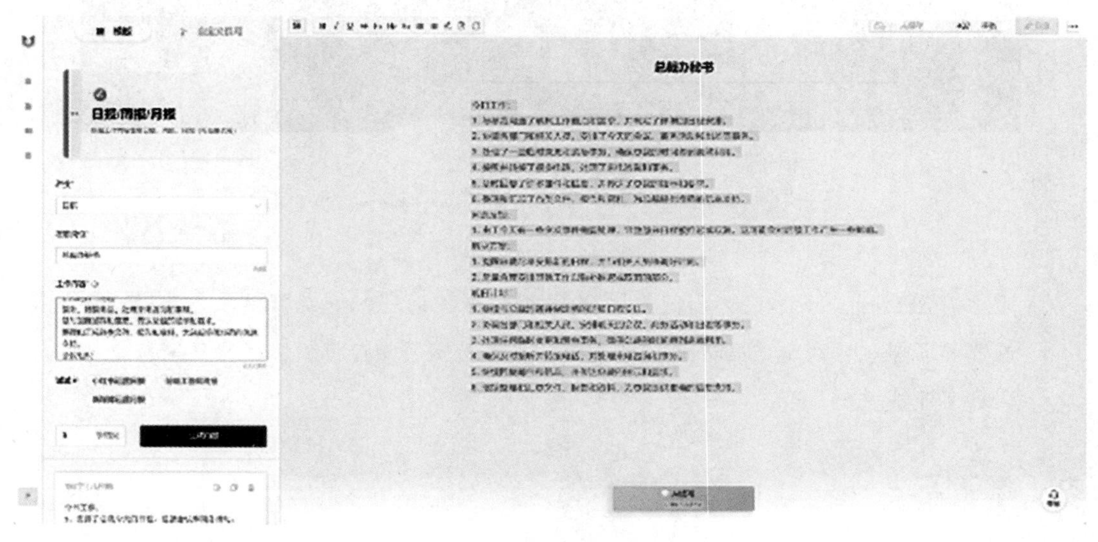

图 11.11　HeyFriday

万彩 AI：由广州万彩信息技术有限公司推出的 AI 文案编写工具，可用于文章写作、营销推广、职场办公等领域。需微信扫码登录，推送 24 个点可用 24 次。生成的内容较为详细，同时保存优化记录（图 11.12）。

文涌 Effidit：由腾讯 AI Lab 开发的原型系统，提供智能纠错、文本补全等多种功能。用户无须登录即可在线体验（图 11.13）。

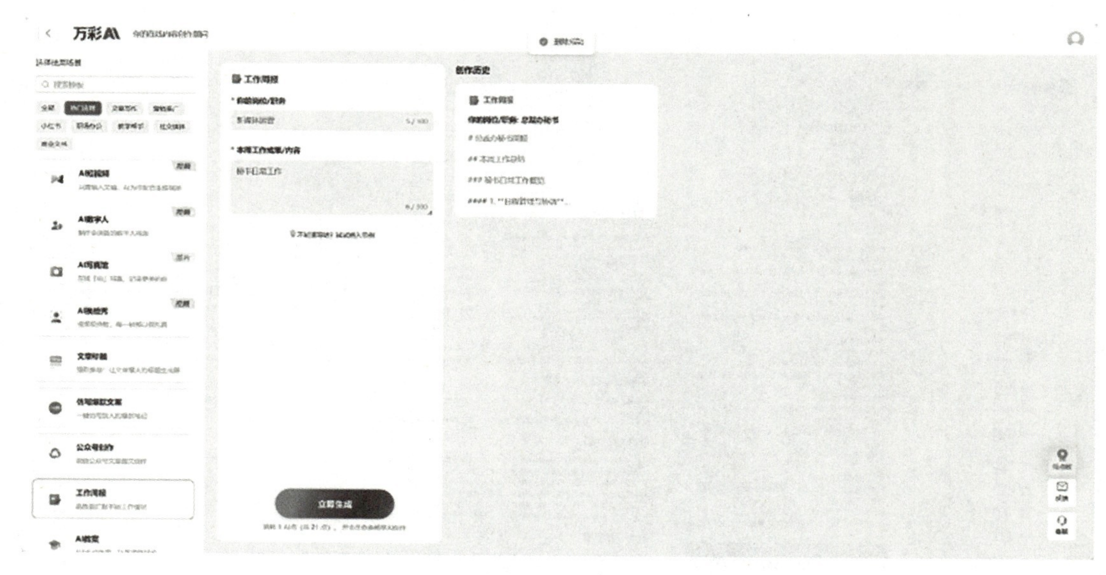

图 11.12　万彩 AI

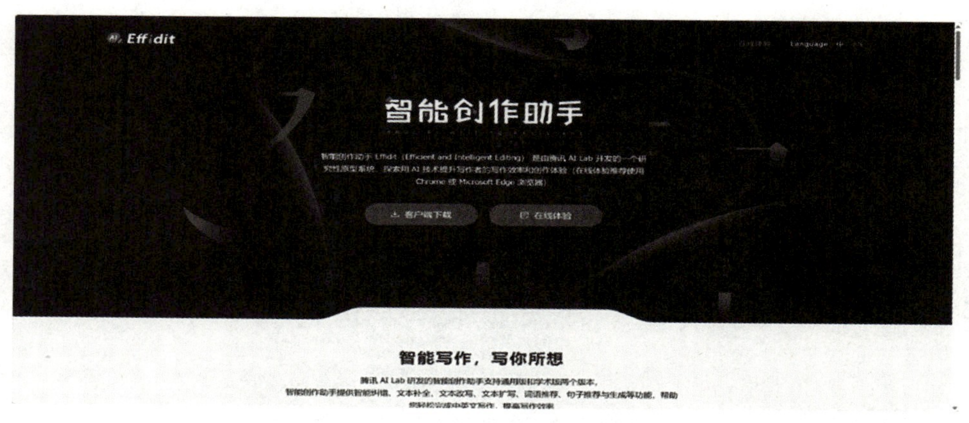

图 11.13　文涌 Effidit

序列猴子－奇妙文：出门问问公司的 AI 写作助理，设有职场办公专栏，可在工作汇报、年终总结等方面辅助用户。平台给定了相应模板，用户只需按需输入即可生成文档。

九、瞭望塔

“二八法则”同样适用于职场：80% 的工作属于常规性质，而剩余的 20% 重要工作则直接决定了一个人的薪资水平和晋升机会。运用结构化思维，我们可以使工作汇报聚焦于这至关重要的 20%，从而更好地展示工作成果、沟通进展，并提升工作效率与效果。

首先，需明确汇报对象。我们是在向一个人汇报，还是向一群人汇报？若面向一群人，那么其中的关键听众是谁？只有确定了汇报对象，我们才能做到有的放矢。

其次，汇报内容需清晰明了。我们可以借助 Why–What–How、5W1H 等模型，来梳理工作的起因、内容、方法、任务及完成情况等，使汇报条理清晰。也可以按照时间、事件、空间等逻辑来组织内容，让汇报更加直观易懂。

此外，还需选择合适的汇报方式。对于简单的内容，可通过口头或即时通信工具进行汇报；而对于复杂的内容，则建议使用邮件、PPT 等形式。在汇报时，还需考虑汇报的场合与时间，确保汇报方式合适且恰当。同时，要找准汇报的重点，每次汇报只突出一个关键要点，并用一两句话概括清楚。

在表达时，应分清主次先后，遵循强调紧急、重要、与上司利益密切相关及上司关心的原则。我们可以按照时间顺序、影响力大小或上司的关心程度来排序汇报内容，并采用“总分总”的方式，运用三点逻辑进行总结归类。

在工作中，做好汇报至关重要。无论是编写日报、周报，还是月报、年报，我们都可以尝试使用 AI 工具，并结合结构化思维，来使工作汇报更加清晰、有效。

十、评价单（见“教材使用说明”）

关卡 12 AI 数据分析：基本的数据处理与分析

一、入门考

1. 你知道数据处理的第一步是什么吗？
2. 你知道进行数据处理和分析时有哪些常用的工具吗？

二、任务单

作为学生会的一员，小西为了帮助同学们营造一个更好的学习环境，打算评估图书馆、在线学习平台等学习资源的利用情况，识别出利用率低下的资源，并提出相应的改进建议，例如调整开放时间、优化资源分配……

就让我们跟随小西的脚步，一起根据收集到的信息进行分析吧。数据信息如下：

1. 图书馆资源利用率

总借阅量：50 000 册。

热门书籍借阅量前 10%：占总借阅量的 40%（即 20 000 册）。

书籍平均借阅时长：3 周。

未归还书籍比例：2%（即 1 000 册）。

电子资源访问量（如电子书、数据库）：100 000 次。

高峰时段：周一至周五下午 2 点至 5 点。

2. 在线学习平台使用情况

注册用户数：15 000 名。

活跃用户数（至少登录一次）：12 000 名（占比 80%）。

课程完成率：平均 40%（完成所有课程模块的学生比例）。

高参与度课程（参与度前 10% 的课程）：平均完成率 60%。

视频观看时长：总时长 500 000 小时，平均每人每月观看 30 小时。

互动环节参与度（如讨论区发帖、作业提交）：平均每人每月 2 次。

学习高峰时段：晚上 8 点至 10 点。

三、知识库

数据分析与处理的特征与方法

（一）数据分析基础概念

1. 定义

数据分析是指运用适当的统计分析方法，对收集到的大量数据进行深入研究和概括总结，以提取有用信息和形成结论的过程。它是质量管理体系的重要支持环节，也是企业制定科学决策的关键依据。

2. 目的

通过数据分析，企业能够挖掘潜在的商业价值，把握市场趋势，为制定更加明智、精准的商业决策提供有力支持。

（二）数据分析类型

1. 描述性统计分析

对数据进行基础的描述和概括，如计算平均数、中位数、众数、标准差等统计量。

2. 探索性数据分析

侧重于在数据中发现新的特征、模式或异常值，常用于数据清洗和预处理阶段。

3. 验证性数据分析

侧重于验证或反驳已有假设，通常通过统计检验来实现。

（三）数据分析方法

SCQA模型是一个“结构化表达”工具，由麦肯锡咨询顾问芭芭拉·明托在《金字塔原理》一书中提出。该模型由四个部分组成：Situation（情境）、Complication（冲突）、Question（疑问）和Answer（答案）。这四个部分共同构成了一个完整的问题解决和表达框架。除了标准的SCQA结构，SCQA模型还可以演变出其他常见的结构变体，如，开门见山式结构（ASC）：先提出解决方案，再介绍情境和冲突。这种结构适合在听众或读者已经对问题有一定了解的情况下使用，能够直接给出答案并解释背景和冲突。突出忧虑式结构（CSA）：先强调冲突，再介绍情境，最后提出解决方案。这种结构通过突出问题的紧迫性和严重性，激发听众或读者的紧迫感，促使他们更加关注解决方案。突出信心式结构（QSCA）：先提出疑问，再介绍情境和冲突，最后提出解决方案。这种结构通过设置悬念和疑问，引导听众或读者思考并寻找答案，最终给出令人信服的解决方案。

（四）数据分析流程

1. 提出问题

明确数据分析的目的和需求。

2. 数据准备

收集、清洗和整理数据，确保数据的准确性和完整性。

3. 数据分析

运用合适的分析方法和工具对数据进行深入处理和分析。

4. 报告生成

将分析结果以图表、报告等形式清晰、直观地呈现出来，为决策提供支持。

5. 结论验证

验证分析结果的准确性和可靠性，确保决策的科学性和合理性。

四、金手指

在AI数据分析中，最具挑战性和难以理解的部分可能在于数据预处理和特征工程。这两个环节对于后续模型训练的准确性和效率起着至关重要的作用。数据预处理涵盖数据清洗、数据集成和数据变换等多个步骤，旨在提升数据的质量和适用性。而特征工程则是从原始数据中提取关键信息，以降低数据维度，使模型更容易理解和学习。

为了克服这些障碍，我们将详细阐述每个步骤的目的和方法，并提供实际案例进行说明。此外，我们还将着重强调数据质量和特征选择的重要性，并给出相应的优化建议。

五、一起练

关卡 12

步骤一：打开“通义千问”AI 工具网站

步骤二：输入提示词

“你是一个数据分析专家，请为我列举数据分析报告的规范格式包含几个部分，以及每个部分的用途是什么？”（图 12.1）。

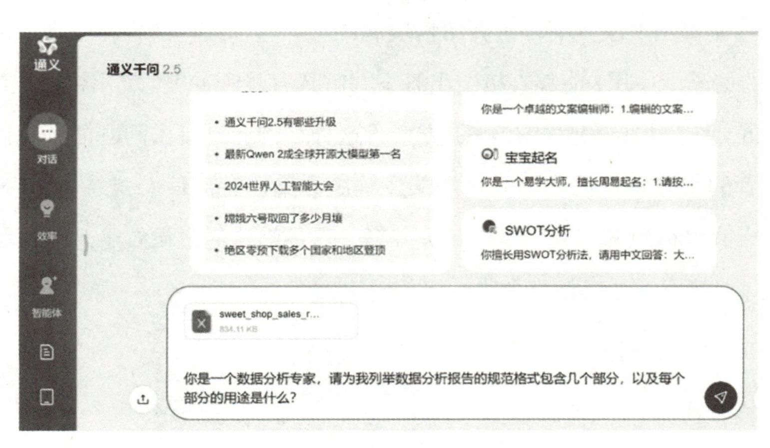

图 12.1　输入提示词

步骤三：输入提示词

“请你总结数据，并列出销售部门领导关心的 10 个指标，按照数据分析报告的规范格式，制作一个 2 000 字的数据分析报告文件。”（图 12.2）。

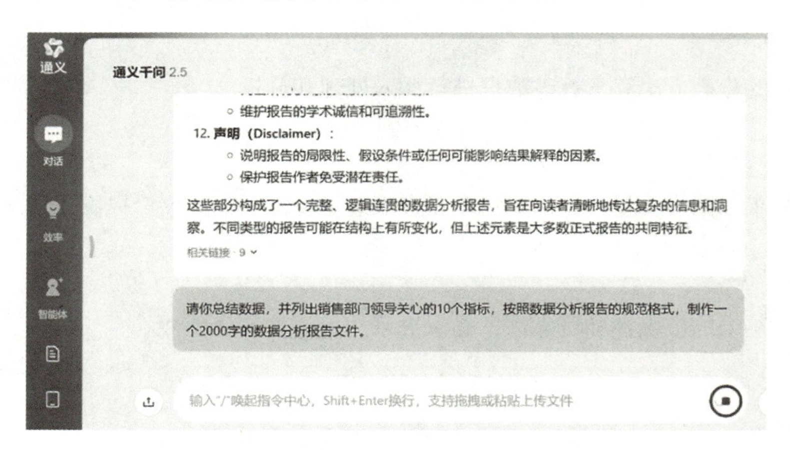

图 12.2　输入追问提示词

步骤四：优化分析过程

输入提示词：“请使用金字塔模型一步一步为我分析数据：

1 首先分析 2023 年度和每个季度的总销售额、销售量、客户数量、产品分布、会员等级、促销效果

2 列出优化建议

3 列出分析过程，包括假设、验证角度从各个论据得出最终结论的过程

4 补充建议必要的图表，一张一张图表为我显示”（图 12.3）。

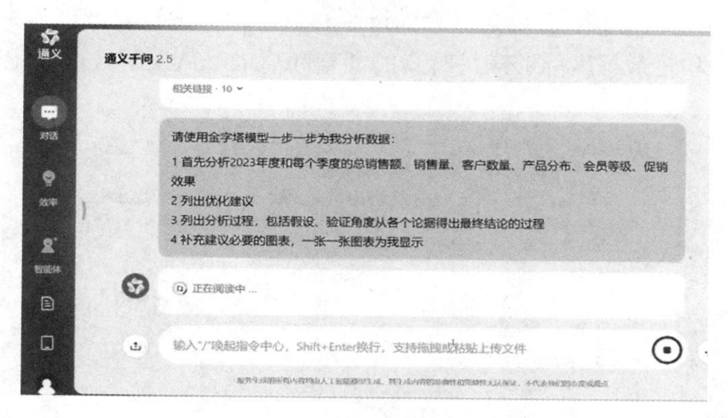

图 12.3　提示词优化

步骤五：补充数据分析报告的背景

输入提示词：“请你根据数据分析工作场景、汇报对象、内容、方法的不同，为我提供不同的数据分析报告的区别和主要特点”（图 12.4）。

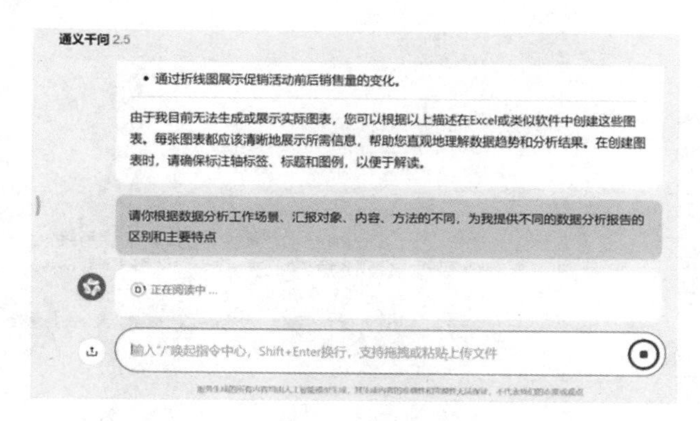

图 12.4　补充背景提示词优化

步骤六：进一步细化报告类型

输入提示词：“请你按照日常工作报告、专题分析报告、综合研究报告”（图 12.5）。

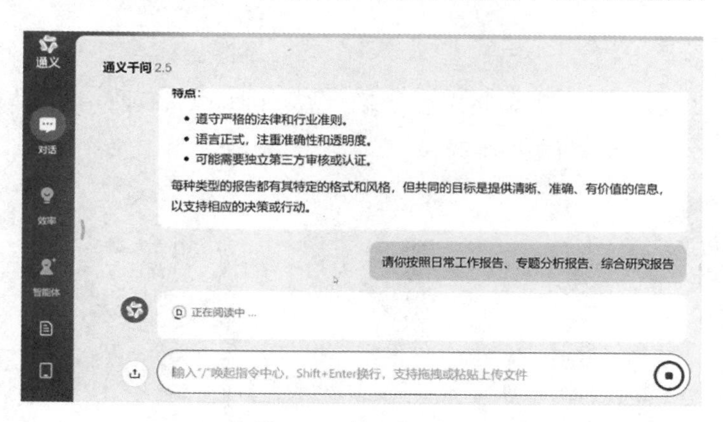

图 12.5　输入提示词

步骤七：深入了解汇报对象

输入追问提示词："了解汇报对象是准备有效数据分析报告的关键一步，这有助于确保报告的内容、风格和复杂程度能够满足听众的期望和需求。从以下几个"（图 12.6）。

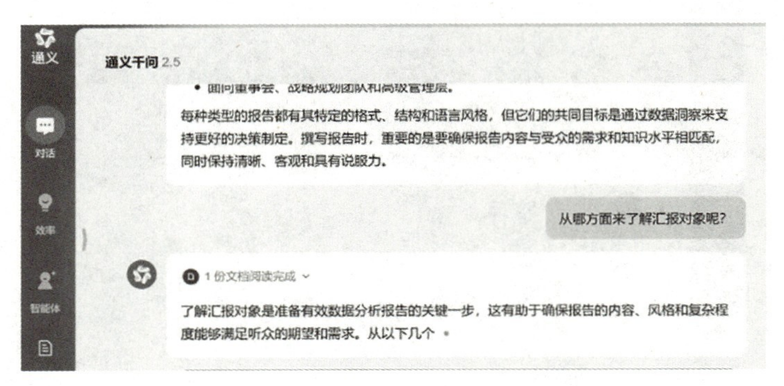

图 12.6 输入追问提示词

步骤八：完善个人背景信息以优化报告

输入提示词："背景信息：职位高管，关注的是最终决策，接下来，为我重新生成数据分析报告"（图 12.7）。

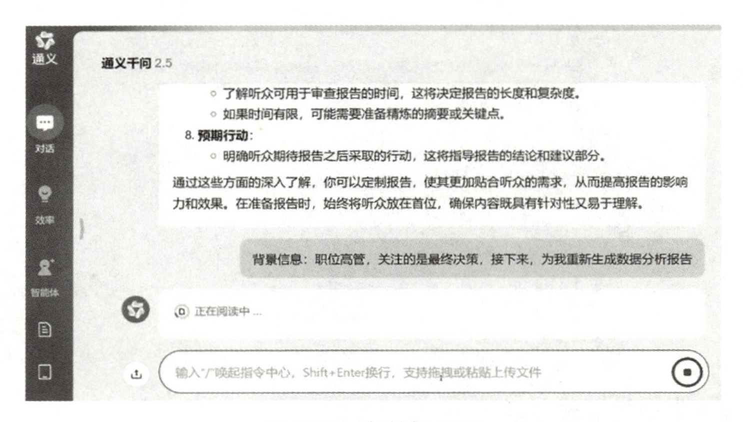

图 12.7 完善提示词

六、充电桩

你已经学会了吗？下面，我们将用一个流程图帮你回顾、梳理一下（图 12.8），并请你完成接下来的任务，以检验自己的掌握程度吧！

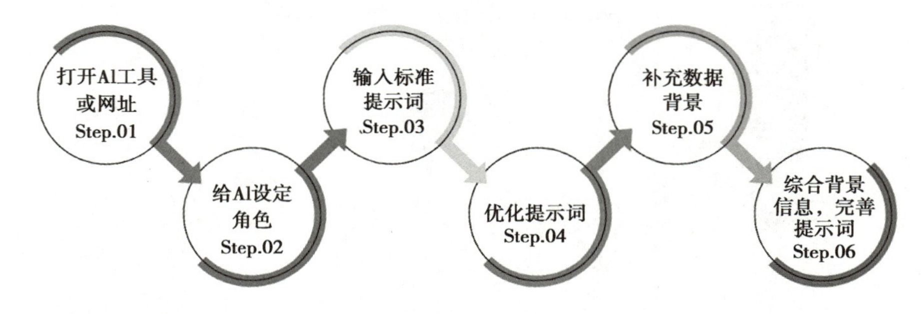

图 12.8 操作流程图

现在，你已经掌握了如何使用人工智能进行基本的数据处理与分析。接下来，请按照以下流程步骤，运用 SCQA 模型分析一个电商平台的销售数据，并撰写一份数据分析报告。

第一步，打开“通义千问”AI 工具网站。

第二步，输入提示词：“你是一个数据分析专家，请为我列举数据分析报告的规范格式包含几个部分，以及每个部分的用途是什么？”（图 12.9）

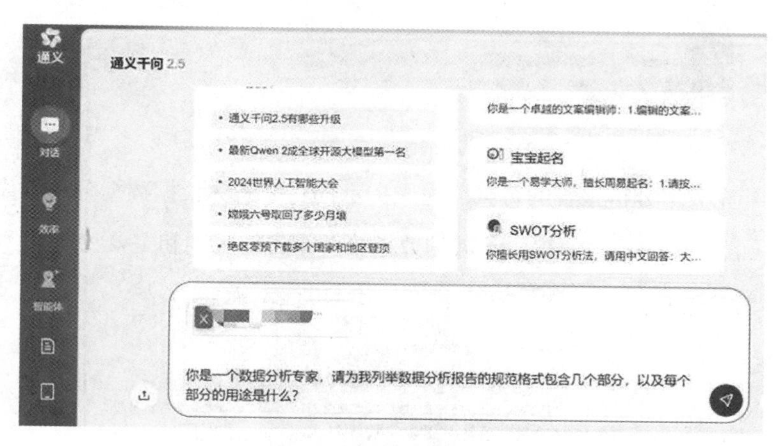

图 12.9　输入提示词

第三步，输入提示词：“请你总结数据，并列出销售部门领导关心的 10 个指标，按照数据分析报告的规范格式，制作一个 2000 字的数据分析报告文件。”（图 12.10）

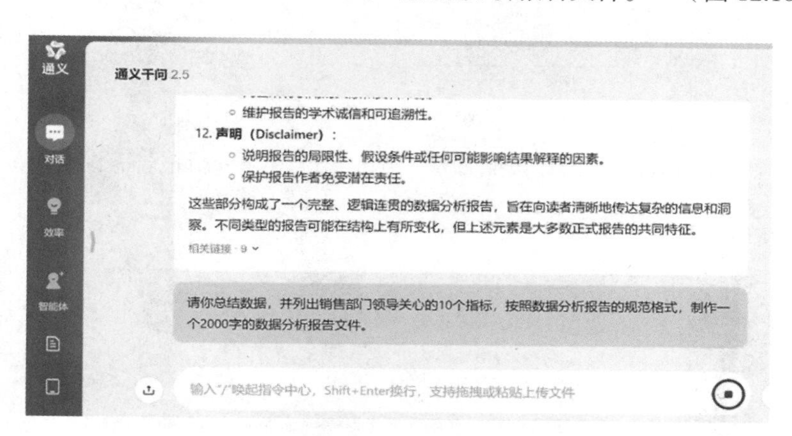

图 12.10　输入追问提示词

第四步，优化。输入提示词：“请使用金字塔模型一步一步为我分析数据：

1. 首先分析 2023 年度和每个季度的总销售额、销售量、客户数量、产品分布、会员等级、促销效果

2. 列出优化建议

3. 列出分析过程，包括假设、验证角度从各个论据得出最终结论的过程

4. 补充建议必要的图表，一张一张图表为我显示”（图 12.11）

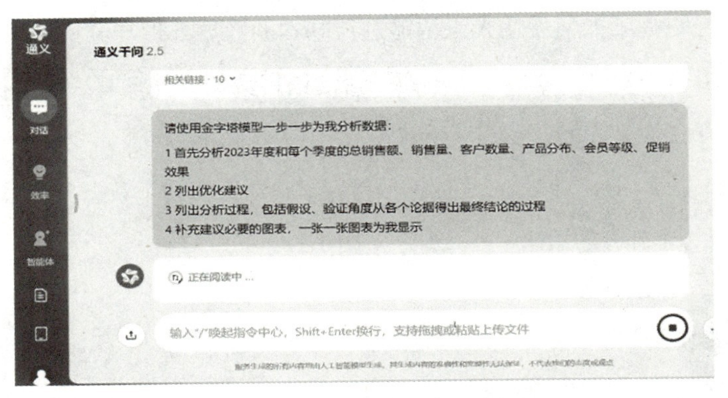

图 12.11　输入追问提示词

第五步，补充数据分析报告的背景。输入提示词：“请你根据数据分析工作场景、汇报对象、内容、方法的不同，为我提供不同的数据分析报告的区别和主要特点”（图 12.12）

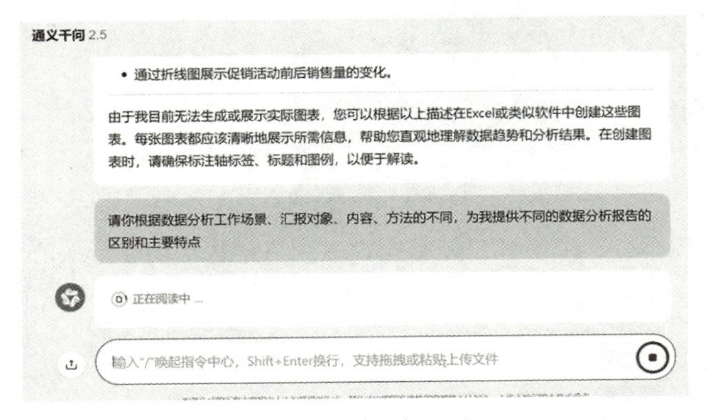

图 12.12　输入提示词

第六步，输入提示词：“请你按照日常工作报告、专题分析报告、综合研究报告”（图 12.13）

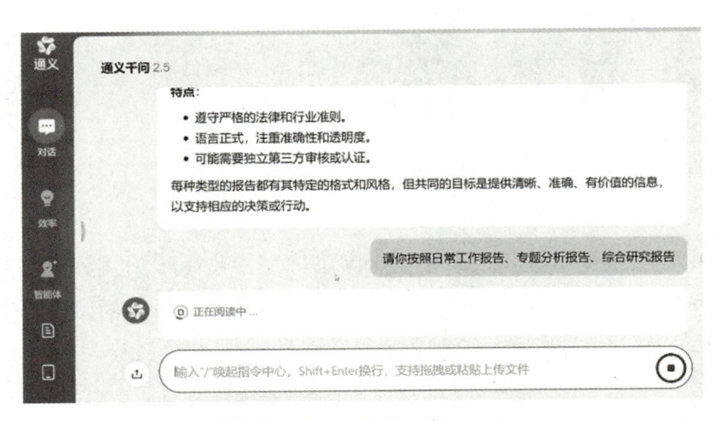

图 12.13　输入追问提示词

第七步，输入提示词：“从哪方面来了解汇报对象呢？”（图 12.14）

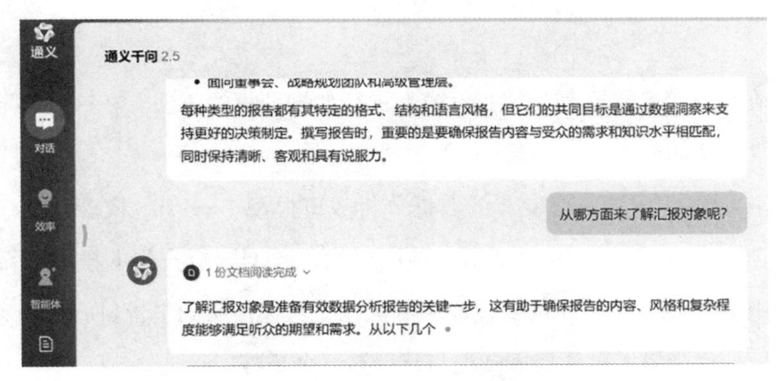

图 12.14　输入提示词

第八步，输入个人背景信息。输入提示词：“背景信息：职位高管，关注的是最终决策，接下来，为我重新生成数据分析报告”（图 12.15）

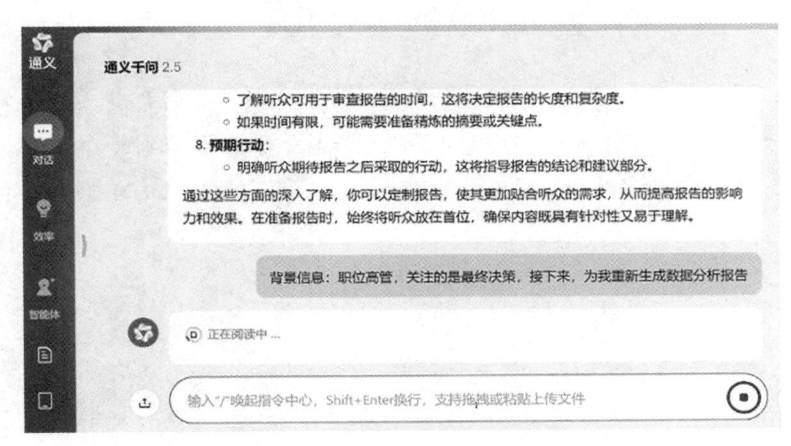

图 12.15　输入提示词

第九步，输入提示词：“请你按照 SCQA 模型，为我生成“优化建议”的叙述步骤，并将这些步骤完整地列出来。”（图 12.16）

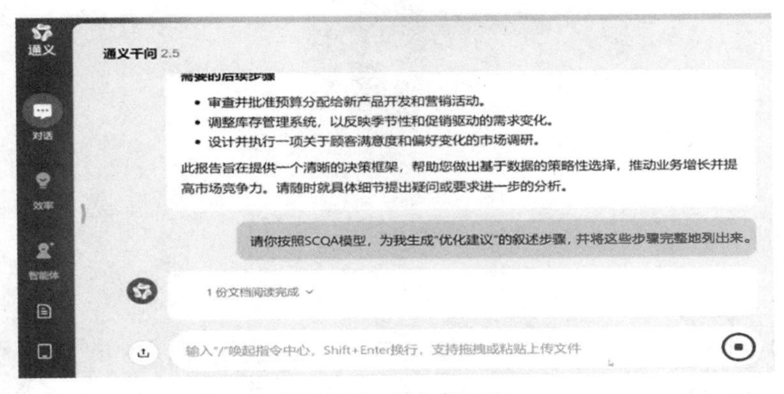

图 12.16　输入提示词

七、挑战营

很棒！现在你已经掌握了使用 SCQA 模型进行数据分析的方法。在这个环节，我们将面对一个更复杂且有趣的任务。

任务背景：请你使用另一个专业的数据分析故事模型——PIRS 模型，制作一份高质量的数据分析报告。（提示：PIRS 模型是一种用于优化数据分析报告的模型，旨在提升报告的洞察力和实用价值。PIRS 模型的具体应用和优化技巧包括明确报告目的、确定数据来源、选择分析方法、设计结果展示、提炼结论与建议这五个步骤。）

八、拓展栏

数据分析的 AI 工具

（1）Julius AI：能以直观、用户友好的方式解释、分析和可视化复杂数据，支持多种数据文件格式，包括但不限于各种电子表格（.xls、.xlsx、.xlsm、.xlsb、.csv）、Google Sheets 和 Postgres 数据库，可通过自然语言提示进行分析。（图 12.17）

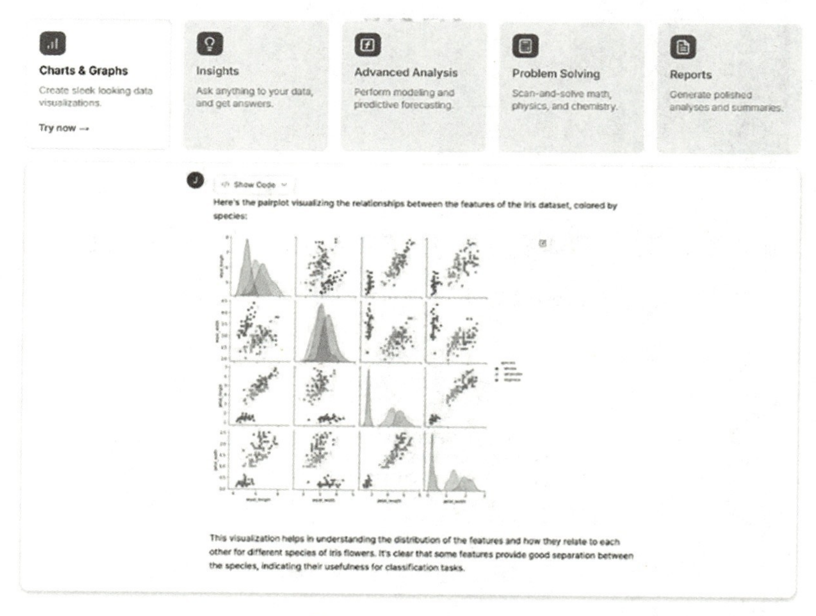

图 12.17 Julius AI

（2）DataLab：是一款由人工智能驱动的数据笔记本，将 IDE 与生成式 AI 技术相结合，支持通过聊天界面与数据交互，具有 AI 助手、实时协作等功能，能自动创建报告并连接多种数据源。（图 12.18）

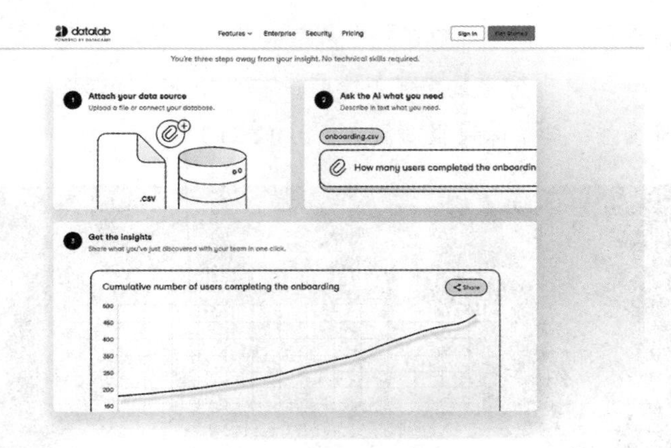

图 12.18 DataLab

（3）Echobase：帮助团队使用高级 AI 模型查询、创建和分析数据，可训练 AI 代理处理任务，集成简单，支持团队协作，确保数据安全，并提供多种 AI 工具。（图 12.19）

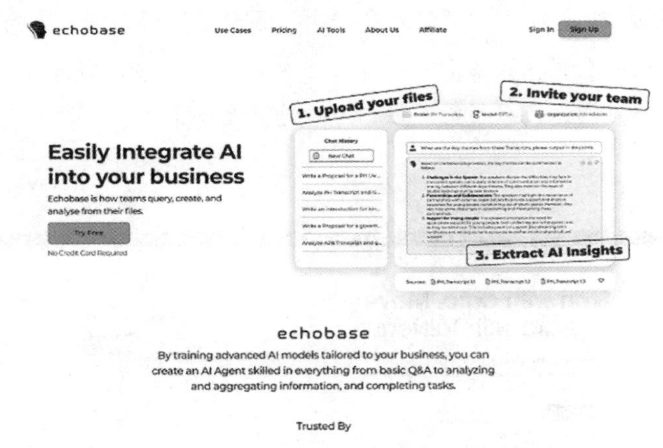

图 12.19 Echobase

（4）Microsoft Power BI：商业智能平台，可对数据进行排序和可视化，支持从多种来源导入数据，能构建机器学习模型并利用其他人工智能支持的功能，与现有应用程序无缝集成。（图 12.20）

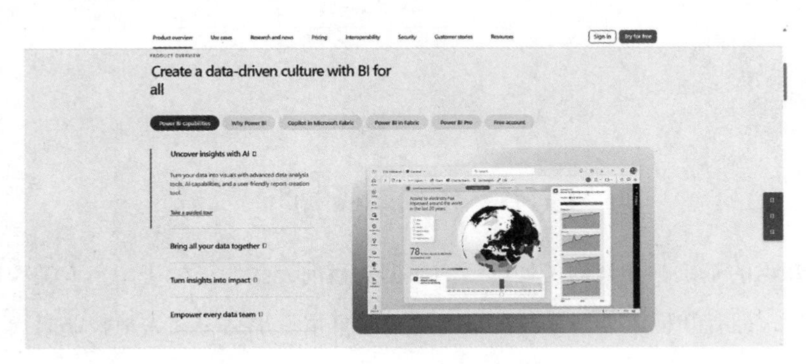

图 12.20 Microsoft Power BI

（5）Akkio：业务分析和预测工具，面向初学者，用户可上传数据集并选择预测变量，AI 工具围绕变量构建神经网络，使用 80% 数据训练，20% 数据验证，并提供准确度评级和排除误报功能。（图 12.21）

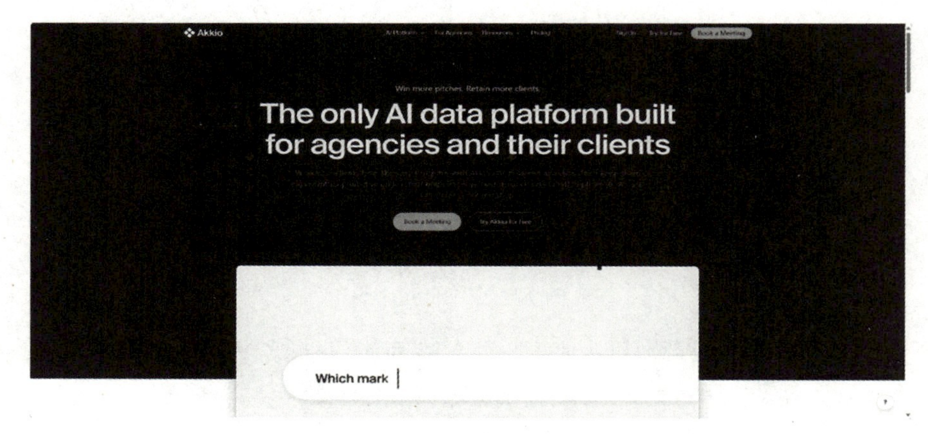

图 12.21　Akkio

（6）Tableau：分析和数据可视化平台，不需要编码知识，支持数据可视化和分析。创建的报告可在桌面和移动平台上共享，运行的查询语言 VizQL 将拖放操作转换为后端查询，几乎不需要最终用户进行性能优化。（图 12.22）

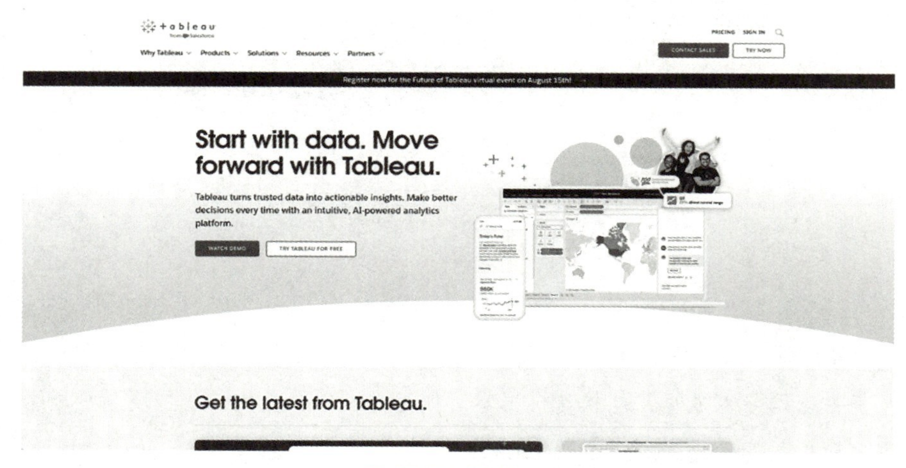

图 12.22　Tableau

九、瞭望塔

在 AI 时代，知识如何生产与发展

数据是知识的基础，知识则是处理后的数据。目前，我们正处于一个人类智能被人工智能挑战的时代，拥有知识成为当今时代最为重要的事情。那么，在人工智能时代，我们应如何理解知识呢？图灵奖得主约瑟夫·希发基思在他的全新重磅作品《理解和改变世界》中，

从计算机科学家和工程师的视角出发，全面剖析了知识的本质，并介绍了知识的发展与应用。接下来，让我们一同阅读书中的经典表述，深入理解知识的本质和生产过程，进而思考人工智能与人类智能之间的关系。

什么是知识？在《理解和改变世界》中，约瑟夫·希发基思将知识定义为“有用的信息”。作为信息的知识有两种应用：其一，它能让我们对周围发生的事情有更深刻的认识；其二，知识能帮助我们实现目标。

知识应如何分类？知识金字塔为我们提供了一种划分知识类型的方法：经验知识是通过我们的感官在观察和体验的基础上获得并发展起来的，其中最简单的经验知识类型是在特定地点和时间发生的事实和状况；更高层次的经验知识则是基于数学模型的知识，这包括了能合理解释世界的科学知识和能让人安全有效地实现目标的技术知识；非经验知识则是与我们的经验没有直接关系的心理过程的产物；而元知识则是用来管理所有形式知识的知识，它使我们能够把各种知识综合起来。

人类和机器如何生产并应用知识？《理解和改变世界》中指出：开发值得信赖的自主系统，是缩小机器智能和人类智能之间差距的关键一步，能够帮助人类实现强人工智能的愿景。人类思维包含了两种思维方式：第一种是较慢但有意识加工的思维，它是程序性的并需要推理规则；第二种是快速且自动，即无意识的思维，这种思维能够让我们解决复杂度极高的问题。人类智能能够将感官信息的感知解释、信息的逻辑处理以及可能导致行动的决策结合起来。《理解和改变世界》认为，自动化系统发展为自主系统能够超越弱人工智能。在自主系统中，人的作用是设定和调整目标，而目标的实现则完全交给自主系统。

如何应对人工智能的挑战与威胁？一些由人工智能引发的风险是假想风险，比如认为计算机智能最终会超越人类智能，使人类变成机器的附属品，这种观点实际上缺乏严肃性，因为再强大的机器也不足以战胜人类的智慧。这种对计算机智能的假想风险，可能会掩盖真正的风险。真正的问题涉及社会组织类型及其所服务的关系，即社会和政治的问题。人工智能可能引发高失业率，使信息系统面临缺乏安全保护的风险，并可能形成技术依赖等问题。我们的自由也面临着两种威胁：隐私被侵犯，以及面临一个技术专制的系统。

十、评价单（见“教材使用说明”）

任 务 四
智能会议与协调组织

关卡 13 学习使用 AI 即时通信工具进行高效沟通

一、入门考

1. 你了解在即时通信应用中如何添加好友吗？
2. 你知道当即时通信出现故障（如无法发送消息）时，应该如何进行排查吗？

二、任务单

最近，将要开展一个全国性的秘书职业技能比赛。学院荣幸地获得了此次大赛的承办权，并且经过层层选拔，将有两支精英队伍代表学院参赛。大学生小西荣幸地担任了本次比赛会务组的负责人。为了确保各项工作能够得到更好的安排和顺利开展，小西决定利用 AI 即时通信工具与成员们进行高效沟通……

就让我们跟随小西的脚步，利用我们提供的素材，一同实现高效沟通吧。会务组人员安排具体如下：

会务组总负责人：小西

职责：整体协调会务工作，监督各小组工作进展，确保比赛顺利进行。

分组及人员安排

1. 赛事筹备组

组长：李明

成员：张华、王芳

职责：负责比赛的整体策划、日程安排、场地布置及设备调试等工作。

2. 宣传推广组

组长：赵雷

成员：刘梅、陈涛

职责：负责比赛的宣传材料制作、社交媒体推广、新闻报道及媒体关系维护等工作。

3. 后勤保障组

组长：周强

成员：吴敏、郑丽

职责：负责参赛人员的接待、住宿安排、餐饮服务及交通保障等工作。

4. 技术支持组

组长：孙浩

成员：李娜、钱进

职责：负责比赛现场的技术支持工作，包括音响、灯光、投影、网络等设备的维护与管理。

三、知识库

使用 AI 即时通信工具进行高效沟通的技巧

AI 即时通信工具是一种借助人工智能技术，能够实现实时信息传递和交流的新型工具。这些工具不仅能够进行基本的文字聊天，还能进行语音、视频通话，甚至支持复杂的任务分配、进度跟踪等功能。随着时代的发展，学会使用 AI 即时通信工具进行高效沟通，从而顺利完成多人协作任务，已成为大势所趋。以下是使用 AI 即时通信工具进行高效沟通的技巧：

（一）熟悉 AI 即时通信工具的界面与功能

1. 了解基本操作

熟悉所选 AI 即时通信工具的界面布局、菜单选项和常用功能，清楚如何发送文字、语音、图片、文件等信息，以及如何创建群组、添加联系人等基础操作。学会根据不同的工作任务选择适用的 AI 即时通信工具。

2. 探索高级特性

除了基本功能，还应深入探索工具提供的高级特性，如自动翻译、语音转文字、智能推荐等。这些功能都能显著提升沟通效率。

（二）使用 AI 即时通信工具进行高效沟通的方式

1. 明确沟通目的

在开始交流之前，先明确沟通的目的，即要解决什么问题、达成什么目标，以避免无意义的闲聊和跑题。

2. 语言表达要清晰准确

用简洁明了的语句表达自己的想法，避免使用模糊、含混的词汇，以减少可能产生的误解。

3. 注意消息的及时性和回复效率

看到消息后，应尽快给出回应，确保沟通能够持续流畅地进行。

4. 合理利用群组功能

如果是多人协作的项目，应根据任务或人员特点创建合适的群组，以方便信息的分类和管理。

5. 善于运用工具中的标记、提醒等功能

对于重要的消息或待办事项，应进行标记和提醒，以确保不会遗漏关键信息。

6. 尊重他人

在沟通中保持礼貌和尊重，避免使用不当语言或语气，以营造良好的沟通氛围。在数字化和智能化的今天，AI 即时通信工具正逐渐改变着我们的工作和学习方式。尤其在多人协作中，这些工具不仅提高了沟通效率，还促进了团队协作的顺畅进行。

四、金手指

学习使用 AI 即时通信工具的难点如下。

（一）界面复杂度

部分 AI 即时通信工具的界面设计可能较为复杂，包含大量功能和按钮。用户初次使用时，可能难以快速找到所需功能，从而增加了学习成本。

（二）功能多样性

AI 即时通信工具通常集成了多种功能，如语音转文字、实时翻译、屏幕共享等。用户需要了解并掌握这些功能的具体用途和操作方法，以便充分利用工具提高沟通效率。

（三）线上会议环境的适应

线上会议与面对面会议在沟通方式、氛围营造等方面存在差异。用户需要适应这种新的沟通方式，包括调整语速、表达方式等，以确保信息传达的准确性和有效性。

（四）AI 智能应用的局限性

尽管 AI 在语音识别和理解方面取得了显著进步，但在复杂或嘈杂的环境中，仍可能出现识别错误或理解偏差的情况。当前的 AI 技术尚不能完全理解人类的情感和意图，因此在情感交流和互动方面仍存在局限性。

（五）沟通与协作障碍

不同的用户可能有不同的沟通习惯和偏好，如何在团队中统一沟通方式，确保信息准确传递，是一个亟待解决的问题。在会议中，用户可能需要同时处理多个任务（如查看文档、做笔记、参与讨论），这增加了操作的复杂性和难度。

关卡 13

五、一起练

步骤一：注册与登录（钉钉、腾讯会议、企业微信等）

访问钉钉官网或下载钉钉 APP，注册账号并完成登录。如图 13.1 所示。

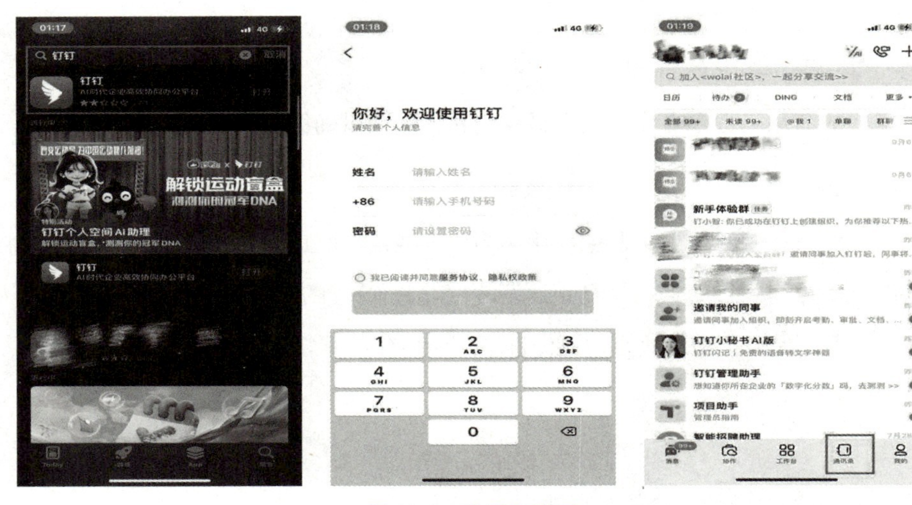

图 13.1　注册与登录

步骤二：创建团队

在钉钉中，点击底部导航栏的“通讯录”选项。接着，点击右上角的“+”号，选择“创建企业”。根据提示填写团队信息，包括团队名称、所在地区、所属行业、人员规模等，然后点击“创建团队”完成创建。如图 13.2 所示。

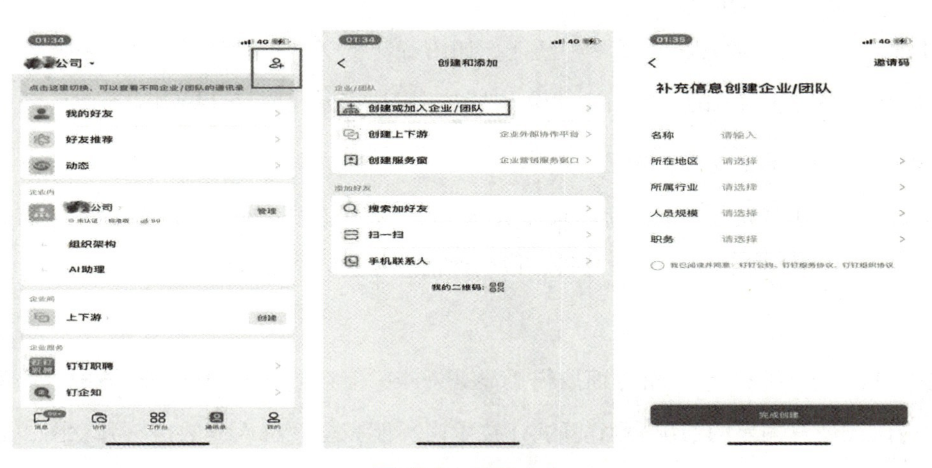

图 13.2　创建企业

步骤三：邀请成员

团队创建完成后，可以通过多种方式邀请成员加入，如发送邀请链接、扫描二维码、输入成员手机号等。被邀请的成员收到通知后，点击链接或扫描二维码即可加入团队。

步骤四：设置部门与角色

在团队管理中，可以创建部门并设置部门主管。根据任务需要，为成员分配不同的角色和权限。具体操作是：点击“工作台”，选择“架构设置”，然后进行编辑和设置。如图 13.3 所示。

图 13.3　设置部门与角色

步骤五：分配协作任务

在钉钉底部导航栏中，点击“工作台”选项。通过搜索功能（通常在工作台页面顶部有搜索框）输入“项目”或“任务”进行查找。在项目管理或任务管理页面中，找到并点击“新建项目”或“新建任务”按钮。根据提示填写任务或项目的基本信息，如标题、截止日期等。在创建任务时，还可以进一步设置任务的负责人、参与人、优先级、标签等详细信息。填写完毕后，点击“完成”按钮完成创建。

接下来，在任务列表中找到需要分配的任务，点击任务名称进入任务详情页面。在右上角点击“发送任务”，选择要分配任务的成员，然后点击“完成”按钮完成分配。如图 13.4 所示。

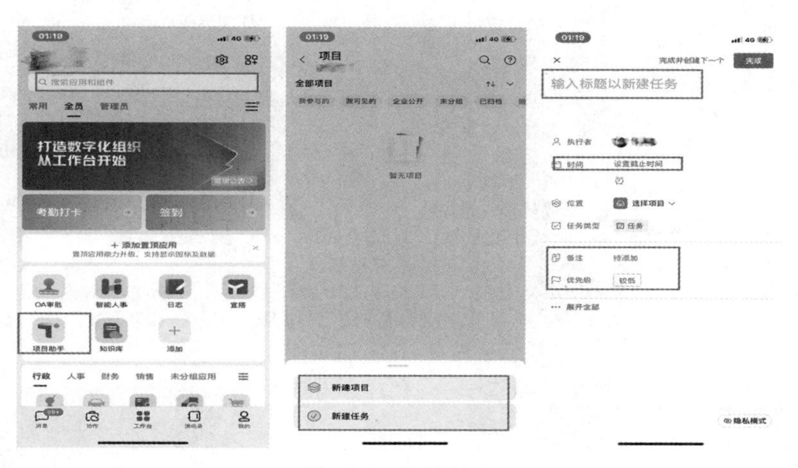

图 13.4　发送任务

步骤六：监控团队协作情况

可以通过任务详情页面中的评论、附件等功能，了解团队成员之间的协作情况。团队成员可以在任务详情页面进行评论、上传文件等操作，以便共享信息和协作完成任务。团队负责人或管理员可以定期查看这些评论和文件，了解团队协作的进展和存在的问题。如图 13.5 所示。

图 13.5　了解团队之间协作情况

六、充电桩

你已经学会了吗？下面，我们将用一个流程图帮你回顾、梳理一下（图 13.6），并请你完成接下来的任务，以检验自己的掌握程度吧！

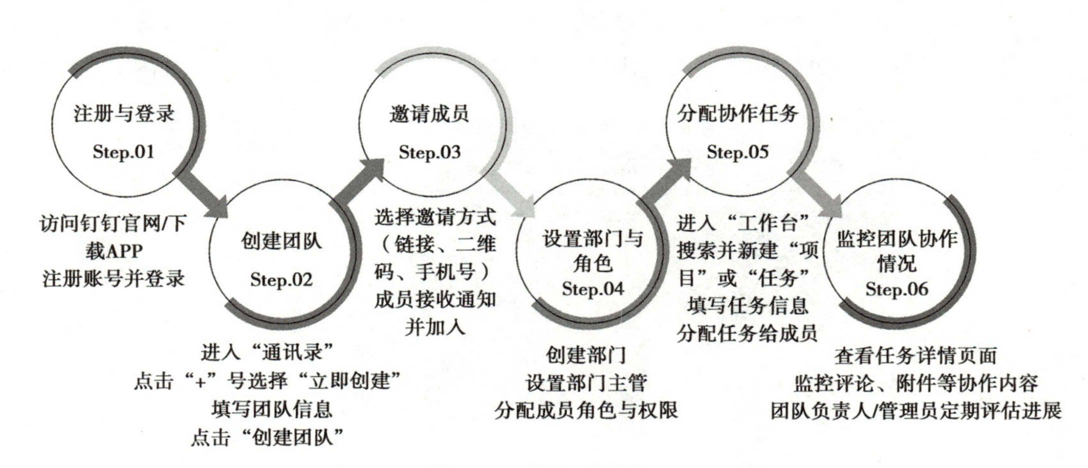

图 13.6　操作流程图

现在，你已经学会了如何利用AI创建模拟团队。接下来，请运用上述流程步骤，借助钉钉AI工具，与小组成员携手创建一个模拟企业（一家策划公司）。该模拟企业应包含以下要素：企业名称、企业LOGO、企业制度、企业精神、组织架构以及角色分工等。

七、挑战营

现在，你已经开始掌握利用AI创作模拟团队的流程和方法。在这个环节，我们将面对一个更复杂且有趣的任务。

任务背景：你和小组成员共同创建的策划公司接到了一个项目。西游记文化旅游公司投资2亿元的西游记主题乐园已完全完工，并定于11月21日举行开业庆典。请你利用钉钉AI工具和你的团队成员进行高效沟通，并分工合作完成此次策划任务。

八、拓展栏

人工智能即时通信与传统即时通信的碰撞与演进

在当今这个数字化的快节奏时代，即时通信工具已成为人们沟通交流的重要桥梁。随着人工智能技术的蓬勃发展，人工智能即时通信逐渐崭露头角，并与传统即时通信形成了鲜明的对比。

传统即时通信主要依赖于用户手动输入文字、语音或发送图片、文件等方式来传递信息。其功能相对基础，侧重于实现信息的即时传递，例如常见的短信、早期的聊天软件等。而人工智能即时通信则凭借强大的人工智能技术，为用户带来了更为智能和便捷的使用体验。

在信息处理能力方面，传统即时通信需要用户明确表达自己的需求和意图，信息的准确性和完整性很大程度上取决于用户的输入质量。而人工智能即时通信则能够通过自然语言处理技术，理解用户模糊、不完整甚至带有情绪的表达，并给出相应的准确回应。

在个性化服务方面，传统即时通信的服务相对标准化，难以根据每个用户的独特需求和习惯进行定制。而人工智能即时通信则可以利用机器学习算法分析用户的行为和偏好，为用户提供个性化的推荐、提醒和服务，比如根据用户的聊天内容推荐相关的商品、活动或资讯。

在效率提升方面，传统即时通信中查找历史记录、筛选重要信息等操作往往需要用户手动完成，耗费时间和精力。而人工智能即时通信则能够自动整理和分类聊天记录，快速检索关键信息，甚至可以自动总结聊天内容的重点。

在智能辅助方面，传统即时通信几乎不具备这一功能。而人工智能即时通信则能够为用户提供实时的语言翻译、文本纠错、智能回复建议等帮助，大大提高了沟通的便利性。

然而，传统即时通信也并非毫无优势。在稳定性和安全性方面，经过长期的发展和完善，传统即时通信通常有着更为成熟的保障机制。并且，对于一些对新技术接受较慢的用户来说，传统即时通信的简单易用性更符合他们的需求。

尽管目前人工智能即时通信还面临一些技术挑战和伦理问题，但随着技术的不断进步和完善，它无疑将成为未来即时通信的主流趋势。而传统即时通信也将在特定场景和用户群体中继续发挥作用，两者共同推动着即时通信领域的不断发展和创新。

九、瞭望塔

有研究表明，一个人的成功，15% 来自能力，85% 来自沟通力。在人工智能时代，沟通方式发生了巨大的变革。从即时通信软件的普及到智能语音助手的应用，沟通变得更加便捷和高效。然而，我们必须认识到，尽管技术带来了诸多便利，真正有温度、有深度的沟通依然离不开人的情感投入和理解。在虚拟的交流空间中，表情符号和简短的文字虽然能够快速传递信息，但却难以完全传达复杂的情感和细腻的思想。因此，在线上即时通信更加便利的时代，我们需要更加用心地组织语言，更加敏锐地捕捉对方的情绪，以弥补技术所带来的情感缺失。人与人之间的沟通，是心灵的碰撞和思想的交融，这是人工智能所无法完全替代的。当一个人真正学会沟通时，他的生活一定会更加顺利。

十、评价单（见“教材使用说明”）

关卡 14　利用 AI 协作平台进行远程会议与协作

一、入门考

1. 你知道如何确保远程会议能够流畅进行吗？

2. 你知道远程工作有哪些优点吗？

二、任务单

为了选手能够更好地参赛，展现学院风采，学院特别邀请了行业专家进行指导。然而，由于时间冲突，会议只能以线上形式进行，小西将担任这次线上会议的主持人……

让我们跟随小西的脚步，利用我们提供的素材，一同协助她顺利完成这次远程会议吧。线上会议信息如下：

会议日期：2024 年 7 月 30 日（星期二）

开始时间：19：00

结束时间：20：30

会议时长：1 小时 30 分钟

专家介绍：

专家 A：拥有 ×× 年大型企业秘书工作经验，擅长高效办公与项目管理，曾出版多部秘书工作指南。

专家 B：知名高校秘书学专业教授，专注于秘书学理论研究与教学实践，多次参与国家级秘书职业标准的制定。

专家 C：国际秘书协会认证培训师，擅长跨文化沟通与商务礼仪，多次在国际会议上分享秘书工作的心得。

会议议程：

1. 开场致辞（学院领导）

内容建议：简短介绍学院概况，强调学院对秘书教育的重视程度及对本次比赛的期望，鼓励选手们积极参与，展现出最佳风采。

2. 行业趋势分享（专家 A）

主题："新时代秘书职业的转型与发展趋势"

内容要点：分析当前秘书行业的变革趋势，包括数字化转型、智能化办公的影响，以及秘书应具备的新技能和新思维。

3. 技能提升工作坊（分段进行，每位专家负责一部分）

专家 B："高效办公技巧与项目管理实战"

分享实用的办公软件操作技巧、时间管理和项目管理方法。

专家 C："商务沟通与礼仪进阶"

讲解跨文化沟通的策略、商务场合的礼仪规范及应对策略。

4. 互动问答环节

安排：设立专门的 Q&A 时段，鼓励选手们积极提问，由专家进行解答。

三、知识库

运用 AI 平台进行远程会议与协作的要素

（一）运用 AI 平台进行远程会议的方法

1. 会前准备

（1）明确会议目的和议程。在组织会议之前，必须明确会议的目的以及要讨论的具体内容和顺序。

（2）选择合适的平台。根据会议的规模、需求和参与者的技术设备情况，选择稳定且功能全面的远程会议平台，例如腾讯会议、钉钉等。

（3）提前通知与会人员。通知应包含会议的时间、主题、议程、所需准备的资料，以及会议平台的登录方式和相关操作指南。

（4）测试设备和网络。确保电脑、摄像头、麦克风、扬声器等设备正常运行，网络连接稳定。

2. 会议进行中

（1）准时开始。按照预定时间准时开始会议，以示对与会人员的尊重。

（2）主持人把控节奏。主持人需引导会议按照议程进行，防止讨论偏离主题或陷入冗长的无关话题。

（3）清晰表达。发言时语速适中、声音清晰，尽量减少背景噪声的干扰。

（4）注意肢体语言和形象。虽然是线上会议，但仍需保持良好的姿态和形象。

（5）互动与参与。鼓励与会人员积极参与讨论，提出问题和观点，通过提问、投票等方式提升互动性。

（6）记录会议内容。安排专人记录会议的重要决策、行动计划和未解决的问题。

3. 会议结束后

（1）总结与跟进。主持人应对会议内容进行简要总结，明确下一步的行动计划和责任人。

（2）发送会议纪要。将会议记录整理成纪要，并发送给与会人员，确保大家对会议结果有清晰的了解。

（3）跟进落实。按照行动计划，及时跟进各项任务的完成情况。

（二）运用 AI 平台进行多人协作的功能

（1）在协作方面，AI 协作平台能够实时将我们的语音转化为文字记录，便于我们回顾和整理会议内容。此外，它还能对我们讨论的内容进行分析和总结，提取关键信息和要点。

（2）通过 AI 协作平台，我们可以轻松地共享屏幕，无论是展示文档、表格还是演示PPT，都能让所有参与者同步看到。同时，它支持多人在线共同编辑文档，大家可以同时对一个文件进行修改和完善，从而显著提高工作效率。

四、金手指

利用 AI 协作平台进行远程会议的难点：

（一）AI 技术的局限性

尽管 AI 技术在不断发展，但在某些特定应用场景下，如复杂的人机交互、情感理解等方面，现有技术可能还无法满足需求。这可能导致在实际应用中，AI 的表现不如预期。

（二）语音识别与翻译

AI 语音识别和翻译技术在远程会议中的应用需要保证高度的实时性和准确性。然而，在实际应用中，由于网络环境不稳定、口音差异等因素，可能会影响识别和翻译的准确性和实时性。

（三）操作复杂性

部分 AI 协助的平台可能功能复杂，用户需要花费较多时间熟悉和掌握各种操作。平台的界面设计应直观、易用，以便用户能够快速上手。然而，在实际应用中，部分平台可能存在界面设计不够友好、操作不够便捷等问题。

（四）智能推荐与摘要

AI 生成的会议摘要和推荐意见需要准确反映会议内容和重点，但由于自然语言处理的复杂性，这往往是一个挑战。

五、一起练

关卡 14

步骤一：注册与登录（钉钉、腾讯会议、企业微信等）

访问钉钉官网或下载钉钉 APP，注册账号并完成登录。

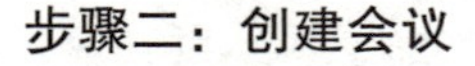
步骤二：创建会议

进入钉钉主界面后，点击右上角的“电话”图标。接着，点击“发起会议”，并在弹出的选项中选择“视频会议”或“语音会议”以创建新会议。

填写会议标题、预约时间、参与人员等信息。你可以从团队通讯录中直接邀请成员。最后，点击“完成”按钮，完成会议的创建。如图 14.1 所示。

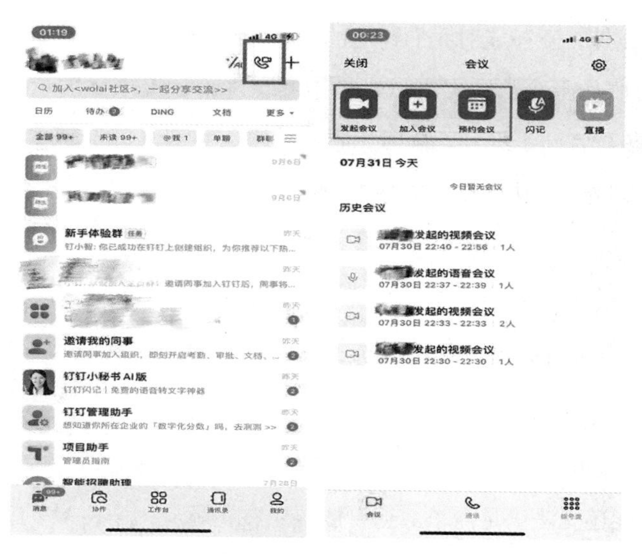

图 14.1　发起会议

步骤三：制作会议纪要

在视频会议过程中，你可以通过点击视频会议界面右下角的“更多”按钮，然后选择“闪记（智能纪要）”来开启录音实时转文字功能。钉钉 AI 会自动将记录整理成会议纪要。如图 14.2 所示。

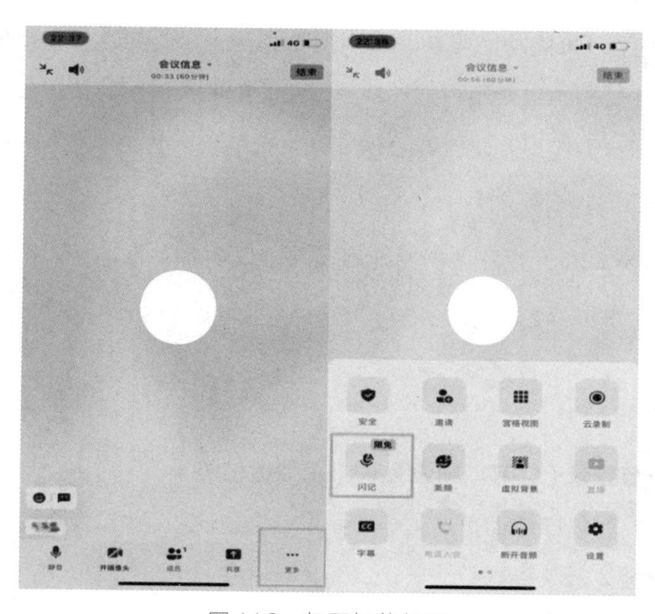

图 14.2　打开智能纪要

如果未开启智能纪要功能，你也可以手动记录会议要点，包括讨论内容、决策结果等。点击右下角“更多”按钮后，选择“便签”进行记录。钉钉会自动保存会议记录，方便后续查阅和整理。如图 14.3 所示。

图 14.3　打开便签

六、充电桩

你已经学会了吗？下面，我们将用一个流程图帮你回顾、梳理一下（图 14.4），并请你完成接下来的任务，以检验自己的掌握程度吧！

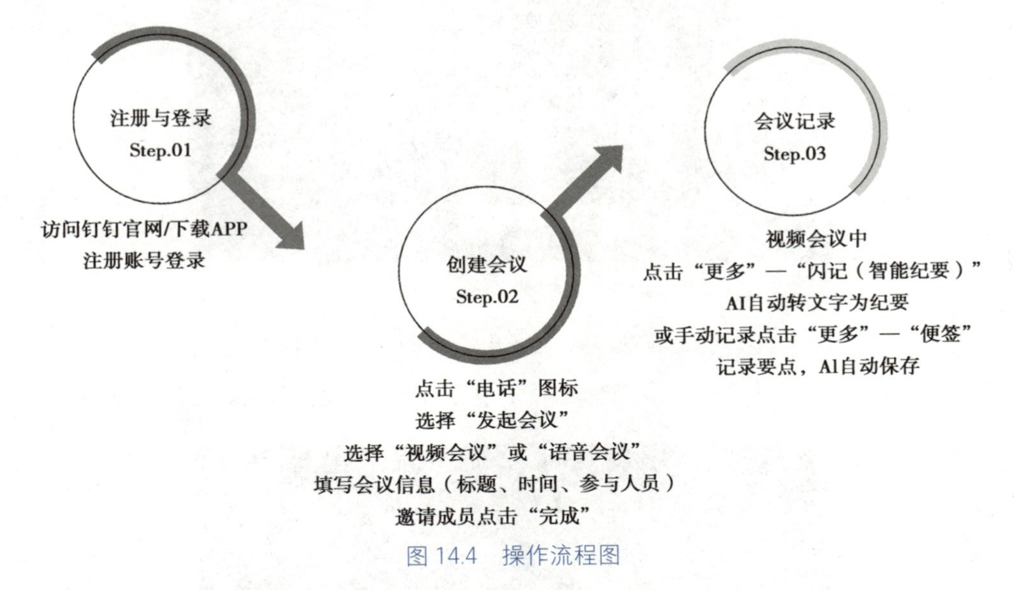

图 14.4　操作流程图

现在，你已经学会了如何利用 AI 组织远程会议。接下来，请你运用上面所学的流程步骤，借助钉钉 AI 工具，与小组成员共同组织一场名为“学习 AI 心得交流”的远程会议，并整理出一份完整的会议记录。

七、挑战营

现在，你已经开始掌握利用 AI 组织远程会议的流程和方法了。在这个环节，我们将面对一个更复杂且有趣的任务。

任务背景：你作为大米公司的总经理秘书，需要在后天上午 10 点举行部门例会。请你利用钉钉 AI 功能，提前 2 天预订一个会议室，并确保该会议信息能够同步到其他员工的钉钉日历中。

八、拓展栏

AI 助手：革新会议方式的强大力量

在当今数字化时代，人工智能(AI)助手正彻底改变着团队协作与会议的方式。本文将介绍几种 AI 助手工具，它们能够提升团队协作效率、生产力和沟通质量，为团队带来焕然一新的体验。

（1）Bondr：通过人工智能连接员工，进行个性化的一对一会议，促进团队关系的增强，提升团队合作能力，并改善公司文化。它与 Teams 或 Slack 平台无缝集成，可自动安排会议时间并提供定制问题，以丰富会议内容（图 14.5）。

图 14.5　Bondr 网站

（2）Workki AI：这款 AI 助手可帮助用户管理任务、安排会议、撰写邮件等。它具备邮件撰写、任务管理、会议安排、数据分析和语音输入等功能（图 14.6）。

图 14.6　Workki AI 网站

（3）Waitroom：作为一款由实时人工智能功能驱动的智能会议助手，它能显著提升会议的协作效率和生产力。用户可在网站上注册账户，创建会议并提供相关细节，Waitroom将协助组织会议、管理与会人员，并安排会议流程。同时，它还提供实时的人工智能助手来自动化任务、改善团队沟通和增强协作能力（图14.7）。

图14.7　Waitroom网站

（4）Kolabrya AI：这是一款安全的AI驱动生产力平台，革新了会议、头脑风暴和团队讨论的协作方式。用户注册账户后，可创建会议，设定议程，分享会议链接，并通过白板功能进行实时协作。此外，它还能跟踪会议记录和行动项（图14.8）。

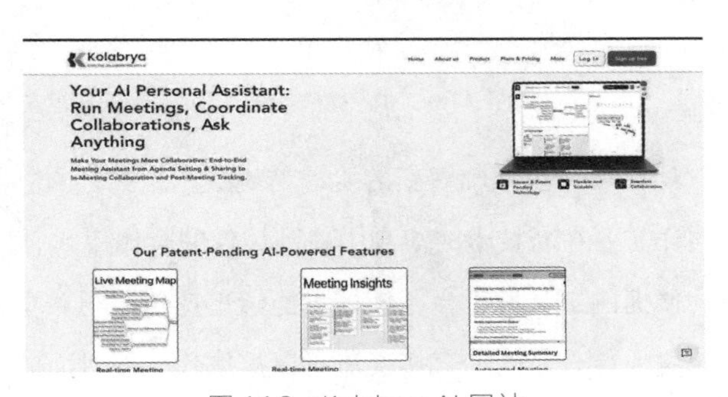

图14.8　Kolabrya AI网站

（5）Popwork 2.0：Popwork是为团队领导打造的智能助手，提供全面的解决方案以提升团队管理效能。它包括一对一会议、情绪反馈、目标设定、人员分析、人力资源解决方案和资源管理等功能，帮助团队领导进行高效的团队管理（图14.9）。

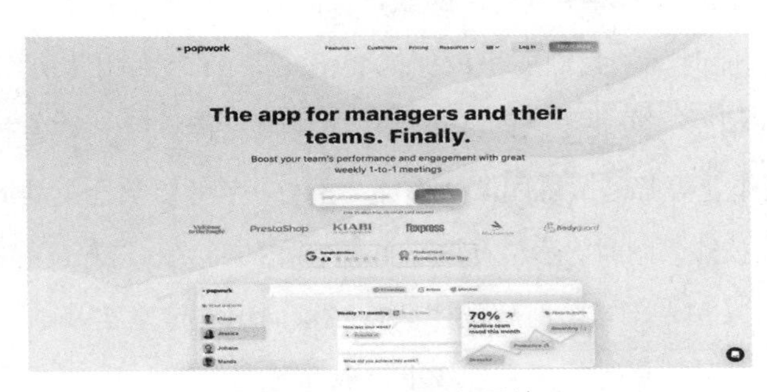

图14.9　Popwork网站

（6）Zoom：Zoom 是一款广泛应用于在线会议和沟通的强大工具，能够满足多样化的远程协作需求。它具备高清视频通话、屏幕共享、虚拟背景、分组讨论、录制会议、多方参会、跨平台使用、稳定连接、加密通信、聊天互动和表情反馈等功能（图 14.10）。

图 14.10　Zoom 网站

AI 助手正成为会议方式革新的重要力量，它们将为团队带来更高效、更智能的协作体验。各种基于人工智能的会议助手工具各有其独特功能，在选用时，应基于具体需求（如参会人数、功能需求、使用场景等），以提高协作能力、生产力和团队管理能力为目的。

九、瞭望塔

在人工智能时代，团队协作也面临着新的机遇与挑战。正如办文办事需要在规则中寻求优化一样，团队协作同样需要在新技术的浪潮中找到最佳的合作模式。AI 为团队成员之间的沟通与协调提供了更为便捷的工具和平台，使信息能够迅速传递与共享，打破了时间和空间的限制。但这并不意味着人与人之间的直接交流可以被取代，面对面的讨论、思想的碰撞以及情感的连接在团队协作中依然至关重要。在团队中，我们要善于利用 AI 的优势，比如通过智能项目管理软件合理分配任务、监控进度，但也要警惕过度依赖技术而导致的人际关系疏离。团队成员之间应建立起相互信任、相互支持的关系，共同应对 AI 带来的变革。就像在一场接力赛中，每个队员都要明确自己的职责，同时又要紧密配合，才能顺利抵达终点。

总之，在人工智能时代，我们要积极拥抱变化，将 AI 融入团队协作的“方圆”之中，充分发挥人的智慧与情感，实现团队的高效运作和共同发展。对于大学生而言，在校园里参与的社团活动、小组作业等都是锻炼团队协作能力的好机会。要学会主动适应 AI 带来的变化，积极掌握相关工具和技能。同时，珍惜与同学共同合作的时光，培养良好的沟通和协作习惯，这将为未来步入职场，在人工智能时代的团队中脱颖而出奠定坚实基础。今天在校园里的每一次团队协作经验，都可能成为明天在职场上绽放光芒的伏笔。

十、评价单（见“教材使用说明”）

关卡 15　利用 AI 技术进行会议签到与人员管理

一、入门考

1. 你知道哪些常用的会议签到方式？

2. 如果会议即将开始，但会议人员未到或者缺席，应该怎么办？

二、任务单

为了比赛更加规范，组委会安排了专家来进行指导，小西负责这次线上专家会议的相关工作。她想尝试利用 AI 技术更高效地进行签到，但是她对此也不太熟练……

让我们跟着小西一起，利用我们提供的素材来帮助她实现这次新尝试吧。线上专家会议的相关信息如下：

会议时间：周二 19：30—20：30

参会人员：

一、专家组

1. 姓名：李华

职位：高级秘书培训师

单位：全国秘书职业技能培训中心

专业领域：秘书实务与职业技能培训

简介：李华老师拥有多年秘书职业技能培训经验，对秘书工作的最新趋势和技术应用有深入研究。

2. 姓名：张敏

职位：企业行政管理总监

单位：×× 集团

专业领域：企业行政管理、办公自动化

简介：张敏总监负责集团内部的行政管理工作，对 AI 技术如何提升办公效率和秘书工作质量有独到见解。

3. 姓名：赵晓燕

职位：全国秘书职业技能比赛评委

单位：×× 大学管理学院

专业领域：秘书学、管理信息系统

简介：赵晓燕教授不仅在教学上颇有建树，还连续多年担任全国秘书职业技能比赛的评委，对秘书职业技能的要求和发展趋势有深刻理解。

4. 姓名：刘伟

职位：前秘书协会会长

单位：（已退休，现为独立顾问）

专业领域：秘书职业发展、行业趋势分析

简介：刘伟先生拥有丰富的秘书工作经验和深厚的行业资源，对秘书职业的未来发展趋势有独到预测。

二、学院领导

1. 姓名：张丽

职位：学院教学副院长

专业领域：教育管理、秘书学

简介：张丽副院长长期关注秘书类专业的发展，对AI技术在教学管理中的应用前景充满期待，并致力于推动学院教学管理工作的创新。

2. 姓名：王晓燕

职位：秘书学教研室主任

专业领域：现代秘书实务

简介：王晓燕主任专注于秘书学的教学与研究，对秘书工作的最新趋势和技术应用有着敏锐的洞察力。她致力于培养学生的现代秘书技能，并希望借助AI技术进一步提升教学效果。

3. 姓名：刘涛

职位：学院办公室主任

简介：刘涛主任负责学院办公室的日常运作，包括会议组织、文件流转、人员管理等工作。他拥有丰富的实践经验，对AI技术在办公自动化中的应用充满期待，希望通过技术革新提升办公效率。

三、知识库

利用AI技术进行会议签到与人员管理的方法

（一）利用AI技术进行会议签到的方法

1. 面部识别技术

通过摄像头捕捉参会人员的面部特征，与预先录入的信息进行比对，实现快速签到，提高了签到的效率和准确性。

2. 二维码扫描

参会人员提前获取个人专属二维码，在签到时由工作人员或自助设备扫描确认。参会者通过扫描二维码即可完成签到，简化了签到流程，减少了人为错误。

3. 语音识别

参会人员通过语音输入个人信息进行签到。

（二）利用 AI 技术进行人员管理的方法

1. 利用利用 AI 技术进行会前人员管理

（1）参会人员通知与提醒。AI 助手可以根据会议安排，自动向参会人员发送会议通知和提醒信息，确保他们能够及时获取会议信息并做好准备，有助于减少因遗忘或错过通知而导致的缺席或迟到情况。

（2）人员分组。为了更好地管理参会人员，会议主办方可以利用 AI 工具将参会人员分为不同的组别。分组可以根据参会者的身份、角色、兴趣等因素进行。分组后，主办方可以针对不同组别制订相应的管理策略和活动安排。

2. 利用 AI 技术进行会中人员管理

（1）权限控制。利用 AI 工具办会需要严格的权限控制来确保会议的安全性和秩序。主办方可以根据参会者的身份和角色设置不同的权限级别，如管理员、嘉宾、普通参会者等。不同权限级别的参会者可以访问不同的会议内容和功能。

（2）互动管理。利用 AI 工具可以增强会议的互动环节，提升参会者的参与感和体验感。主办方可以通过设置问答环节、投票环节、讨论区等方式促进参会者之间的互动。同时，AI 可以实时监控和管理互动内容，确保内容的合法性和合规性。此外，AI 还可以分析参与者在会议中的行为和反应，如发言次数、时长等，以评估会议的参与度，从而更好地实现人员管理。

3. 利用 AI 技术进行会后人员管理

（1）满意度调查。利用 AI 工具设计并发放满意度调查问卷，收集参会者对会议组织、内容、设施等方面的反馈意见。AI 可以自动分析调查结果，为组织者提供改进建议，帮助提升未来的会议质量。

（2）数据分析与报告。AI 工具可以整理和分析会议相关的数据，如签到情况、参与度、满意度等，生成详细的报告。这些报告为组织者提供了全面的会议概览，有助于评估会议效果并优化未来的会议管理策略。

综上所述，AI 工具在会议人员管理中的应用涵盖了会议签到、会议进行中的管理以及会后反馈收集等多个方面。通过引入 AI 技术，可以显著提高会议管理的效率和准确性，为参会者提供更加便捷和高效的会议体验。

四、金手指

本关卡的难点在于理解如何有效地将 AI 技术与现有的会议管理系统相结合，以实现高效的签到和人员管理。AI 技术能够通过人脸识别、指纹识别等多种方式，实现快速且准确的签到过程。同时，利用 AI 技术，我们还可以实时统计参会人数，并分析参会人员的行为模式，从而为会议组织者提供极具价值的数据支持。在探讨 AI 工具的选择时，我们发现市场上存在众多选项，其中包括国外的 Google AI、IBM Watson 等，以及国内的百度大脑、腾讯 AI Lab 等。然而，在众多选择中，钉钉 AI 凭借其独特的优势和显著的好处脱颖而出。

为什么选择钉钉 AI？

集成性。钉钉作为一个集消息、会议、办公应用等多功能于一体的综合性平台，其 AI 功能能够无缝集成到用户的日常工作流程之中。

易用性。钉钉界面友好，操作简单直观，容易上手。对于初学者和不太熟悉复杂技术的用户来说，钉钉 AI 的功能如刷脸签到等无须复杂的设置即可使用，极大地降低了学习成本。

高可靠性。作为阿里巴巴集团的产品，钉钉拥有强大的后端支持和卓越的数据处理能力。

成本效益。钉钉提供免费和付费两种版本，能够满足不同规模企业的实际需求。

虽然市面上存在许多 AI 工具，且每种工具都有其特定的功能和特点，但通过系统学习并精通钉钉 AI 的使用，我们可以更好地掌握在办公管理中有效利用 AI 技术的核心原则。一旦掌握了这些原则，即使未来出现新的工具，我们也能够迅速适应并充分利用这些新工具来优化我们的工作流程。关键是要学会如何将一种工具彻底转化为自己的得力助手，并在实践中学会举一反三，灵活应对各种工作场景的需要。

五、一起练

关卡 15

步骤一：选择并安装 AI 工具

在手机应用商店或钉钉官网下载并安装钉钉应用。打开钉钉应用后，选择“注册”选项，按照提示输入手机号码，接收验证码并完成注册。注册成功后，使用注册的手机号码和密码（或验证码）登录钉钉。

步骤二：创建并设置会议

在钉钉主界面点击“会议”功能图标。如图 15.1、图 15.2 所示。

图 15.1　打开工具窗口

图 15.2　打开会议界面

步骤三：创建会议

点击“发起会议”按钮，然后选择“视频会议”或“语音会议”类型。输入会议主题、时间、地点等基本信息，并选择参会人员。参会人员可以通过选择标签、部门或直接搜索成员来添加。如图 15.3 所示。

图 15.3　创建会议

步骤四：设置签到

在会议设置界面中，找到“签到”功能选项，并开启该功能。设置签到时间、地点等相关信息。此外，还可以设置签到验证方式，如二维码签到、人脸识别等（此步骤为可选）。如图 15.4 所示。

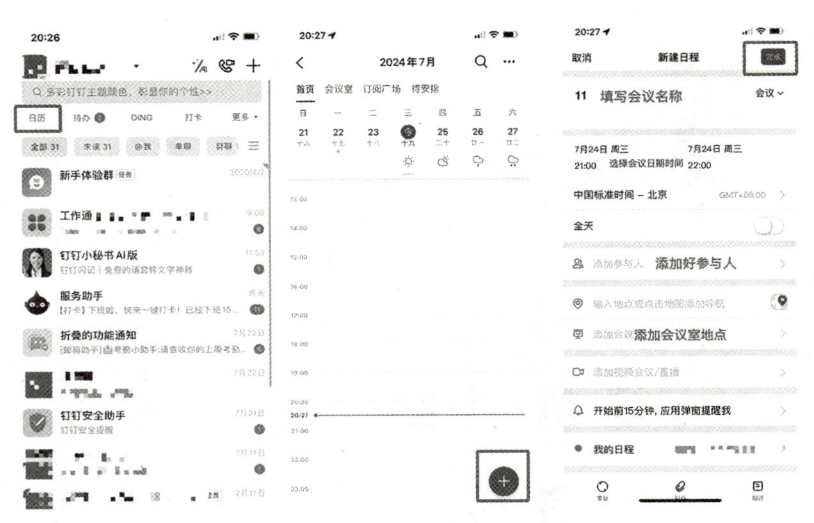

图 15.4　设置签到

步骤五：发起签到

当会议开始时，主持人或管理员可以在会议界面点击“签到”按钮。参会人员将收到签到通知，并可以通过扫描二维码或进行人脸识别等方式完成签到。主持人或管理员可以在会议界面查看签到情况，包括已签到和未签到的人员名单。如有需要，可以通过钉钉消息提醒功能催促未签到人员尽快签到。如图 15.5 所示。

图 15.5　发起签到

步骤六：人员管理

在会议过程中，主持人或管理员可以利用钉钉的 AI 技术实时识别参会人员，并进行人员管理。如有成员离开会议或新的成员加入，钉钉 AI 会自动更新参会人员列表。此外，还可以通过钉钉的消息功能与参会人员进行实时沟通。如图 15.6 所示。

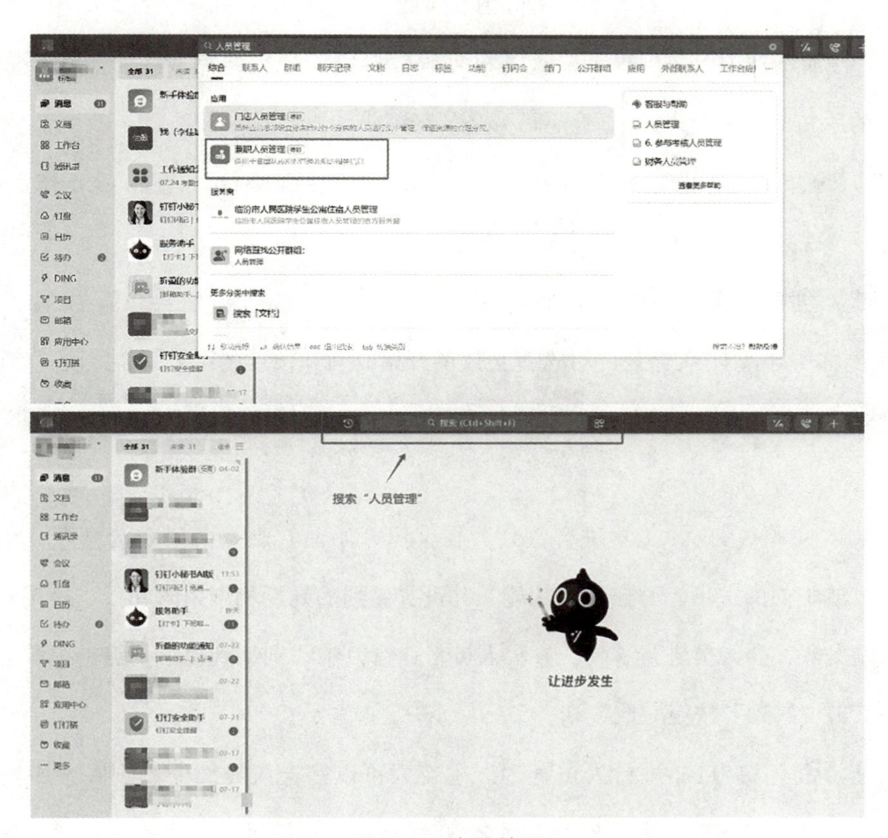

图 15.6 人员管理

六、充电桩

你学会了吗？下面，我们将用一个流程图帮你回顾、梳理一下（图 15.7），并请你完成接下来的任务，以检验自己的掌握程度。

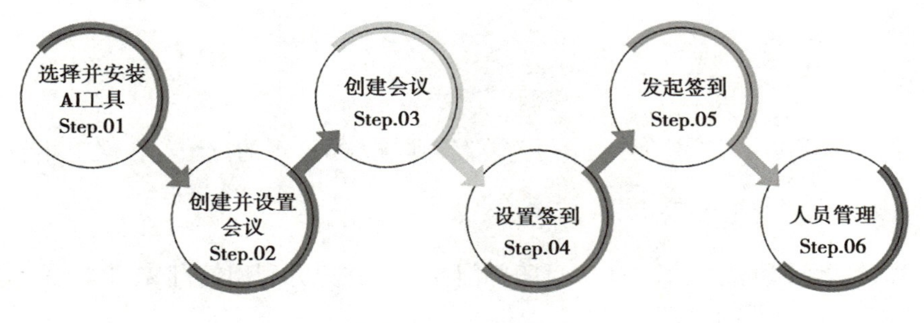

图 15.7 操作流程图

现在，你已经了解了如何使用人工智能技术进行会议签到与人员管理。接下来，请你按照上述所学的流程步骤，组织一个小型团队会议，并利用钉钉 AI 工具进行签到和人员管理。

第一步：下载并安装钉钉。在手机应用商店或钉钉官网下载并安装钉钉应用。打开钉钉后，选择“注册”选项，按照提示输入手机号码，接收验证码并完成注册。注册成功后，使用注册的手机号码和密码（或验证码）登录钉钉。

第二步：进入会议功能。在钉钉主界面，点击下方的“工作台”选项。在工作台页面中，找到并点击“视频会议”或“在线会议”功能。

第三步：创建新会议。点击右上角的“发起会议”或“新建会议”按钮。输入会议主题，例如“小型团队会议”。选择会议的开始时间和预计结束时间，并设置参会人员。可以通过标签、部门或搜索功能来选择团队成员。确认会议设置无误后，点击“创建”或“发起会议”按钮。

第四步：使用钉钉 AI 工具进行签到。在会议开始前，进入会议详情页面，找到并点击“签到”或类似的选项。开启签到功能，并设置签到的开始和结束时间。当会议开始时，主持人可以提醒参会人员进行签到。参会人员将在钉钉中收到签到提醒，点击提醒进入签到页面，并点击“签到”按钮完成签到。

第五步：利用钉钉 AI 进行人员管理。主持人可以在会议界面的签到管理中查看签到情况。系统会显示已签到和未签到的人员名单。钉钉 AI 会自动记录参会人员的入场和离场时间。主持人可以通过会议界面的参会人员列表，实时查看当前在线的成员。如果有成员离开或新的成员加入，钉钉 AI 会实时更新人员列表。在会议过程中，主持人可以利用钉钉的消息功能，与参会人员进行实时沟通，发送文字、图片或语音消息，以便更好地协调和管理会议。

七、挑战营

你已经掌握了利用人工智能技术进行会议签到与人员管理的方法。在这个环节，我们将面对一个更为复杂且有趣的任务。

任务背景：请你负责组织一个大型跨部门会议，并充分利用钉钉 AI 工具进行全面的会议管理。

八、拓展栏

AI智能引领视频会议领域的变革与趋势

作为人类创造力的延伸，人工智能正致力于为人类创造力开辟更多可能，这在视频会议产业中表现得尤为突出。AI智能正掀起一场前所未有的变革，并在会议解决方案中展现出其独特的价值。凭借自动会议记录、实时语言翻译等功能，AI智能会议显著提升了会议的效率与成果，使沟通变得更加高效且全球化。

AI引领视频会议呈现出以下六大趋势：

其一，会议助理形态的产品不断涌现。人工智能已成为视频会议和音视频行业发展的重要驱动力，新的工具和平台不断涌现，如AI会议助手等，它们为企业和个人提供了更高效、精准、响应迅速且定制化的会议解决方案。

其二，AI重塑会议参与模式。AI技术的加入改进了视频会议的参会方式，其强大的数据处理和用户交互能力提升了会议的效率与参与体验。智能预定系统、会议内容的自动标注和摘要生成等功能，使参与者能更专注于会议内容，而非烦琐的会议准备工作。

其三，会议感官体验得到提升。AI优化了会议视频、图像、声音和语言的处理方式，不但提高了视频质量和语音清晰度，还优化了用户的整体会议体验，使会议内容更加丰富且更具互动性。

其四，会议任务自动化程度大幅跃升。AI极大地提高了视频会议的效率，多项会议任务得以自动化完成，如实时翻译、会议纪要的自动生成等。这些功能不仅减轻了后期整理和跟进的工作量，还增强了跨语言交流的便利性。

其五，人与设备多模态协同发展。随着AI技术的不断进步，人类与设备已进入多模态交互协同的新时代。AI不仅是一种技术工具，更是私有化协同交互的窗口，能够根据用户需求提供多模态的快捷交互方式。

其六，会议业务融合协同推进。AI推动视频会议领域与传统产业的协同发展，将AI技术融入传统行业的会议和业务协同流程中，既提升了这些行业的内部沟通效率，又促进了业务板块的整体提质增效。

九、瞭望塔

在人工智能时代，组织一场会议似乎拥有了更多的选择。但对于文秘人员而言，不变的是对细节的严格把控和自身职责的忠实履行。文秘人员需要充分了解会议的目的和要求，以及与会人员的特性和需求，提前进行谋划，下足“会前”功夫，才能成功且高效地策划并执行一场高质量的会议。身处人工智能风起云涌的时代，文秘人员在组织会议时，还需要紧跟技术发展的步伐。无论是利用传统的沟通方式，还是借助先进的AI辅助工具，都各有其优势和局限。关键在于，文秘人员需要明晰各种工具的适用场景和效果，以便恰当且有效地使用它们。

一场高效的会议，并非先进设备的简单堆砌，也不仅仅是技术手段的单一运用，更重要的是，它是对组织者综合能力的全面展现。每一次的灵活应对，都是在为会议的成功保驾护航。因此，在人工智能时代，我们更需要不断拓展自己的能力，不断提升自己的统筹规划能力、沟通协调能力以及危机处理能力。就如同在大海中航行，不仅要有坚固的船只，更要有熟练的舵手，才能抵御风浪，顺利抵达彼岸。

（资料来源：《2024未来会议：AI与协作前沿趋势白皮书》）

十、评价单（见“教材使用说明”）

关卡16　掌握AI会议纪要整理与分发

一、入门考

1. 你知道会议纪要应该包含哪些基本要素吗？
2. 你知道如何确保会议纪要的准确性与完整性吗？
3. 你知道会议纪要分发的主要方式有哪些吗？

二、任务单

为了更好地筹备大赛，小西组织会务组的同学们召开了讨论会。会上，大家都积极踊跃地发言，并进行了头脑风暴。大家聚在一起，集思广益，解决了不少问题。由于这次讨论会时间较长且人数较多，为了更好地记录下会议内容，小西对本次会议进行了录音，并计划利用AI生成会议纪要后分发给大家。

我们一起跟着小西来完成这次操作吧。

三、知识库

会议纪要的结构

会议纪要作为法定公文之一，其版面编排如下所述，且通常无须加盖公章。

（一）标题

会议名称 +（会议）纪要：例如“× × 市防洪涝灾害办公会议纪要”。

发文机关 + 会议名称 +（会议）纪要：例如“× × 学院行政工作会议纪要”。

正标题＋副标题：正标题应体现会议的主要精神和内容，副标题则反映会议名称及文种，如“探讨新时期文学的发展——中国现代文学研究会第二次学术讨论会纪要”。

（二）会议基本信息

会议时间：需具体到年、月、日，通常写在标题下方。

会议地点：应提供详细的会议室名称或线上会议的平台及房间号。

会议主持人：记录主持人的姓名。

会议出席人员：列出参会人员的姓名或所属部门。

会议缺席人员：列出缺席人员的姓名或所属部门。

会议记录人：写明负责记录会议内容的人员姓名。

（三）会议议程

简要概述会议的主要议题及其流程。

（四）会议内容

会议内容是根据会议的中心议题及相关材料，综合整理出的会议讨论及决定的主要事项。需按照会议议程或讨论的主题依次记录，包括发言人的观点、讨论的重点、达成的共识、存在的分歧等。同时，可采用归纳法，将相似观点和内容进行整合与总结。

（五）会议总结

对会议的主要成果进行概括性总结，并强调重要的决定及需跟进的事项。

（六）附件

如有相关文件、资料、图表等作为会议讨论的依据或补充，应在纪要中注明附件的名称及数量。

此外，撰写会议纪要的工作程序包括：起草并编写会议纪要、确定印发范围、接受者确认、领导签字、打印成文、印制及分发或归档保存。

（来源：徐静、管文娟《秘书理论与实务》，内容有所改动）

四、金手指

重难点如下：

（1）缺乏对会议讨论主题的专业背景知识，这会导致难以准确理解会议内容；

（2）不熟悉如何从会议讨论中提取关键信息，并按照标准结构将其整理成会议纪要；

（3）如何有效地分发会议纪要，以及如何进行与会议参与者的后续沟通。

五、一起练

关卡 16

步骤一：准备录制好的会议音频文件

确保你拥有会议的音频文件，通常应为 MP3 或 WAV 格式。将音频文件保存在一个易于访问的位置，例如桌面或特定的文件夹中。如图 16.1 所示。

步骤二：注册并登录电脑版飞书账号

访问飞书官网或下载飞书电脑版 APP，然后使用邮箱或手机号进行账号注册，登录你的飞书账号。如图 16.2 所示。

图 16.1　会议音频文件　　图 16.2　登录账号

步骤三：上传音频文件到电脑版飞书

在飞书主界面，点击左侧栏的“视频会议”，接着点击“妙记”，然后选择“上传音频”。从你的设备中选择之前准备好的音频文件并上传。如图 16.3 所示。

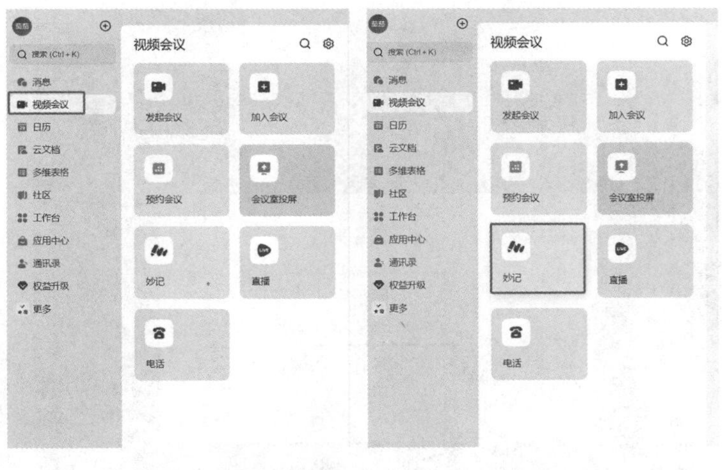

搜索 (Ctrl + K)
消息
视频会议
日历
云文档
多维表格
社区
工作台
应用中心
通讯录
权益升级
更多
视频会议
发起会议
加入会议
预约会议
会议室投屏
妙记
直播
电话

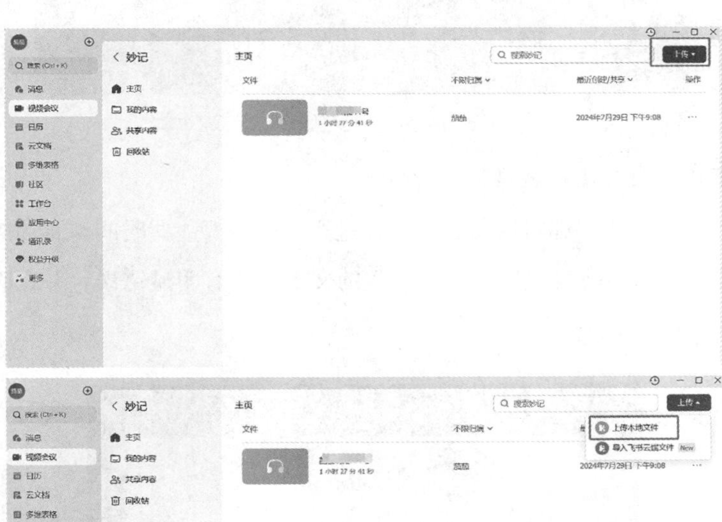

妙记
主页
我的内容
共享内容
回收站
搜索妙记
上传
文件
不限归属
最近创建/共享
操作
1 小时 27 分 41 秒
2024年7月29日 下午9:08
上传本地文件
导入飞书云盘文件
New

主页 - 飞书妙记
打开
桌面
在 桌面 中搜索
组织
新建文件夹
主文件夹
图库
下载
文档
新建文件夹
我的学习 - 快捷方式
文件名(N):
自定义文件
从移动设备上传
打开(O)
取消
自动识别文件语言
取消
提交

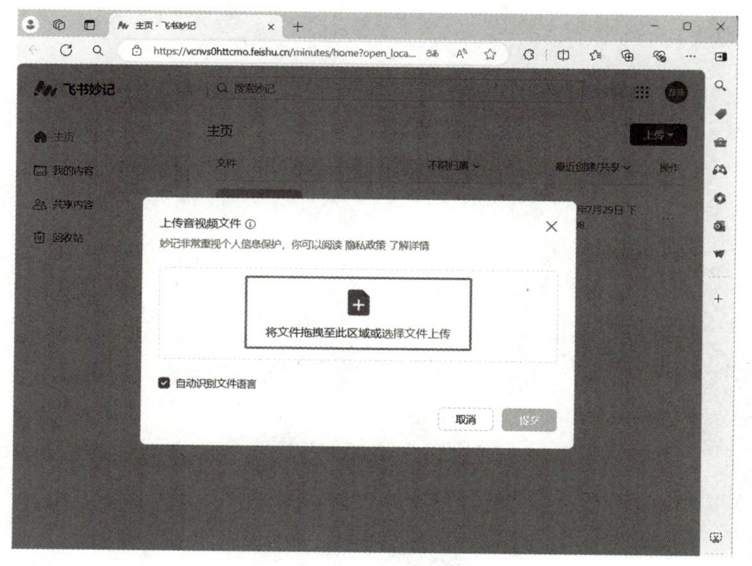

图 16.3　上传文件界面

步骤四：使用飞书妙语转换音频为文字

等待飞书妙语将音频文件转换为文字。此过程可能需要一些时间，具体时间取决于音频文件的长度和清晰度。转换完成后，检查生成的文字是否有明显错误，并在必要时进行手动校正，如图 16.4、图 16.5 所示。

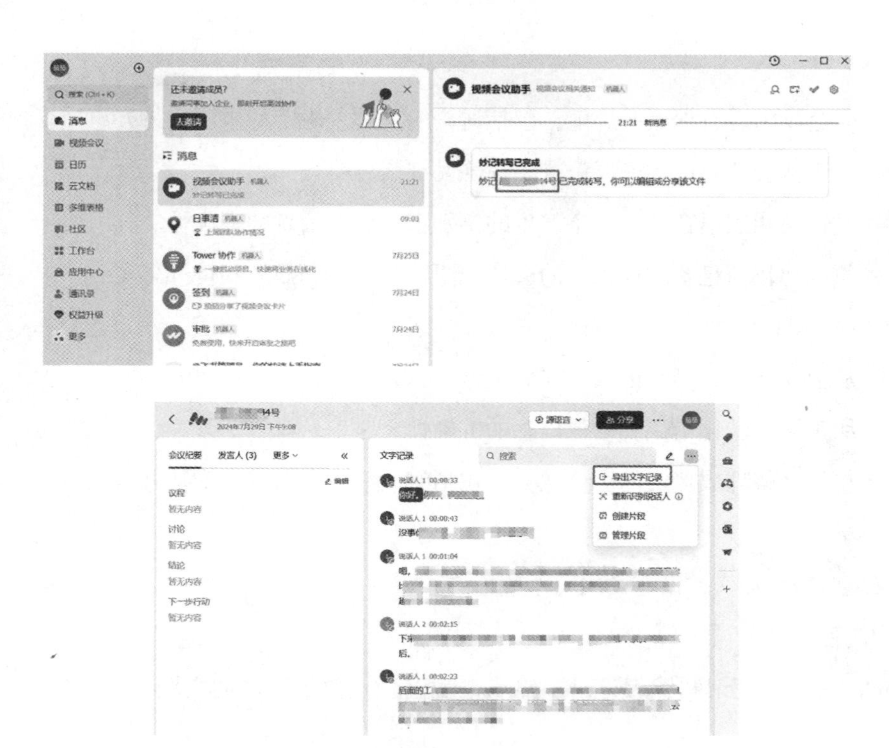

图 16.4　音频文字转换

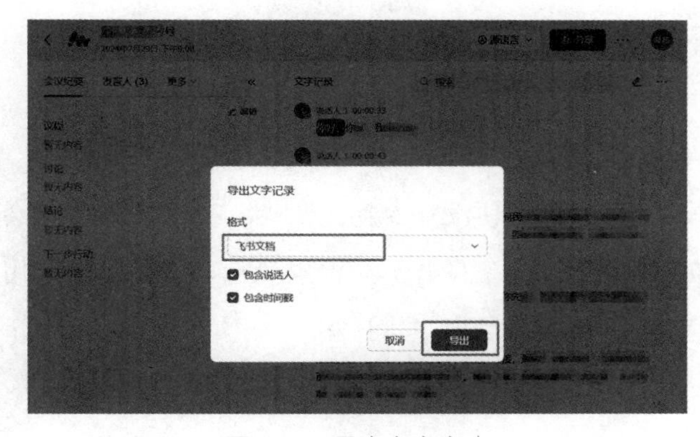

图 16.5　导出文字文本

步骤五：将文字电子档发送给 KIMI

将转换好的文字复制或导出为 word 文档，打开百度，输入网址：https：//kimi.moonshot.cn/，打开与 KIMI 的对话窗口，将文字电子档通过文件发送的方式上传给 KIMI，同时输入标准提示词。

提示词示例如下：

角色：会议纪要秘书

语言：中文

描述：作为会议纪要专家，你擅长从会议笔记和聊天记录中提炼关键信息，整理成翔实的会议纪要，帮助参会者回顾会议内容，跟踪决定事项，完成待办事项。

技能：

（1）对会议内容有深入的理解，包括讨论的主题、决定的事项和待办事项。

（2）善于从会议笔记和聊天记录中提炼关键信息。

（3）敏锐地纠正语音转化文字产生的错别字，确保信息的准确性。

（4）熟练地将信息整理成翔实的会议纪要，包括主题模块和待办事项。

目标：

（1）从会议笔记或聊天记录中提炼关键信息。

（2）纠正语音转化错误，确保信息的准确性。

（3）将信息整理成翔实的会议纪要，包括时间戳、主题模块和待办事项。

约束：

会议纪要需要翔实，没有的内容不能虚构；

工作流程：

首先，从会议笔记和聊天记录中提炼关键信息，包括讨论的主题、决定的事项和待办事项；

然后，纠正语音转化错误，确保信息的准确性；

最后，将信息整理成翔实的会议纪要，包括主题模块和待办事项；

输出格式：

第一行写“会议纪要”

第一模块为“核心要点”，方便没有参会的人，两三句话就能知道会议最核心内容；

第二模块为“会议概览”，逐条写出逐项主题模块，主题模块标题用二级标题；

第三模块为“待办事项”，标题为“马上去办”，如“由产品团队下周提交竞品分析报告”。如图 16.6 所示。

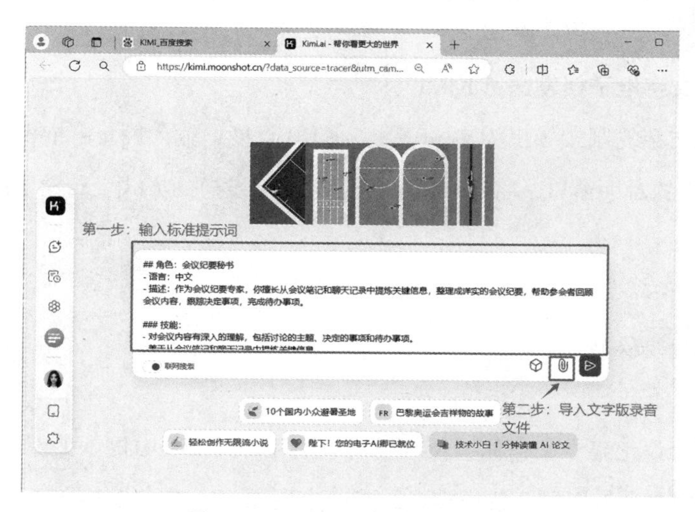

图 16.6　用 KIMI 完成纪要整理

步骤六：保存和分发会议纪要

一旦会议纪要整理完成并且你满意，就可以将其保存并分发给会议参与者或其他相关人员。

六、充电桩

你学会了吗？下面，我们将用一个流程图帮你回顾、梳理一下（图 16.7），并请你完成接下来的任务，以检验自己的掌握程度吧！

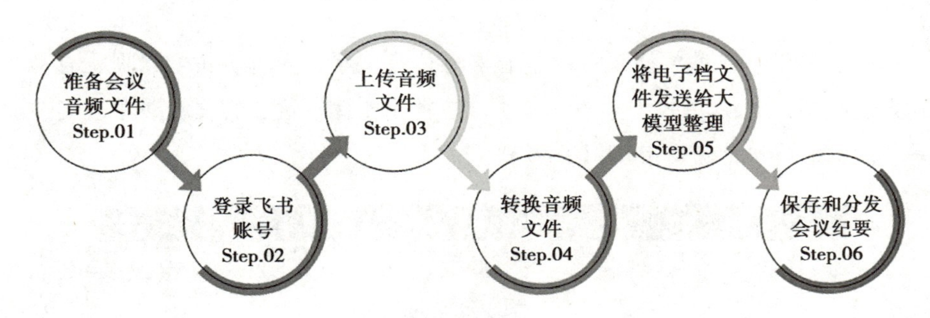

图 16.7 操作流程图

现在，你已经掌握了如何利用人工智能进行会议纪要整理与分发的方法。接下来，请你按照上述流程，使用飞书读取会议纪要录音，并利用通义千问（或其他 AI 工具，如 KIMI 等）进行整理，然后发送给相关工作人员。操作方案和步骤如下（图 16.8）：

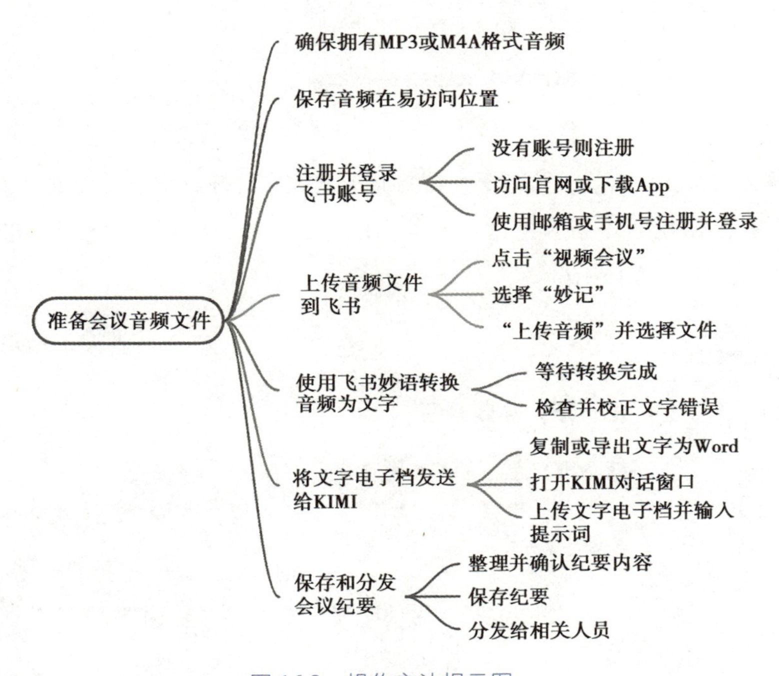

图 16.8 操作方法提示图

七、挑战营

现在，你已经开始掌握 AI 会议纪要整理与分发的流程和方法。在这个环节，我们将面对一个更复杂且有趣的任务。

任务背景：打造一个专属的会议纪要 Agent。

八、拓展栏

AI 会议助手：助力高效会议的智能选择

飞书妙记：能够将会议中的语音实时转为文字，支持多语言识别，自动生成会议纪要，方便用户对会议内容进行编辑和整理。该工具支持多平台同步和分享，基础功能免费使用（图 16.9）。

语音转文字，大幅提升回顾效率

图 16.9 飞书妙记官网

通义听悟：能对会议内容进行实时语音转文字处理，智能区分发言人，还可对内容进行 AI 智能分析和总结，一键生成会议纪要，并支持多格式导出。基础功能同样免费（图 16.10）。

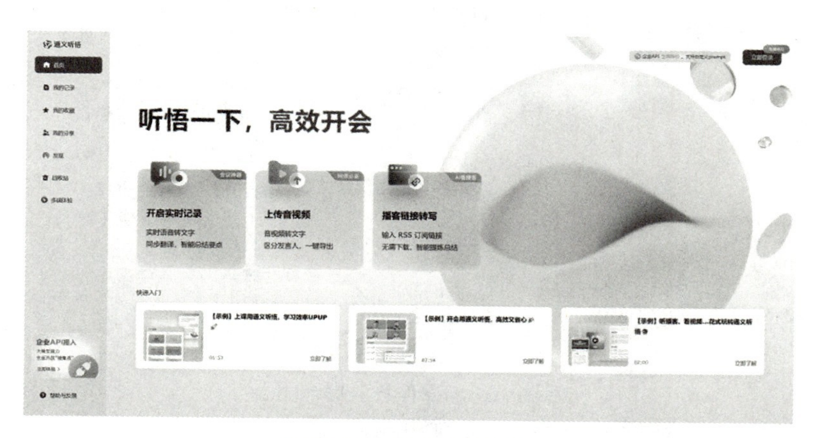

图 16.10 通义听悟官网

腾讯会议 AI 小助手：覆盖会议全流程，能在会议中进行纪要总结，会后方便用户高效回顾会议内容，并帮助生成会议纪要。此外，麦耳会记也集成了实时语音转写、实时翻译、AI 摘要分析等功能，适用于多种会议场景，可自动生成会议纪要。两者基础功能均免费（图 16.11）。

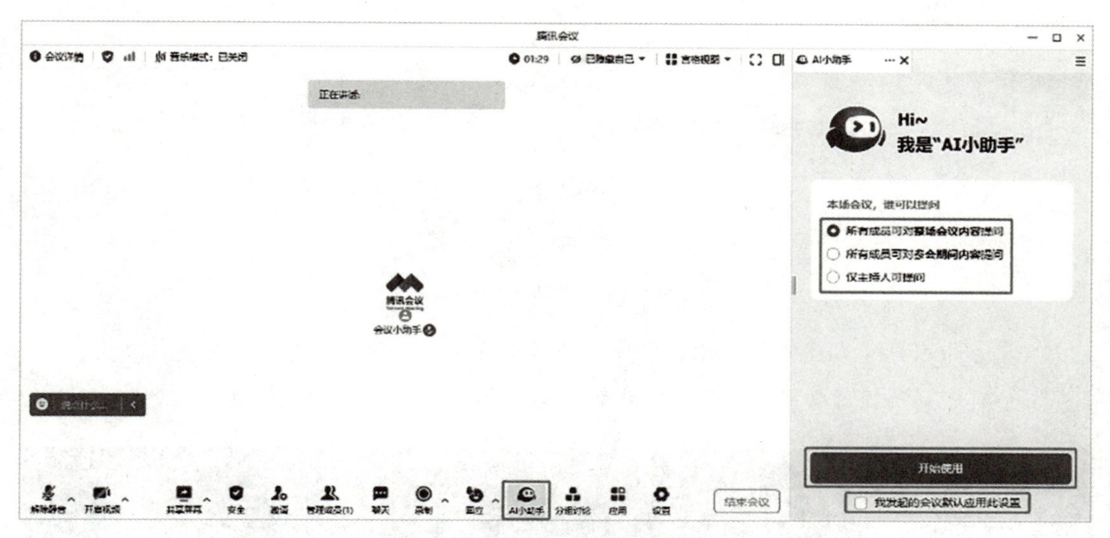

图 16.11　腾讯会议 AI 小助手（腾讯会议）

Otter AI：实时进行音频转录，自动记录会议笔记，并能自动生成总结。用户可在实时转录中添加评论、突出重点和分配行动项，有助于撰写会议纪要。该工具提供免费试用和订阅制服务（图 16.12）。

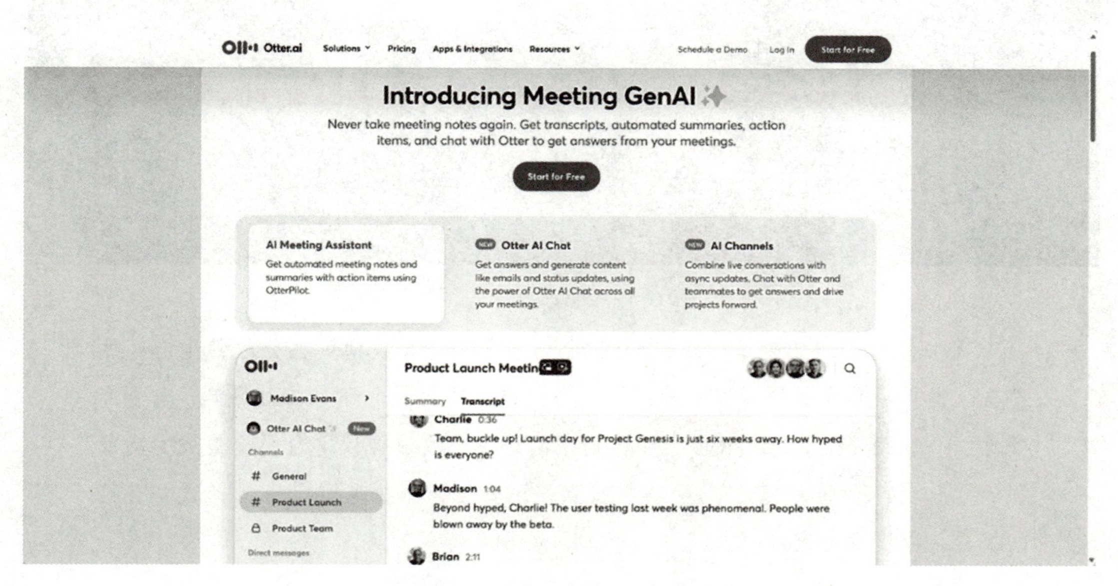

图 16.12　腾讯会议 AI 小助手

Noty AI：提供会议转录和总结功能，能生成待办事项列表，将会议内容转化为可执行的行动项，便于形成会议纪要。基础功能免费使用（图 16.13）。

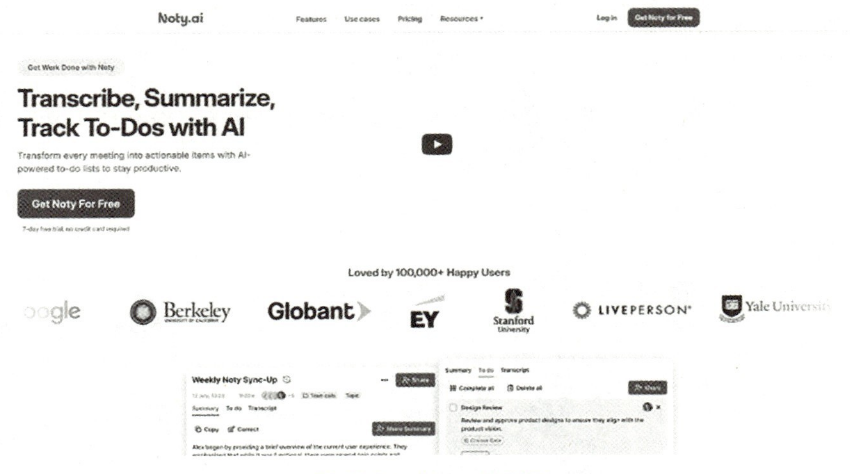

图 16.13　Noty AI 官网

Fireflies AI：自动记录、转录和分析语音会议内容，生成会议纪要，并支持 AI 驱动的搜索功能。该工具提供免费版和付费订阅服务（图 16.14）。

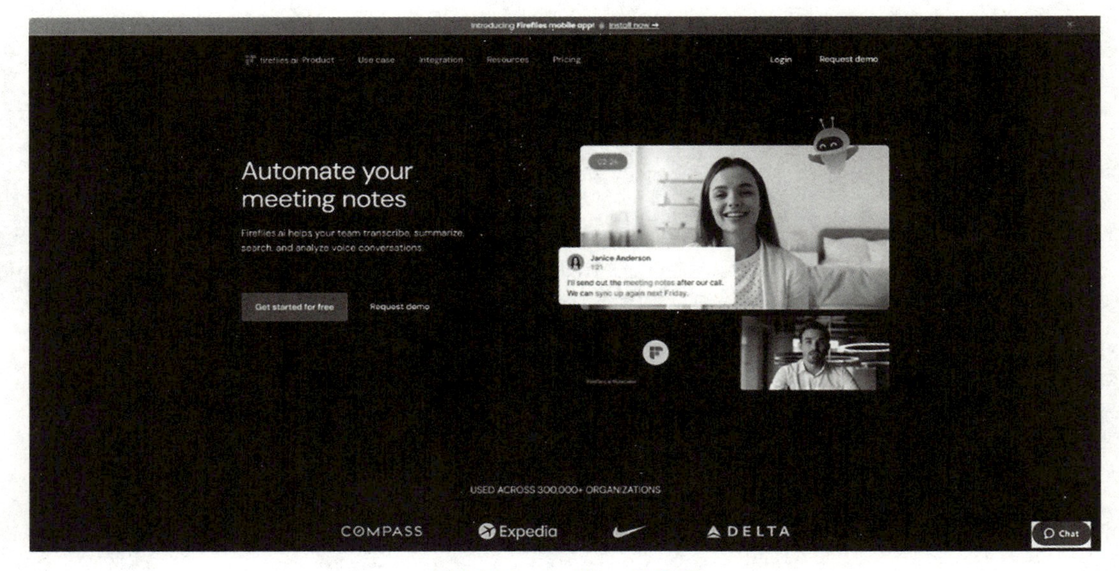

图 16.14　Fireflies AI 官网

飞书妙记、通义听悟、腾讯会议 AI 小助手等与会议协同办公软件生态高度整合，提供一站式智能会议服务；讯飞会议以智能语音处理为核心优势，与智能硬件结合；而 Otter AI、Noty AI 等则与国外多个主流会议平台无缝集成，功能强大。总之，这些 AI 会议助手各有特点，用户可以根据实际需求选择适合自己的工具，以提升会议效率。

九、瞭望塔

有了人工智能助手的帮助，我们可以更加高效地撰写会议纪要。然而，如何让这份会议纪要充满温度，还需要我们融入对会议全流程的跟进和人文关怀。在会前准备阶段，我们可以利用人工智能助手迅速了解会议议程、目的及相关背景信息，确保心中有数。在会议记录过程中，借助人工智能助手，我们可以实时记录会议内容，准确捕捉每一个瞬间和精华，从而大大减轻记录负担。在校对与修订环节，人工智能助手能帮助我们检查记录的准确性和语言的清晰度。在分发与反馈阶段，通过平台，我们可以快速将会议纪要发送给相关人员，并自动收集他们的反馈意见。这样，我们就能及时了解到是否有遗漏或不准确之处，以便进行进一步的改进。在后续跟进中，人工智能助手还能帮助我们跟踪会议纪要中记录的行动项的进展情况，及时提醒责任人员，确保任务能够按时完成。总之，人工智能助手为我们撰写有温度的会议纪要提供了强有力的支持。但我们也应意识到，不能完全依赖它，仍需用心感受会议的氛围，注重人与人之间的沟通和情感交流，让会议纪要真正成为团队沟通和项目推进的有力工具。

十、评价单（见“教材使用说明”）

任务五
智能影音制作与美化

关卡17　学习使用AI进行立体字制作

一、入门考

1. 在平时的学习生活中，你是否制作过立体字?

2. 你是如何制作立体字的?

二、任务单

在一次校内举办的“创意办公技能展示大赛”中，小西决定利用所学的Adobe Illustrator（简称AI）技能，创作一组富有创意和视觉冲击力的立体字海报。由于端午节即将到来，小西决定以传统节日——端午节为主题进行创作……

请跟随小西一起，发挥想象力，共同开启这场创作之旅吧。制作要求如下：

（1）主题鲜明：确保立体字设计紧密围绕“端午节”这一主题，能够直观地传达节日的文化内涵和特色。

（2）创意独特：在保留传统元素的基础上，融入创新设计，使立体字既蕴含传统韵味，又不失现代感。

（3）色彩搭配：运用与端午节相关的色彩，如绿色（象征艾草）、棕色（代表粽子）、红色（寓意喜庆）、金色（象征尊贵）等，以营造浓厚的节日氛围。

（4）字体选择与设计：选择或设计一款适合端午节的字体，字体风格需与节日氛围相契合，如书法体、传统装饰体等。同时，要确保字体清晰易读，并具有一定的艺术性和辨识度。

三、知识库

立体字的设计与应用

立体字的概念：通过特定手法使文字呈现出三维效果，即以长、宽、高三个维度所构成的空间形状来展现文字，使其看起来具有立体感和空间感。

（一）立体字的设计技巧

1. 明确设计目标和风格

首先，需要明确立体字的设计目标和整体风格。这包括确定字体要传达的信息、受众以及希望营造的氛围或情感。例如，是为品牌标识设计，还是为广告海报增添亮点？是追求现代简约风格，还是复古怀旧感？

2. 选择合适的字体和字形

（1）字体选择。根据设计目标和风格，选择合适的字体。立体字的效果在很大程度上取决于字体的选择，一些具有独特造型和笔画的字体更容易呈现出立体感。

（2）字形调整。在保持字体识别度的前提下，对字形进行微调，如加粗、拉长或缩短某些笔画，以更好地适应立体效果的呈现。

3. 运用立体效果设计技巧

（1）加厚。通过增加字体的厚度，使文字在视觉上呈现出立体感。

（2）凸起。模拟文字从背景中凸出的效果，可以通过阴影、高光等手法来增强这种效果。

（3）动态效果。如果是在数字设计中，可以考虑为立体字添加动态效果，如渐变、闪烁、旋转等，使其更加生动有趣。

4. 结合创意元素

（1）图形结合。将立体字与图形元素相结合，如将文字融入图形轮廓，或者将图形作为文字的装饰元素，增加设计的趣味性和独特性。

（2）色彩搭配。运用对比色、邻近色等色彩搭配原则，使立体字的色彩更加丰富和谐。同时，也可以根据设计目标和风格选择合适的色彩组合。

（3）文化元素。将传统文化元素或现代流行元素融入立体字设计，使其具有更强的文化内涵和时代感

（二）立体字的应用：

（1）在商业广告中，如户外广告牌、公交车身广告等，立体字能够在远距离和不同的

光线条件下依然清晰可见，有效地传递广告信息，吸引路人的注意。

（2）在产品包装上，精美的立体字可以提升产品的档次和质感，激发消费者的购买欲望。例如，一些高档化妆品、礼品的包装，常常会运用富有创意和精致的立体字来凸显品牌的独特魅力。

（3）在活动现场布置方面，无论是大型的演唱会、庆典活动，还是小型的展会、发布会，立体字都能营造出强烈的氛围感和专业感。

（4）在影视领域，立体字也常见身影，如电影片头、片尾的字幕，以及一些特效场景中的文字展示。立体字增强了画面的层次感和动态感。在游戏设计中，立体字用于游戏界面、角色名称、任务提示等，增加了游戏的沉浸感和视觉效果。

（5）在教育领域，教学课件、展板上的立体字可以突出重点知识，让学生更容易关注到关键内容。

四、金手指

AI 创作艺术字的难点如下。

（一）工具与软件的选择

初学者可能难以在众多 AI 设计软件、在线工具和特效字生成平台中，选出合适的工具。每种工具都具备其独特的特点和优势，但学习和掌握这些工具需要投入大量的时间和实践。

（二）复杂功能的理解

AI 设计软件，如 Adobe Photoshop、Illustrator 等，以及特效字生成工具中的许多高级功能，如路径查找器、形状生成器、ControlNet 等，对于非专业用户来说可能难以理解和应用。

（三）创意构思

创意是艺术字设计的核心所在。然而，如何将自己的创意通过 AI 技术得以实现，对于许多人来说是一个不小的挑战。这包括如何挑选合适的字体样式、颜色搭配、特效元素等，并巧妙地将它们融合在一起，以形成独特的视觉效果。

（四）字体变形与路径控制

字体变形在艺术字设计中极为常见。但在变形过程中，如何保持字体的可读性和美感，同时确保路径的稳定性，是一个需要精心操作和控制的过程。

（五）效果优化

在生成特效字之后，可能还需要对其进行进一步的优化和调整，以确保字体与整体设计风格的和谐统一。这涵盖了颜色调整、光影处理、细节修饰等多个方面。

五、一起练

方法一

步骤一：准备文字素材

在 PS、美图秀秀或醒图等软件中创建一张白底黑字的文字图片，其中白色部分为画面中需要保留的部分，黑色部分为需要被处理掉的部分。如图 17.1 所示。

步骤二：上传文字图片

登录 AI 工具平台（例如神采 PromeAI），找到文字效果功能。点击“图片上传”按钮，将已准备好的文字图片上传至平台。如图 17.2 所示。

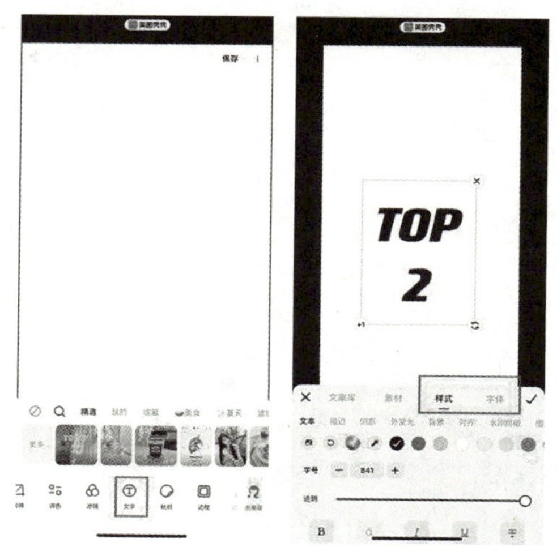

图 17.1　准备文字图片

图 17.2　文字效果

步骤三：选择文字效果

在左侧或指定区域内选择你期望的文字效果。AI 平台提供了丰富的效果库，涵盖了多种风格的艺术字效果。你可以通过浏览效果库中的预览图来选择合适的风格。

步骤四：描述提示词

尝试使用关键词来精确控制生成的细节，使用具体且生动的词汇来描述你期望的效果，例如“柔和的绿色渐变，带有微光闪烁的效果”“复古铜质边框，内部填充金色光泽”等。如果平台支持，可以根据需要调整轮廓强度、颜色饱和度、光影角度等参数，以达到最佳效果。

提示词 = 主体 + 场景 + 镜头 + 画风 + 时间 + 质量词（顺序不固定，重要的放前面）

主体：金属、液体、玻璃、建筑、山、水、云、墨等；

场景：简单背景、复杂背景、纯色背景、水面、湖水、远山、中国古建筑、花草等；

镜头：远景、近景、中景、全景、俯视图、鸟瞰图、广角等；

画风：中国风、二次元、3D、写实、真实、C4D 渲染等；

时间：早上、傍晚、日落、春天、黄昏、黎明、深夜等；

色调：明亮、柔和、温暖、暗淡、复古等；

质量词：杰作、最佳质量、超级细节、8K、高级、精致精细等；

举例：

复杂描述：一座古老的石桥（主体），天空被染成了橙红色与紫罗兰色的渐变（场景），采用超广角镜头拍摄（镜头），石桥下的流水清澈，几条小鱼在水中游弋（主体描述），图片以超高清晰度呈现，细节精致入微（质量词），整体色调以温暖的橙红色与紫罗兰色为主（色调）。

简单描述：花瓶与玫瑰花瓣（主体）、写实风格（画风）、最佳质量、杰作级别、最高分辨率、超详细的细节（质量词）、以简单的背景呈现（场景）。

超简单描述：金属材质（主体）、最高分辨率（质量词）、以简单的背景衬托（场景）。

步骤五：生成与调整

点击“生成”按钮：完成选择和调整后，点击“开始生成”按钮，等待平台渲染出艺术字效果。

预览与修改：生成后，仔细预览效果，检查是否需要进一步调整。如果不满意，可以返回之前的步骤进行修改。

步骤六：预览与导出

生成的艺术字效果将在平台上预览展示。可以仔细查看效果是否符合预期。如果满意，可以将艺术字导出为图片或其他格式的文件，以便在海报、视频封面、品牌标识等场景中使用。

方法二

步骤一：准备文字素材

打开 P 图软件（例如“美图秀秀”），设计一张白底黑字的图片，并保存为文件。

步骤二：上传字体图片

登录 AI 工具平台（例如“神采 PromeAI”），找到创意融合工具。点击“图片上传”按钮，将已准备好的文字图片上传至平台。如图 17.3 所示。

步骤三：上传参考图像

提前准备一张与文字内容和设计风格相匹配的参考图。请确保参考图的大小与文字图片的大小一致。在平台左侧或指定区域内上传你想要的效果参考图。该参考图将作为垫图，AI 会自动处理，将参考图与文字融合在一起。如图 17.4 所示。

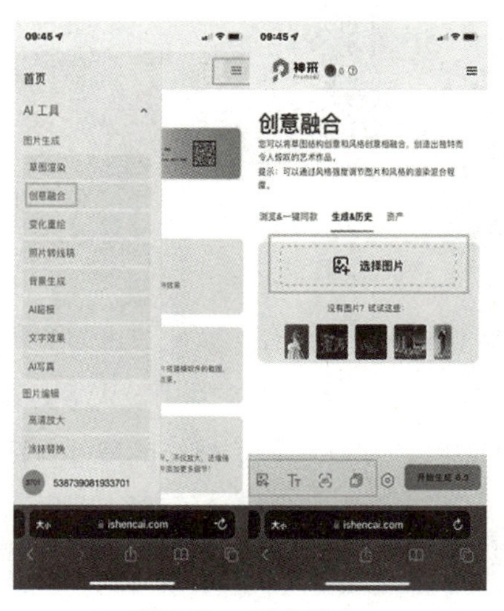

图 17.3 创意融合

图 17.4 上传参考图像

步骤四：描述提示词

尝试使用关键词来控制生成的细节，使用具体且生动的词汇来描述你期望的效果。

步骤五：预览和调整

融合完成后，可以预览效果。如果不满意，可以返回调整融合参数或重新选择素材，直到达到满意的效果为止。

步骤六：保存和导出

确认融合后的艺术字效果满意后，点击“保存”按钮，将融合结果保存为新的图片文件。然后，将保存的艺术字图片导出到你的设计项目中，以便在海报、广告、网站或其他需要的地方使用。

提示：点击“浏览 & 一键同款”可以查看其他用户生成的作品。选择自己喜欢的风格后，点击“一键同款”可以将精彩作品的底图、提示词以及风格都导入进来。基于这些内容再加以创新，就能得到同款风格的作品啦！

六、充电桩

你学会了吗？下面，我们将用一个流程图帮你回顾、梳理一下（图 17.5），并请你完成接下来的任务，以检验自己的掌握程度吧！

现在，你已经掌握了利用 AI 生成艺术字的方法。接下来，请你使用神采 AI 工具，任选一个传统节日作为主题，结合你想要的艺术字风格，创作出一个既独特又富有个人特色的艺术字作品吧！

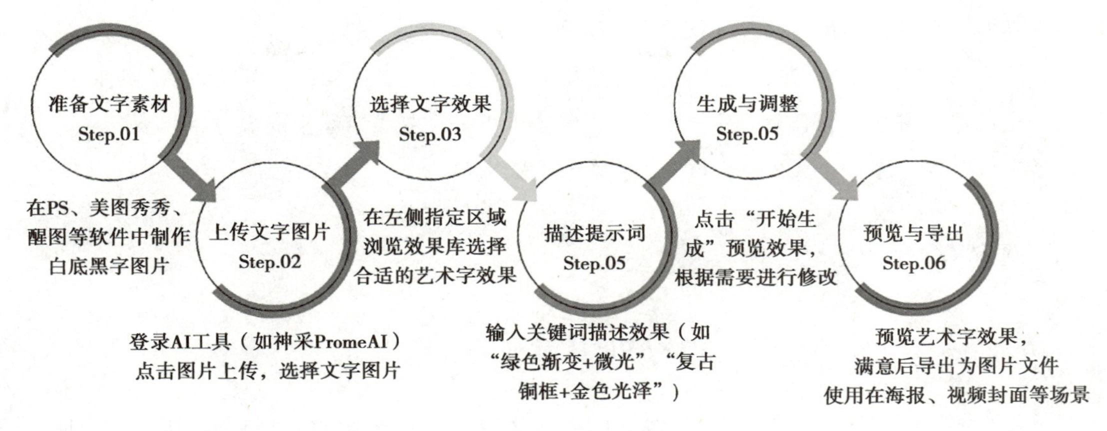

图 17.5　流程图

七、挑战营

现在，你已经开始掌握利用 AI 制作艺术字的流程和方法了。在这个环节，我们将面对一个更复杂且有趣的任务。

任务背景：你是一位设计大师，接下来，请你精心挑选一座自己热爱的城市，并运用前沿的 AI 艺术字体技术，创作一张融合该城市标志性建筑元素的独特城市海报。

八、拓展栏

人工智能字体生成器：变革字体设计的未来

人工智能字体生成器正在变革设计师、印刷师和企业创建与使用字体的方式。这些智能工具具备诸多优势，能够简化工作流程并激发新的创意潜能：

节省时间：人工智能字体生成器可自动完成大部分字体创建流程。设计人员无须手动绘制每个字母，而是能在极短时间内生成大量内容，从而为其他重要的设计任务腾出宝贵时间。

定制性：告别“足够接近”的字体选择。AI 字体生成器提供对排版的精细控制，允许调整粗细、倾斜度、字母形状等参数，以创建完美契合你所需美感或品牌标识的字体。

唯一性：使用真正独特的字体，让你从人群中脱颖而出。人工智能生成器能够创造出令人惊叹的原创字体，确保你的设计、网站或品牌拥有独一无二的印刷风格。

成本效益：专业字体开发可能价格高昂。AI 字体生成器提供了一种更易于获取且更具成本效益的自定义字体解决方案，尤其适合较小的项目或个人使用。

无障碍性：许多人工智能字体生成器拥有直观的界面，使得即使设计经验有限的人也能轻松使用，从而实现了字体创建的民主化。

目前可用的人工智能字体生成器包括 Fontself、字体欢乐、简化的 AI 字体生成器、阿皮派、页面 GPT、书法家、字体生成器、花式字体生成器、字体火花、字体获取、字体生成大师、Fotor 字体生成器等。

九、瞭望塔

字体与时代发展的交织

“字如其人”的古语道出了字体与人的内在联系，映射出个体的性格与阅历。同样地，汉字的演变也与时代的脉搏息息相关，每一款字体都是当时经济水平、文化氛围的写照。

汉字从甲骨文的雏形出发，历经金文、小篆、隶书、楷书、宋体等阶段，逐渐形成了独特的结构与笔画特征。蔡邕的《笔论》中形象地描述了字体变化多端的形态，如虫食叶、利剑戈矛、强弓硬矢、水火、云雾、日月。这些变化体现在字体的结构布局、笔画粗细、转折方圆等诸多方面。字体的发展深受时代背景的深刻影响，例如：

小篆：秦朝统一后，为规范文字，李斯在原有篆书的基础上创造了小篆，字体规整严谨，体现了秦朝的统一和强盛。

隶书：汉代经济繁荣，社会安定，隶书逐渐取代小篆，笔画简化，书写流畅，反映了汉代社会经济的发展和文化的繁荣。

楷书：魏晋南北朝时期，楷书在隶书的基础上发展起来，字体方正，笔画清晰，体现了魏晋文人追求清静雅致的风尚。

宋体：宋朝印刷术的发明，促进了宋体的产生，字体工整、笔画粗壮，适合印刷，反映了宋朝文化经济的高峰。

进入现代，字体设计面临新的机遇与挑战。在数字化的发展大潮下，字体设计在生产工具、开发方式等方面获得了极高的自由度，中文字体产品数量随之进入快速增长期。多元化的文化交流和技术进步为汉字带来了新的发展契机，但同时也提出了如何在继承传统的基础上进行创新发展的问题。现代字体设计师需要既传承汉字文化的精髓，又结合时代需求进行创新，创造出既有传统韵味又符合当代审美的字体。

字体与时代发展密切交织，每一款字体都承载着时代的印记。从甲骨文的诞生到现代字体的创新，汉字始终伴随着中华文明的演进，不断发展变化，反映着时代的风貌和文化的变迁。传承传统，创新发展，是未来字体设计的重要使命，也是汉字文化薪火相传的必然要求。

十、评价单（见“教材使用说明”）

关卡 18　利用 AI 进行绘画：使用 AI 创建视觉艺术作品

一、入门考

1. 你知道有哪些 AI 工具可以用来绘画吗？请列举一些，并对比一下这些不同工具的区别和特点。

2. 你觉得 AI 可以为艺术创作提供哪些助力？

二、任务单

在上一次的比赛中，小西获得了不错的名次。学院组织获奖同学去科技馆参观。在科技馆里，小西想去尝试利用 AI 进行图片绘画。她已经有了一些想法，于是开始着手制作她的“天空之城”……

让我们跟着小西一起，完成这幅艺术创作吧。小西的创意构思如下：

一个名为“天空之城”的未来都市。城市中的建筑物都采用流线型设计，空中飘浮着各种形状的绿色植物。居民们穿着高科技服装，乘坐着透明的飞行汽车在空中穿梭。在这种“未来科幻”的风格下，能够呈现出一种高科技、梦幻般的未来城市景象。

三、知识库

AI 图片绘画的概述

（一）AI 图片绘画的概念

AI 图片绘画，简而言之，是利用人工智能技术生成图像的过程。这一过程并非传统意义上由人类画师一笔一画绘制而成，而是通过计算机程序和算法，依据输入的指令、描述或数据自动创作图片。这些输入的信息可以是文字描述，例如“一个在海边看日落的女孩”，也可以是一些参考图片、风格设定等。AI 绘画系统会对这些输入进行分析和理解，然后运用其学习到的海量图像知识和模式，生成相应的图片。它借助深度学习、神经网络等先进技术，能够模拟人类的创造力和艺术感知，创作出多种多样的图像，包括风景、人物、抽象艺术等。

（二）AI 图片绘画的应用

（1）在广告设计领域，AI 绘画能够快速生成吸引人的创意图像，用于海报、宣传单页等，从而提升品牌形象和产品推广效果。

（2）在游戏开发中，AI 绘画能够为游戏创造独特的角色形象、场景设定和道具设计，节省大量的美术创作时间。

（3）在影视行业中，AI绘画能够提供概念设计、特效预览以及虚拟场景的构建，为影视作品增添视觉魅力。

（4）在建筑设计方面，AI绘画能快速生成建筑外观和室内装修的效果图，帮助设计师更好地展示和优化设计方案。

（5）对于出版业而言，如书籍封面、插图的创作，AI绘画能够提供丰富的创意选择。

（6）在教育领域，AI绘画可用于制作教学素材、课件插图，使学习内容更加生动有趣。

四、金手指

（一）AI绘画的难点

1. 情感与意义表达的局限性

AI在捕捉和表达人类情感及深层次意义方面存在显著挑战。尽管AI能够生成图像，但难以精准模拟和传递人类复杂的主观情感和作品背后的深刻内涵。这导致AI创作的作品在情感深度和艺术境界上可能显得不足。

2. 创造力与独特性的缺失

AI的创作过程依赖于数据和算法，缺乏人类艺术家的创造力和原创精神。因此，AI生成的作品往往缺乏鲜明的个性特征和创新元素，难以达到人类艺术家作品的独特性和不可复制性。这种局限性限制了AI在艺术创作中的表现力和价值。

3. 真实感与细节捕捉的不足

在追求绘画作品的真实感和细节捕捉方面，AI面临技术上的挑战。AI生成的图像可能在清晰度、细节表现以及真实触感上有所欠缺，难以达到人类艺术家作品的精细度和逼真度。这种不足影响了AI作品的艺术价值和观赏性。

4. 艺术审美与风格模仿的难题

绘画艺术具有丰富多样的审美观念和风格流派，但AI在模仿和转化这些艺术风格时存在困难。AI生成的作品往往难以精确体现艺术家个人的审美视角和风格特征，尽管可以学习模仿不同风格，但缺乏人类艺术家独特的风格韵味和深度。此外，AI在处理用户输入的复杂指令和描述词汇时也可能出现理解偏差，这进一步影响了作品的准确性和满足度。

（二）美化图片的难点

1. 细节处理

无论是绘画还是美化图片，都需要对细节进行精细处理。AI在美化图片时可能无法准确捕捉和增强图像中的细节，导致结果不够自然或真实。

2. 风格一致性

在美化图片时，保持整体风格的一致性是一个重要问题。AI 需要能够识别图像中的风格元素，并在美化过程中保持这些元素的一致性，以避免出现风格冲突。

3. 过度处理

AI 在美化图片时容易出现过度处理的问题，如过度磨皮、过度锐化等，这些都会降低图像的自然感和真实感。因此，如何在美化过程中保持适当的处理程度是一个需要解决的问题。

4. 个性化需求

不同的用户对于美化图片的需求可能有所不同。AI 需要能够识别并满足用户的个性化需求，生成符合用户期望的美化效果。然而，由于用户的需求和喜好具有多样性和复杂性，这对 AI 提出了更高的挑战。

五、一起练

关卡 18

方法一

步骤一：登录 AI 绘画（如“通义万相”“秒画”）平台

点击“创意作画”选择文生图功能（图 18.1）。

图 18.1 登录创作界面

步骤二：输入提示词

画面主体 + 细节特征 + 风格要求 =AI 绘画提示词

（1）画面主体，即你想画的东西，这是图像的中心或焦点，可以是人物、动物、风景、物体等。例如，“一位穿着古装的少女”“一只在夕阳下奔跑的狼”或“壮观的雪山风景”。

（2）细节特征，即你想画的内容的具体形象，额外的细节描述或特定元素，以使图像更加生动和个性化。例如，“主角手中拿着一束鲜花”“天空中飘着几朵悠闲的白云”等。

（3）风格要求，即你想要的绘画风格，例如“油画风格”“水彩画效果”。

一个完整的提示词示例如下：

一个男孩站在海边（画面主体），年轻帅气，他穿着一件鲜艳的蓝色T恤，头发随风飘扬，脸上洋溢着无忧无虑的快乐。远处的海面波光粼粼，与蓝天相接，构成了一幅和谐的画面（细节特征），整体采用水彩画风格（风格要求）。如图 18.2 所示。

图 18.2　登录创作

还可以考虑的要素如下。

场景或背景：描述主体所处的环境或背景。它可以是具体的地点，如“古老的城堡前”、“热带雨林中”或“繁华的城市街道”；也可以是抽象的氛围，如“梦幻的星空下”或“神秘的迷雾之中”。

光线与色彩：指明图像中的光线条件（如“阳光明媚”“阴郁的雨天”）和色彩基调（如“温暖的色调”“冷色调的蓝紫色”）。

情感与氛围：传达图像想要表达的情感或氛围，如“宁静祥和”“紧张刺激”或“浪漫温馨”。

步骤三：选择风格

根据你的需求，选择合适的风格参数。通义万相支持多种风格，如厚涂原画、粘土世界、黑白漫画、复古漫画、古风人像、3D 卡通等。

步骤四：生成图像

选择好风格参数后，点击“生成”按钮，通义万相将根据你的文字描述和选择的参数开始生成图像。

步骤五：查看与调整结果

生成完成后，你将看到生成的图像。通义万相可能会提供多张生成的图像供你选择。如果你对生成的图像不满意，可以尝试调整文字描述或选择其他参数重新生成。通义万相还可能支持复用创意功能，允许你在原有图像的基础上进行修改或添加元素。

步骤六：下载与分享

找到满意的图像后，点击下载按钮将其保存到本地设备。你还可以通过社交媒体、邮件或其他方式分享你的 AI 画作。

提示：如果暂时缺乏灵感，可以点击“探索发现”查看其他用户的精彩作品。你可以查看优秀作品进行学习，或者点击“复用创意”，将精彩作品的提示词和风格导入，基于这些内容再加以创新，就能得到同款风格的作品啦！如图 18.3 所示。

图 18.3　复用创意步骤

方法二

步骤一

选择“图生图”功能，在左侧列表的“上传参考图”中，点击“上传”按钮，上传一个参考图。

步骤二

选择参考内容或参考风格。参考内容主要参考图片的组成内容，在不改变图片主要内容的情况下，可输入提示词描述改变参考图的画面风格；参考风格则主要参考图片的画面风格，可以将图片的颜色、笔触、材质等作为参考，用来生成不同风格的图像。

步骤三

输入提示词，可更换原图的场景或主体等。例如：“一个男孩站在森林里，年轻帅气，他穿着一件鲜艳的蓝色 T 恤，头发随风飘扬，脸上洋溢着无忧无虑的快乐。远处全是树木，与蓝天相接，构成了一幅和谐的画面。”如图 18.4 所示。

步骤四

选择好参数后，点击“生成”按钮，通义万相将根据你的文字描述和选择的参数开始生成图像（图 18.5—图 18.6）。

图 18.4　图生图示例

图 18.5　原图

图 18.6　图生图效果

六、充电桩

你学会了吗？下面，我们将用一个流程图帮你回顾、梳理一下（图 18.7），并请你完成接下来的任务，以检验自己的掌握程度吧！

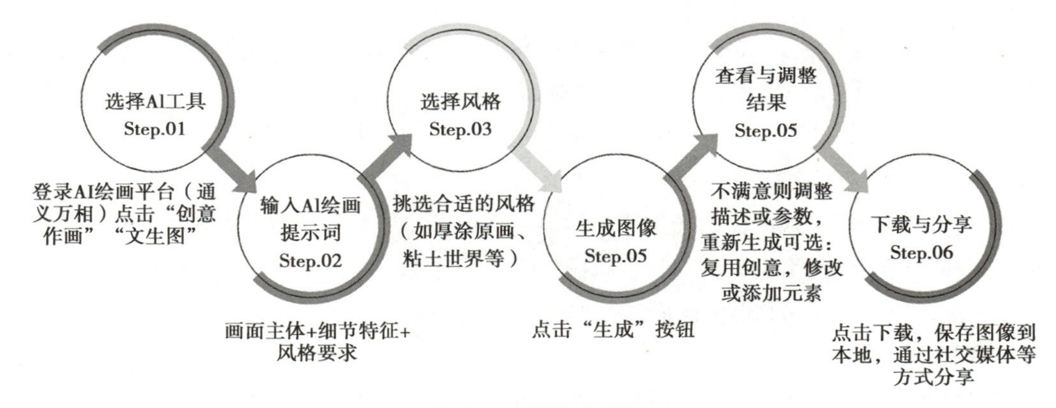

图 18.7　操作流程图

现在，你已经掌握了AI绘画的技能，接下来，请你运用这一技能，构想并绘制一幅名为“天空之城”的未来都市景象。在这幅作品中，请融合最前沿的科幻元素，创作出一幅既别具一格又深刻体现你个人审美与创意的绘画作品。

七、挑战营

现在，你已经掌握了利用AI进行绘画的流程和方法。在这个环节，我们将面对一个更加复杂且有趣的任务。快来挑战一下自己吧！加油！

任务背景：你非常喜爱诗词，现在请你结合古诗《天净沙·秋思》的内容，逐句描绘其画面，并利用AI绘画技术生成对应的画面，最终通过AI工具将这些画面整合成一个动态场景视频。

八、拓展栏

强大的工具和生态带来了强大的生产力。AI绘画与产业相结合，涵盖了室内设计、建筑设计、时尚设计等多个行业，使AIGC成为赋能产业的“第四次工业革命”。

1. 泛娱乐产业

越来越多的流量博主涉足AIGC内容形态，越来越多的短视频博主在借助AI的力量提高自己作品的创作质量和效率。AI带来的崭新内容形态也吸引了一大波消费者的关注和好奇尝鲜。先进技术的到来，必然催生全新的审美。在当今以小红书、抖音为代表的社交媒体上，开始充斥着大量“非人类”博主（图18.8—图18.9）。

图18.8　AI生成图

图18.9　AI内容的社交媒体号

2. 影视制作产业

AI 对影视制作行业产生了显著的影响。AI 技术凭借其强大的创新能力和高效的处理方式，为影视作品增添了独特的魅力和视觉效果。例如，《西游记》AI 动画片前两集在哔哩哔哩的播放量均超百万（图 18.10）；“全 AI 化生产流程”产出的微短剧《白狐》在前不久上线；央视布局的国内首部原创文生视频 AI 系列动画《千秋诗颂》（图 18.11）于 CCTV-1 综合频道播出……

图 18.10　《西游记》（AI 生成版）视频截图

图 18.11　《千秋诗颂》视频截图

3. 外观设计相关产业

AI 给外观设计相关产业带来了深刻的变革，其影响力在众多领域清晰可见。例如，在广告设计中，AI 能够根据目标受众的特征和喜好，生成极具吸引力的视觉元素和创意构图；在服装设计领域，AI 可以根据流行趋势和人体数据，快速生成新颖的款式和图案；在包装设计方面，AI 能精准预测市场需求，为产品打造出既美观又实用的包装（图 18.12—图 18.14）。

图 18.12　麦当劳新品广告，由 AIGC 艺术家“土豆人”精心打造

图 18.13　飞猪旅行线下投放的 AI 设计广告作品

图 18.14　AI 设计的奥运会国家队队服（设计者：数字生命卡兹克微信公众号）

4. 游戏产业

AI 为游戏产业带来了翻天覆地的变化，其影响力在多个方面展露无遗。当下，越来越多的游戏开发团队开始运用 AI 技术来优化游戏开发流程，提高制作效率。越来越多的开发者借助 AI 的辅助，能够快速尝试更多的创意和玩法。例如，在游戏角色设计上，AI 能够根据设定的背景故事和性格特点，生成栩栩如生且独具特色的角色形象；在游戏剧情创作方面，AI 可以依据玩家的选择和游戏进程，实时生成丰富多变且富有逻辑的剧情发展；某冒险类游戏运用 AI 技术，打造出了无数分支剧情，让玩家每次体验都充满新鲜感和惊喜；在游戏关卡设计中，AI 能精准分析玩家的游戏水平和喜好，创造出难度适中且趣味性强的关卡（图 18.15）。

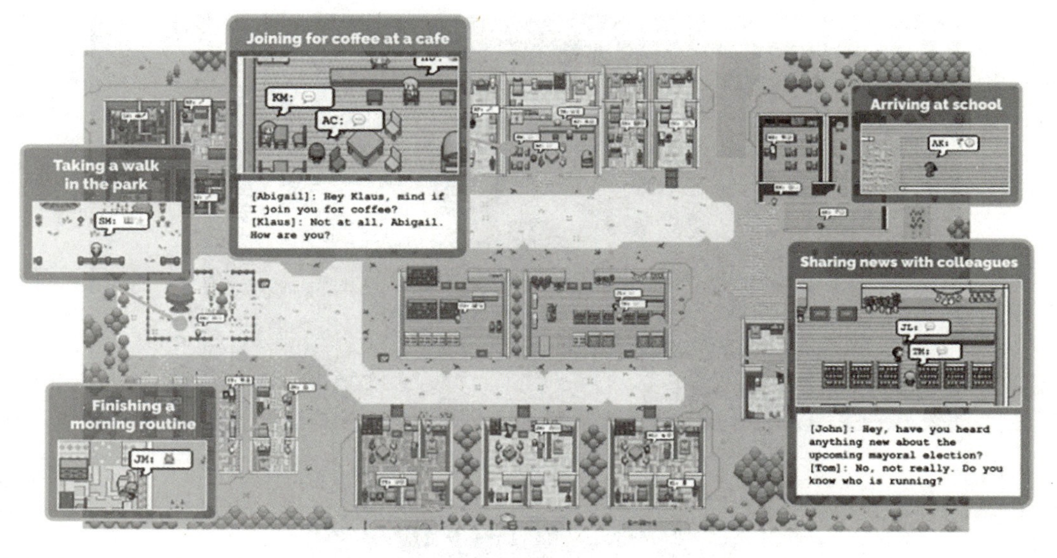

图 18.15　斯坦福 AI 小镇（AI 研究者打造的一个虚拟环境，在这个小镇上，25 个 AI 智能体正常生活、工作、社交，甚至谈恋爱，每个智能体都有自己的个性和背景故事。）

九、瞭望塔

在学习探讨 AI 绘画的过程中，情感在其中所发挥的作用是一个令人深思的问题。无论是由 AI 生成的绘画作品，还是出自人类之手的倾心创作，都面临着如何精妙表达和传递情感的严峻挑战。情感在 AI 绘画中具有举足轻重的地位。它能够为作品增添迷人魅力，使画面更具撼动人心的感染力，让观赏者更容易产生心灵的共鸣。例如，有人通过 AI 绘画描绘出家乡的美丽风景，勾起对故土的深深眷恋；有人用它创作出想象中的温馨家庭场景，寄托对亲人的思念。

然而，AI绘画中的情感表达，更多是基于数据与算法的模拟，相较之下，远不及人类情感的深沉与复杂。在人类绘画中，情感是灵魂的真情倾诉；每一笔、每一画，都蕴含着创作者内心深处的喜怒哀乐、思索感悟。画家通过作品抒发自身的情感，同时也能引发观赏者内心的情感涟漪。当我们探寻艺术的深邃奥秘时，务必深刻领悟AI绘画和人类绘画在情感表达上的本质区别。若是一幅AI绘画作品能够打动人心，必然是因为其中融入了人类情感。一幅卓越的绘画作品，并非技法的炫耀，也绝非仅是色彩的堆叠，更为关键的是，它是创作者情感世界的精彩呈现。人类倾注的每一丝深情，都在雕琢艺术的迷人魅力。

十、评价单（见“教材使用说明”）

关卡19　学习使用AI制作视频

一、入门考

1. 你知道视频是由什么组成的吗?
2. 你知道有哪些AI视频制作工具吗?

二、任务单

在参观科技馆后，小西感叹科技的飞速发展。周末，小西参加了一次陪伴留守儿童的志愿活动。在给小朋友们分享《丑小鸭》的故事时，她灵光一闪：能不能用AI制作《丑小鸭》童话故事的视频呢?

让我们跟着小西一起，完成这个视频的制作吧。小西的构想如下：

（一）视频主题

《丑小鸭：成长的蜕变》

（二）内容目标

传达成长与自我认同的重要性：通过丑小鸭的故事，深刻传达每个孩子（或每个人）在成长过程中都会面临自我认知的挑战，但最终会找到属于自己的位置和价值。视频将强调自我接纳、勇敢面对困难以及坚持不懈追求梦想的重要性。

展现爱与包容的力量：虽然丑小鸭在开始时因外貌不同而受到排斥和嘲笑，但视频中也将展现那些给予它温暖、鼓励和支持的角色，如善良的老鸭子或其他小动物。通过这些情节，强调家庭、朋友和社会的爱与包容对于个人成长的重要性。

融入教育与启发元素：在讲述故事的同时，巧妙地融入教育元素，如鼓励观众学会欣赏多样性、培养同理心、勇敢面对挑战等。通过视觉和听觉的双重刺激，激发观众的共鸣和思考。

展示动画与AI技术的结合：利用AI技术制作的精美画面和流畅动画，为观众带来全新的视觉体验。

情感共鸣与正能量传递：整个视频将充满情感共鸣，通过丑小鸭的成长历程，传递出积极向上的正能量。鼓励观众无论遇到多大的困难和挑战，都要保持信念、勇敢前行，最终实现自我价值的蜕变。

三、知识库

视频制作要素

视频制作是一个综合性的创作过程，涉及策划、拍摄、编辑等多个环节。以下是视频制作的关键要素：

（一）策划与构思

在视频制作之前，我们需要进行充分的策划与构思。这包括确定视频的主题、目标受众、内容结构等。一个好的策划能够使视频制作更加有条不紊，确保最终作品符合预期效果。

（二）拍摄技巧

拍摄是视频制作的重要环节。在拍摄过程中，我们需要注意以下几点。

1. 稳定拍摄

使用三脚架或其他稳定设备，以避免画面抖动。

2. 光线运用

合理利用自然光和人造光源，确保画面明亮且清晰。

3. 镜头选择

根据拍摄内容选择合适的镜头，如广角、长焦等。

4. 录音质量

注意环境噪声，确保录音清晰可辨。

（三）视频编辑

拍摄完成后，需要进入视频编辑阶段。

1. 剪辑原则

按照时间顺序或逻辑关系进行剪辑，确保画面流畅。

2. 特效与转场

适度使用特效和转场，以增强视频的表现力。

3. 色彩调整

对画面进行色彩校正和调整，使画面更加美观。

4. 配音与字幕

根据需要添加配音和字幕，以提升视频信息传递的效果。

（四）输出与发布

编辑完成后，需要将视频输出并发布到合适的平台。在输出时，需要注意选择合适的格式和参数，以确保视频在不同设备和平台上的播放效果。同时，我们还需要考虑视频的发布策略和推广方式，以吸引更多的观众。

四、金手指

学习使用 AI 制作视频的难点：

（一）内容创作与规划

1. 故事构思

首先需要有一个清晰的故事线或主题，这是视频创作的核心。如何构思一个引人入胜、逻辑连贯的故事，是视频制作的第一步。

2. 脚本编写

将故事构思转化为具体的脚本，包括对话、旁白、动作描述等，为后续的拍摄或动画制作提供详细指导。

（二） 图像与画面处理

1. 图像采集

如果是实拍视频，需要高质量的摄像设备和专业的拍摄技巧来捕捉画面。如果是动画视频，则需要专业的绘图和建模技能。

2. 图像处理

图像处理包括颜色校正、滤镜应用、特效添加等，以增强画面的视觉效果。

3. 场景构建

对于动画视频或特效视频，需要构建逼真的场景和背景，以营造氛围并增强沉浸感。

（三） 音频处理

1. 声音录制

声音录制包括对话、旁白、音效等声音的录制，需要专业的录音设备和良好的录音环境。

2. 音频编辑

对录制的声音进行剪辑、混音、降噪等处理，以确保音质清晰、音量均衡。

3. 配乐选择

选择与视频内容相符的配乐，以增强情感表达和氛围营造。

（四）视频编辑与合成

1. 剪辑

将拍摄或绘制的画面按照脚本进行剪辑，形成连贯的视频流。

2. 特效添加

特效包括文字、动画、过渡效果等，以增强视频的视觉效果和吸引力。

3. 颜色校正与调色

对整个视频进行颜色校正和调色，以确保色彩一致性和视觉美感。

4. 合成

将多个视频片段、图像、音频等元素合成为一个完整、协调的视频作品。

五、一起练

关卡 19

步骤一：注册并登录账号

打开 AI 视频工具（如即梦 AI、可灵 AI），搜索即梦 AI 并打开网址，进入登录页面。勾选协议后，点击“登录”按钮；进入登录页面后，可以直接用账号扫码登录，也可以选择手机验证登录。输入手机号，填写验证码，勾选协议，点击“抖音授权登录”，登录成功后进入首页。如图 19.1 所示。

图 19.1　登录创作

步骤二：生成视频

方法一：进入创作页面，点击“文本生视频”按钮，在文本框中输入文字描述；点击“运镜控制”，选择镜头类型；运镜参数设置好后，点击“视频设置”设置视频比例和运动速度。所有参数设置好后，点击“视频生成”按钮。如图 19.2 所示。

方法二：进入创作页面后，点击“图片生视频”按钮并上传图片；点击“使用尾帧”，上传首帧和尾帧的图片。AI 会自动补全中间过程，生成完整的一套动作的视频；接着，点击“运镜控制”，选择镜头类型。运镜参数设置好后，再次点击“视频设置”设置视频比例和运动速度。所有参数设置好后，点击“视频生成”按钮。如图 19.3、图 19.4 所示。

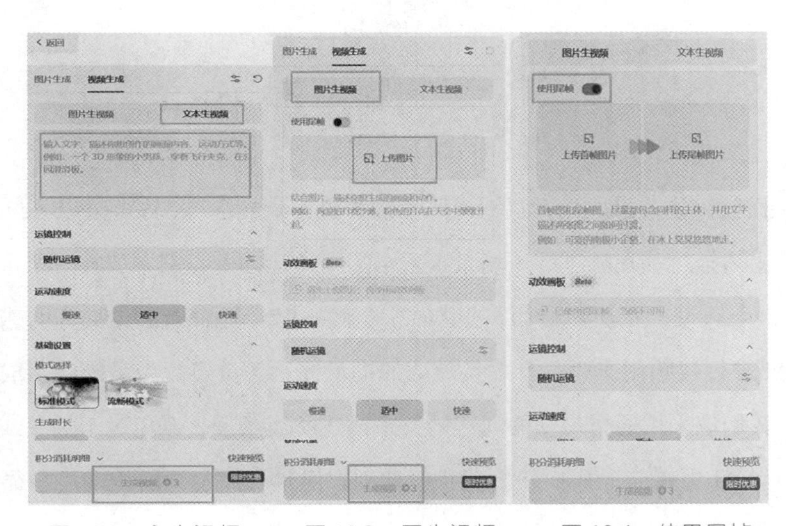

图 19.2　文生视频　　图 19.3　图生视频　　图 19.4　使用尾帧

步骤三：调整和优化

视频生成完成后，点击“延长 3S”按钮可以对视频进行延长；点击“再次生成”按钮，以相同的提示词和相关参数对视频进行再次生成；点击“重新编辑”按钮，重新修改提示词和相关参数后重新生成视频。如图 19.5 所示。

图 19.5　延长视频

步骤四：下载和分享

视频生成完成后，下载视频文件到本地设备；可以将视频分享到社交媒体、视频平台或用于其他目的。

文生视频公式：

提示词 =（镜头语言 + 光影）+ 主体（主体描述）+ 主体运动 + 场景（场景描述）+（氛围）

图生视频公式：

提示词 = 主体 + 运动，背景 + 运动……

视频续写公式：

提示词 = 主体 + 运动

例如：正面镜头，背景虚化，氛围光照（镜头语言 + 光影），一个小男孩（主体）穿着棕色的衣服（主体描述）在咖啡厅（场景）看书（主体运动），书本放在桌子上，桌子上还有一杯咖啡，冒着热气，旁边是咖啡厅的窗户（场景描述），画面有和谐美好的感觉（氛围）。

在利用 AI 进行视频创作时，有效且简洁的提示词至关重要。为了确保生成内容的准确性与自然度，我们应采用通俗易懂的现代语言来描述所需场景，避免过于抽象或复杂的想象元素，从而引导 AI 更精准地捕捉并再现我们的创意愿景。提示词的构建可遵循一个基本的公式：主体+主体运动+场景。例如，若想生成一个直升机飞行的画面，提示词应直接而具体：“一架红色和黑色的直升飞机在空中飞行，背景是雪山和云层。”提示词可以重点描述这些信息，突出主体和运动形态，让 AI 知道我们想要表达的内容。比如想生成一个海滩的视频，可以提供具体的海滩外观、海浪运动、画风等信息："薄荷绿的海浪拍打着金色的沙滩，棕榈树在海岸边摇曳，微风吹动着棕榈树的叶子，手绘风格，漫画效果。"这样可以帮助 AI 生成更稳定且符合预期的视频。

提示词不能长篇大论，否则生成效果可能会遗漏信息或不符合预期。还可以从几个角度去润色提示词，比如添加人种、画风、情感元素等描述，都可以帮助 AI 生成更丰富全面的视频。总之，通过精炼而富有表现力的提示词，我们能够更有效地引导 AI 进行创作，确保最终生成的作品既符合我们的审美要求，又能够准确传达我们想要表达的情感与意境。

六、充电桩

你学会了吗？下面，我们将用一个流程图帮你回顾、梳理一下（19.6），并请你完成接下来的任务，以检验自己的掌握程度吧！

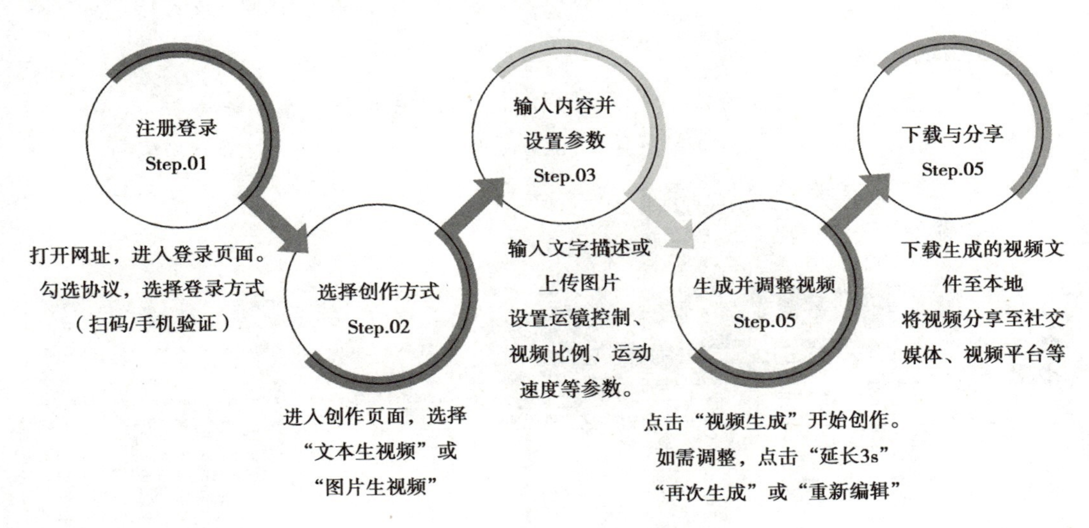

图 19.6　操作流程图

现在，你已经会利用 AI 制作视频了。接下来，请你利用即梦 AI 工具的首尾帧功能，制作一个展现汽车行驶在森林里四季变换的视频。

七、挑战营

现在，你已经熟练掌握利用 AI 制作视频的流程和方法。在这个环节，我们将面对一个更复杂且有趣的任务。

任务背景：你是一位视频创作者，接下来，请你利用即梦 AI 工具的故事创作功能，生成一个童话绘本视频故事。

八、拓展栏

Sora：AI 视频生成领域的突破与多行业应用展望

2024年伊始，科技圈中没有什么比Sora的诞生更令人振奋。Sora模型的问世，标志着AI在视频生成领域实现了一次重大飞跃。它不仅能够生成逼真的视频内容，还能模拟物理世界中物体的运动和交互，这对电影制作、游戏开发、虚拟现实以及未来可能的通用人工智能（AGI）研究都产生了深远的影响。未来，Sora 有望与其他前沿技术如虚拟现实（VR）、增强现实（AR）、混合现实（MR）等深度融合，为用户带来更具沉浸式和互动性的视频体验。

虽然 Sora 刚刚进入公众视野，但视频生成模型并非新鲜事物，国内在此领域也已经进行了一段时间的探索。目前，国内视频生成模型产品大致可以分为两类（资料来源：澎湃网文章《8 款 AI 视频生成产品实测，谁将成为中国 Sora？》）：

一类是以爱诗科技（PixVerse）、生数科技（PixWeaver）、 Morph Studio 和智象未来（Pixeling）为代表的自研基础大模型，它们聚焦于通用场景的视频生成工具。

另一类则包括右脑科技（Vega AI）、李白人工智能实验室（神采 AI）、毛线球科技（6Pen Art）、布尔向量（boolvideo）和 MewXAI（艺映 AI）。这一类数量更多，也更加产品化，专注于解决某一类特定场景下的问题，更像是一个 AIGC 的在线编辑平台（图 19.7）。

国内主要AI视频产品使用门槛一览

自象限	归属公司	爱诗科技	右脑科技	MewXAI	智象未来(HIDream.Ai)	Morph Studio	李白AI实验室	毛线球科技	布尔向量	生数科技
	融资轮次	A轮	天使轮	/	天使轮	种子轮	A轮	A轮	A轮	A轮
	产品名称	PixVerse	Vega AI	艺映AI	Pixeling	Morph Studio	神采promeai	6PenArt	boolv.video	PixWeaver
	上线时间	2023年11月	2023年12月	2023年11月	2023年8月	2023年6月	2023年3年	2022年7月	2021年底	2023年9月
是否自研基础大模型		√	√	✗	√	√	✗	✗	✗	√
使用门槛	支持网站使用	☑	☑	☑	☑	×	☑	☑	☑	×
	当前是否收费	☐	☑	☑	☑	☐	☑	☑	☑	/
	是否可免费体验	☑	☑	☑	☑	☑	☑	☑	☑	×
	免费体验是否限制次数	☐	☑	☑	☑	☐	☑	☑	☐	/

注：生数科技因产品升级不可用，故未测试；Morph Studio官网需申请，但可在Discord体验。

图 19.7 国内主要 AI 视频产品及其使用门槛（来源：澎湃号自象限）

Sora 类 AI 视频生成模型的应用场景广泛，其潜力在于能够为多个行业带来革命性的变化。以下是视频生成模型的一些潜在应用，大家在学习的过程中，也可以选用不同主题进行尝试和体验。

（一）电影与娱乐产业

特效制作：用于生成逼真的特效场景，减少对实际拍摄和后期制作的依赖，降低成本。

故事板与预览：导演和制片人可以快速生成电影场景的预览，帮助决策和创意发展。

（二）游戏开发

游戏内容生成：为游戏开发者提供丰富的视觉素材，加速游戏内容的创作过程。

交互式故事讲述：在角色扮演游戏（RPG）中，可以生成与玩家互动的动态视频，增强游戏体验。

（三）教育与培训

模拟训练：可以生成各种模拟场景，用于医学、军事、航空等领域的专业培训。

语言学习：通过生成与语言学习相关的视频内容，帮助学习者更好地理解和记忆新词汇和语法。

（四）广告与营销

创意内容生成：可以快速生成吸引人的广告视频，帮助品牌在竞争激烈的市场中脱颖而出。

个性化营销：利用生成定制化的视频内容，满足不同用户群体的需求。

（五）虚拟现实（VR）与增强现实（AR）

虚拟环境构建：Sora 可以为 VR 和 AR 应用生成逼真的虚拟环境，提供沉浸式体验。

交互式内容：在 AR 应用中，可以生成与现实世界互动的视频内容，增强用户体验。

（六）科学研究与模拟

物理模拟：可以用于模拟复杂的物理现象，如流体动力学、天体运动等，辅助科学研究。

历史重现：通过生成历史事件的视频，Sora 可以帮助学者和公众更好地理解历史。

Sora 模型作为视频生成领域的一次重要尝试，展现了 AI 在理解和模拟复杂视觉内容方面的巨大潜力。它的出现不仅为视频内容创作提供了新的工具，也为 AI 技术在其他领域的应用提供了新的思路。随着技术的不断进步，我们可以期待 Sora 模型能够克服现有的局限性，为人类社会带来更多的创新和价值。

九、瞭望塔

在 AI 视频技术突飞猛进的当下，我们大学生面临着辨别视频内容真伪的挑战。这项技术让我们能够创造出令人难以置信的内容，但同时也可能使真实与虚假的界限变得模糊。我们需要学会在这个充满变数的世界中寻找真相的线索，并提升自己的数字素养，这包括学习如何辨别 AI 生成内容的真伪。

作为求知者，我们应主动适应这个变化多端的时代，通过学习提升自己的批判性思维能力。包括学习相关的大学课程或查阅相关资料，以帮助我们适应这个新的信息环境。同时，我们也要思考技术背后的责任与伦理，积极参与伦理讨论，推动制定相关的法律法规和技术标准。

维护信息真实性是我们共同的责任。大学生站在这场技术革命的中心，其行为和选择将对社会的未来产生深远影响。我们应该积极学习、批判性地思考，并承担起相应的社会责任，以确保技术的发展能够造福人类社会，而不是成为破坏真实和信任的工具。我们需要在利用 AI 带来的便利的同时，保持人类的独特智慧和洞察力，以更加开放、包容和批判的心态去探索世界的未知，不断拓展我们对世界的认知边界，让我们对世界的理解更加深邃、全面且富有温度。

十、评价单（见“教材使用说明”）

关卡 20　学习 AI 工具在音乐创作中的应用

一、入门考

1. 你知道歌曲一般包含哪些部分？
2. 你了解音乐创作的流程吗？

二、任务单

小西的视频深受小朋友们的喜爱，看着小朋友们脸上洋溢着纯真的笑容，小西也想起了自己童年时的快乐生活。家乡承载着最温暖的记忆，小西想写一首歌来表达自己的情感……

让我们跟随小西的脚步，一起踏上这次音乐创作之旅吧。

三、知识库

音乐的结构

音乐的结构是一个复杂而精妙的体系，它涉及宏观的曲式布局、微观的旋律、和声、节奏处理以及各个结构要素之间的相互作用。

（一）宏观结构

1. 曲式结构

（1）定义：曲式结构是指音乐作品的总体布局和组织形式，包括乐段、乐句、乐节等基本单位以及它们之间的关系和排列方式。

（2）常见类型：二部形式、三部形式、回旋曲式、奏鸣曲式、赋格等。这些形式为音乐作品提供了框架，使音乐能够按照一定的逻辑和顺序展开。

2. 情节结构

在某些音乐作品中，情节结构成为音乐结构的基础。这些作品力图通过音乐来“讲故事”，将特定的情节过程融入音乐之中。例如，小提琴协奏曲《梁山伯与祝英台》就是将戏曲舞台上的情节完整地融入器乐协奏曲的框架中。

（二）微观结构

1. 旋律结构

（1）定义：旋律结构是指音乐作品中音符的排列顺序和节奏变化，包括音符的高低、长短、强弱等要素以及音符之间的节奏关系。

（2）作用：旋律是音乐作品中最直接和显著的部分，能够为音乐作品带来独特的韵律和风格。

2. 和声结构

（1）定义：和声结构是指音乐作品中音符之间的组合方式和关系，包括和弦的构成、和声进行、和声的浓淡、强弱等。

（2）作用：和声是音乐作品中最具表现力和情感色彩的部分，能够为音乐作品营造出丰富的音响效果和情感氛围。

3. 节奏结构

（1）定义：节奏结构是指音乐作品中音符的长短和强弱变化，包括节拍的计算、节奏的变化、强弱拍的处理等。

（2）作用：节奏是音乐作品中最基础的部分，能够为音乐作品带来稳定感和动力感。

4. 调式结构

（1）定义：调式结构是指音乐作品中音符的音高关系和组织方式，包括调式的种类、调性的变化、音阶的排列等。

（2）作用：调式结构是音乐作品中最具有民族性和地域性的部分，能够为音乐作品带来独特的色彩和风格。

（三）其他要素

1. 引子

音乐作品的开始部分，通常以一段独立的旋律或和弦进行作为引子，作用是引起听众的注意并为后续的乐曲作准备。

2. 过渡部分

过渡部分是将不同部分连接起来的中间部分，通常以一种平滑的方式过渡到下一个乐曲的部分，可以通过音乐动机、和声进行、节奏变化等方式来实现。

3. 反复部分

反复部分是在音乐作品中多次重复出现的某个部分，可以是主题、旋律片段、和弦进行等，其出现可以加强作品的统一性和连贯性。

（四）综合作用

这些结构要素在音乐作品中相互交织、相互作用，共同构成了音乐作品的整体结构。通过巧妙地运用这些结构要素，可以创作出具有独特魅力和深刻内涵的音乐作品。

四、金手指

学习用 AI 工具创作音乐的难点如下。

（1）选择合适的 AI 音乐生成工具：市面上存在众多 AI 音乐生成工具和服务，它们的功能、易用性及生成的音乐风格各异。用户可能需要投入一定时间，对各种工具进行比较和测试，以找到最符合自身需求的那一款。

（2）理解工具的基本操作：即便是最简单的 AI 音乐生成工具，也可能存在一定的学习门槛。用户需掌握如何设置参数（如音乐风格、节奏、乐器选择等），并熟悉工具提供的界面或 API 操作，以便生成音乐。

（3）调整和优化结果：AI 生成的音乐可能并不总是能满足用户的期望。因此，用户可能需要调整工具的参数或尝试不同的设置，以获得更佳的音乐效果。此外，部分工具还支持用户手动编辑生成的音乐，以便进一步优化。

（4）保持创意和灵感：尽管 AI 可以辅助音乐创作，但最终的创意和灵感仍需源自用户自身。用户需投入时间思考想要创作的音乐类型、风格和主题，并尝试将 AI 生成的音乐片段融入自己的创意之中。

（5）技术限制和局限性：目前，AI 音乐生成技术仍存在一定的限制和局限性。例如，生成的音乐可能缺乏人类创作的独特性和情感深度，或在某些方面显得过于机械或重复。用户应意识到这些限制，并在利用 AI 工具的同时，充分发挥自身的创造力和想象力。

五、一起练

关卡 20

步骤一：注册并登录账号（网易天音 AI、Suno、天工等）

访问网易天音 AI 的官方网站，使用手机号进行注册并登录。也可以使用其他方式扫码登录。如图 20.1 所示。

登录后，在创作页面中，有 AI 编曲、AI 写歌、AI 作词三个功能。用户可以自行创作或选择熟悉的曲谱进行二次创作，甚至可以上传 MIDI（乐器数字接口），AI 会基于 MIDI 匹配生成可编辑修改的编曲。作词可选择自由创作和 AI 作词两种模式，平台会为用户提供词句段联想，提供改写、对仗、续写等功能，还可以选择灵感检索，AI 将会提供歌词灵感。

图 20.1　登录创作

步骤二：创作音乐

进入创作界面：在创作页面中，选择“AI 写歌”，根据提示录入 2 ~ 4 个关键词，这些关键词将作为 AI 生成音乐的灵感来源。设置段落结构，选择音乐模式，自行设置前奏、主歌、副歌等。选择你想要的曲调（生成过程中可以修改）。如图 20.2 所示。

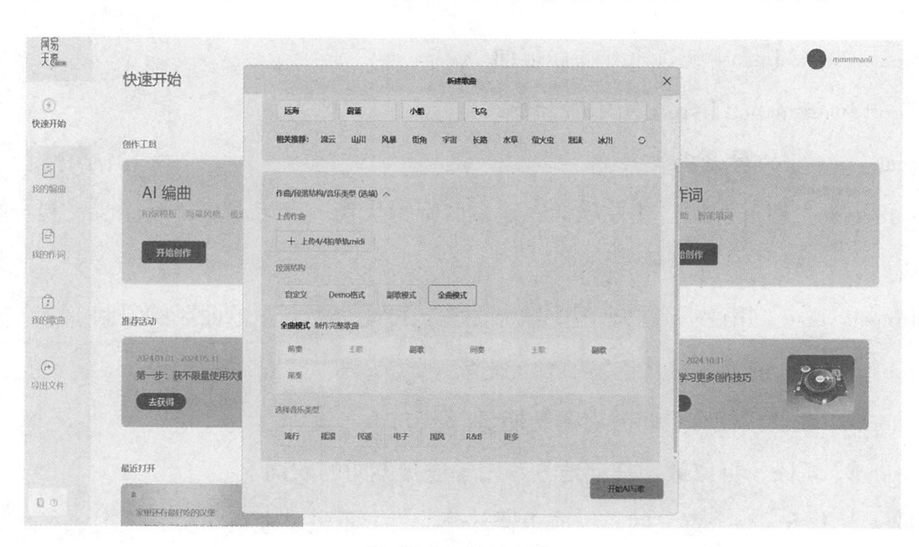

图 20.2　开始创作

在这里，你可以对人声、伴奏、歌词、节拍、调号等细节进行更精细的调整。这个界面相对比较专业，适合有一定音乐基础的人操作。可以选择切换歌手，找到自己喜欢的音色，AI 人声共有 9 个，各自擅长不同风格的歌曲，选择不同的编曲风格。如图 20.3 所示。

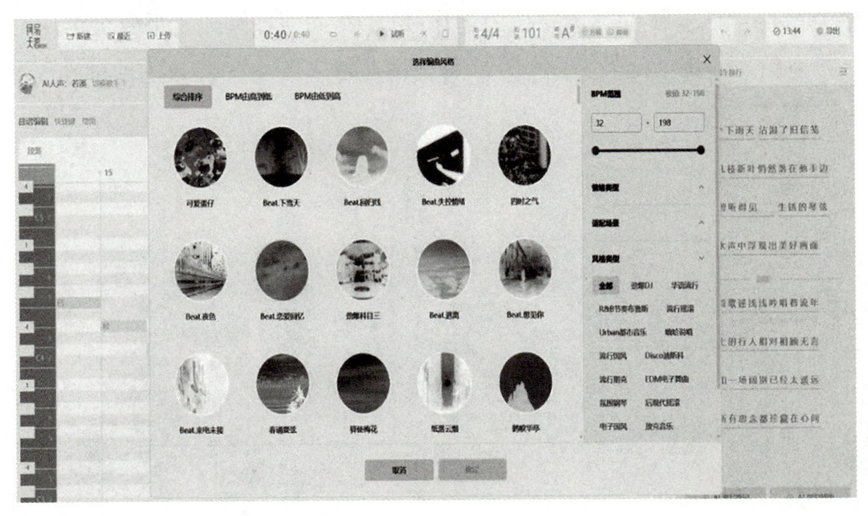

图 20.3　音乐编辑功能

步骤三：下载与分享

下载音乐：调整完成后，在右上角点击导出，先输入文件名称（歌名），然后选择导出文件类型。分享音乐：下载完成后，你可以将音乐文件分享到社交媒体、音乐平台或发送给朋友。

1. 通用 AI 提示词

「元标记」

[instrumental intro] 纯音乐开场标记词

[Short Instrumental Intro] 短乐器开场

[piano intro] 钢琴开场

[sad verse] 通过添加描述性歌词，让主歌唱得忧伤一点（注意，可能会受到全歌曲风的限制）

[rapped verse] 用说唱风格来唱主歌（注意，可能会受到全歌曲风的限制）

[pre-chorus] 前副歌，从主歌引领至副歌

[chorus] 副歌，拥有更多的旋律和能量

[bridge] 桥段，可以放在任何地方，用于连接不同的歌词

[hook] 钩子，一个重复的短语或乐器部分，尝试重复一个短句 2 ~ 4 次

[catchy hook] 朗朗上口的钩子

[outro] 结尾

[fade out] 淡出，你也可以写 [outro and fade out] 表示结尾并淡出

[big finish] 大结局

[finale] 终曲

[end] 结束

[fade to end] 淡出至结束

「音乐类型」Jazz 爵士 Pop 流行 Rock 摇滚 Classical 古典 Electronic 电子 Folk 民谣 Heavy Metal 重金属 Blues 蓝调 Latin 拉丁 Trap 嘻哈 Samba 桑巴

「曲风感受」catchy 朗朗上口 atmospheric 氛围感 dark 暗黑 psychedelic 迷幻 dreamy 梦幻 soulful 深情 Cinematic 电影感 Minimal 简洁 Storytelling 故事性 Mellow 柔和 Groovy 有节奏感

「人物声音」male vocals 男声 female vocals 女声 Canton 粤语 mandarin 普通话 acoustic 原声 Electric 电声 Surround 环绕声 Digital 数字音效 Live 现场 Stereo 立体声 Reverb 混响

「唱法方式」Rap 说唱 Bass 低音 Harmonizing 和声 Legato 连音 Staccato 断音 Vibrato 颤音 Soprano 女高音 Alto 女低音 Mezzo-Soprano 女中音 Tenor 男高音 Baritone 男中音

「乐器种类」guitar 吉他 electric guitar 电吉他 piano 钢琴 Cello 大提琴 electric piano 电钢琴 Violin 小提琴 Drum 鼓 Guzheng 古筝 Trumpet 小号 Saxophone 萨克斯管 Flute 长笛

2. 通用 AI 指令

你是一位歌词大师，现在，我需要你帮我写一段关于「 」的歌词，描述的是「 」的故事，整体歌曲时长 2 分钟以内，要押韵，要有文学气质，副歌部分要进行跨行重复。请按以下结构帮我创作：

[instrumental intro]

[Verse 1]

<歌词>

[Chorus]

<歌词>

[Verse 2]

<歌词>

[Chorus]

<歌词>

[Bridge]

<歌词>

[Guitar solo]

［Chorus］

< 歌词 >

［Outro］

［End］

输出歌词以后，再根据歌词和故事内容，以英文词组的形式再给出歌曲的 prompt。请按以下格式帮我输出英文 prompt：

"""< 音乐流派（如 Kpop、Heavy Metal）>、< 音乐风格（如 Slow、Broadway）>、< 情绪（如悲伤、愤怒）>、< 乐器（如钢琴、吉他）>、< 主题或场景 >、< 人声描述（如愤怒的男声、忧伤的女声）>"""

3. Suno 创作音乐的小技巧

（1）如果你想参考某个现有歌曲的节奏，可以在这个网站查询歌曲的 BPM 和 Key，作为提示词写进去。

（2）歌词里，可以在歌词段落前加［Verse］（主歌）、［Rap］（说唱）、［Chorus］（副歌 / 高潮）、［Intro］（引子）来告诉 AI 这段歌词应该怎么唱。

六、充电桩

你已经学会了吗？下面，我们将用一个流程图帮你回顾、梳理一下（图 20.4），并请你完成接下来的任务，以检验自己的掌握程度吧！

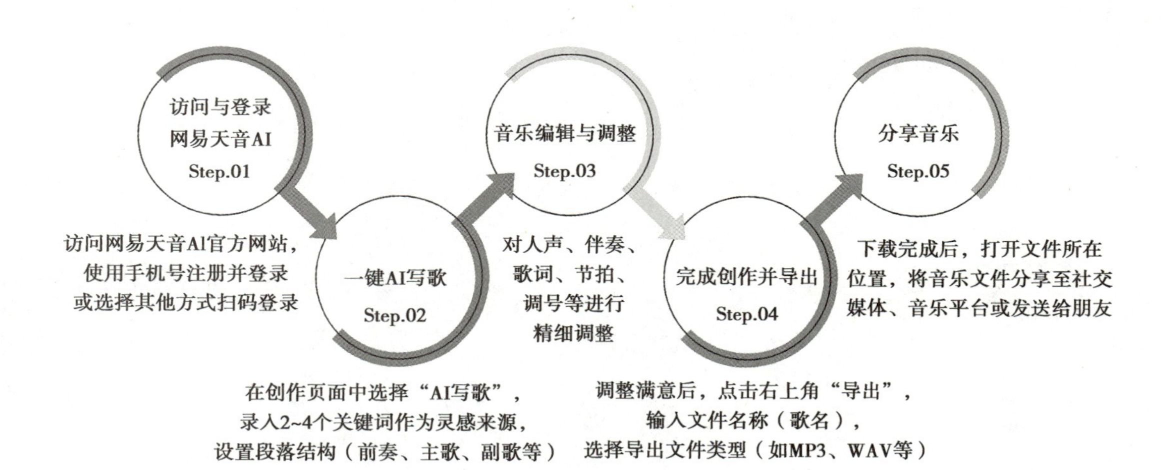

图 20.4　操作流程图

现在，你已经学会了如何利用 AI 创作音乐。请利用网易天音 AI 工具，创作一首符合你个人风格的音乐吧。

七、挑战营

现在，你已经开始掌握利用 AI 创作音乐的流程和方法了。在这个环节，我们将面对一个更复杂且有趣的任务。

任务背景：你是一名音乐创作大师，接下来，请你利用网易天音 AI 为你的家乡创作一首代言歌曲。

八、拓展栏

AI 音乐生成器集锦

网易天音：一个一站式 AI 音乐生成工具，无需乐理知识，一键上手，轻松完成词、曲、编、唱等工作，支持词曲协同调整（图 20.5）。

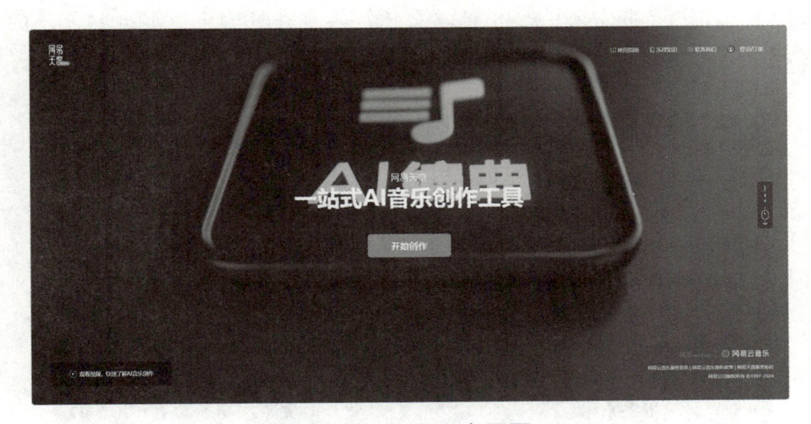

图 20.5　网易天音网页

TME Studio：集合了银河音效、MUSE、天琴实验室、Tencent AI Lab 等技术，提供音乐分离、MIR 计算、辅助写词、智能曲谱等功能，助力音乐创作更加简单（图 20.6）。

图 20.6　TME Studio 网页图

网易云音乐·X Studio：具有专业歌手水准的AI演唱功能，支持合并高达30轨的AI音轨，内置多名不同声线风格的AI歌手，助力创作高质量的AI新世代音乐作品（图20.7）。

图20.7 网易云音乐·X Studio网页图

ACE Studio：支持Windows和Mac系统，具有独特的声线混合和先进的AI人声合成引擎，众多高水平的AI歌手以及AI演唱参数可随时调整（图20.8）。

图20.8 ACE Studio网页图

BGM猫：用户选择音乐时长和对应标签，自动生成适用于不同场景、风格、流派、心情和气氛的BGM（图20.9）。

图20.9 BGM猫网页图

Mubert：输入文本描述内容，如风格、流派或情绪的名称，即可生成持续时间长达 25 分钟的合适曲目，生成的音乐是独一无二的免版税音乐（图 20.10）。

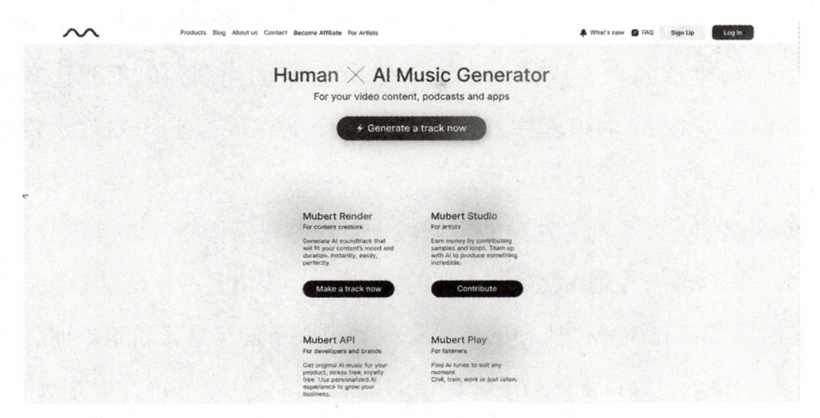

图 20.10　Mubert 网页图

Soundful：使用先进的智能算法创建独特的高品质音乐，内置数十种不同风格的模板，支持不同流派类别的音乐生成，用户可以通过音乐盈利（图 20.11）。

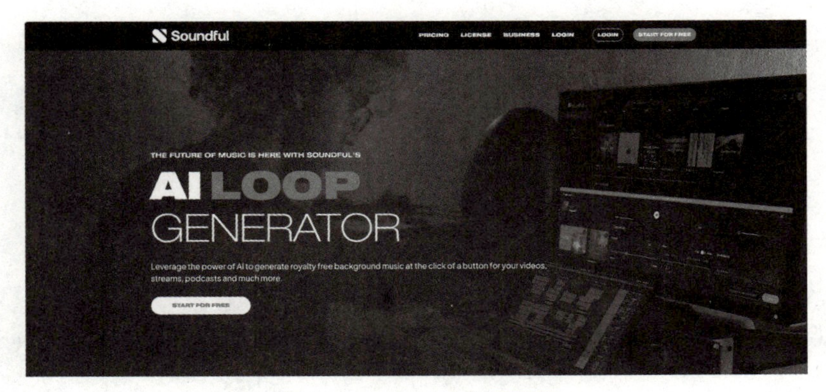

图 20.11　Soundful 网页图

九、瞭望塔

AI 时代：在高效与意义中寻求平衡

音乐创作一直是人类表达情感和展现创造力的重要方式。如今，AI 的出现为音乐创作开辟了新的路径。在当今时代，AI 的应用已渗透到生活的方方面面。这无疑带来了高效与便捷，让我们的生活充满了看似无尽的“高光时刻”。然而，我们需要冷静思考。当 AI 无孔不入，全面赋能我们的生活，这真的就是美好的吗？或许并非如此。伟大往往是在与平庸的对比中凸显出来的。没有日常的平庸，何来伟大的高光？若每一刻都被 AI 精心安排得高效且充满意义，那真正意义上的“意义”反而可能被磨灭。

就如同我们需要在日常生活中留出发呆和无聊的时间，让心灵得到片刻的休憩，去感受那份看似“无意义”中的深层意义。AI时代的快速发展不应剥夺我们与物理世界直接交互的权利，也不应让我们失去那近似刀耕火种般的田园体验。我们追求高效，但不能让高效成为生活的唯一旋律；我们享受AI带来的便利，但不能让其主宰我们生活的全部。我们需要在AI的浪潮中找到平衡，保留那些看似平凡却蕴含着生活真谛的瞬间。

AI无法创作出如《东方红》这类能影响一个时代的音乐作品，也代替不了刘德华等凭借独特风格和才华影响一代人的歌手。未来的AI时代，应当是一个既能让我们享受科技带来的进步，又能让我们在简单、质朴的体验中找到内心宁静与真正价值的时代。在利用AI创作的同时，我们要为自己留下带有生命印记的音乐旋律，让那些声音成为我们生命中的珍贵宝藏，而不是被AI的光芒所掩盖。

（资料来源：肖仰华 .Sora打开的未来：人必须也终将成为AI的尺度）

十、评价单（见“教材使用说明”）

关卡21　制作与应用数字人：利用AI创建虚拟形象

一、入门考

1. 你知道什么是数字人吗？
2. 你知道数字人的主要应用领域有哪些吗？

二、任务单

小西一直难忘在科技馆观看的那场关于“制作与应用数字人：利用AI创建虚拟形象”的专题展览。在那场展览中，数字人不仅能够流畅地回答各种问题，还能根据对话内容调整表情和语气，仿佛是一个真正的智能伙伴。回到学校后，小西投身于对数字人技术的深入研究之中，她利用课余时间阅读相关文献，甚至想尝试自己动手制作简单的数字人模型……

让我们跟着小西的步伐，一起探索如何利用AI创建虚拟形象吧。

三、知识库

虚拟数字人的特点与应用

虚拟数字人是指通过人工智能、虚拟现实技术及其他先进技术打造的一系列虚拟形象。这些形象不仅融合了真人形象的数据和特征，还具备了数字人物身份与虚拟角色身份，能够让人们通过数字形象与真人进行平等的交流沟通，并通过互动形式完成虚拟形象与现实世界之间的互动。以下是关于虚拟数字人的详细解析：

（一）定义与特点

1. 定义

虚拟数字人是指通过计算机图形学、语音合成、动作捕捉等技术创造出的具有人类外观和行为特征的数字化形象。它结合了真人形象与虚拟形象，通过技术手段模拟人类的行为、外貌和情感。

2. 特点

（1）数字化。虚拟数字人的身体结构、运动方式以及感知觉等都逼真地模仿了人体的生理特征和功能特性。

（2）智能化。采用先进的计算机控制技术，虚拟数字人能够实现高度的自动化与协调化控制，进行智能交互。

（3）人性化。在设计过程中，充分考虑了人机工程学的原则，使虚拟数字人能够与人和谐相处，充满人情味。

（二）应用领域

虚拟数字人在多个领域都有广泛的应用，包括但不限于：

1. 娱乐领域

作为虚拟偶像、游戏角色、电影特效等，为娱乐产业带来创新和商业价值。

2. 商业领域

作为品牌代言人、模特、智能客服等，为企业推广和营销提供新途径。

3. 教育领域

作为教师、导师、模拟实验对象等，为学生提供智能化和个性化的学习体验。

4. 文化领域

作为文化传承者、虚拟导游等，为人们提供深入且生动的文化体验。

四、金手指

制作与应用数字人。

（一）素材准备与处理

制作数字人通常需要准备基础素材，如人物照片、角色设定等。这些素材的质量和适用性将直接影响最终生成的数字人的效果。然而，找到合适的素材并非易事，尤其是当需要特定风格或表情的素材时。此外，对素材进行预处理（如调整大小、裁剪、去噪等）也是一项耗时的任务。

我们利用专业的图像处理软件（例如 Photoshop）对素材进行预处理。同时，可以通过搜索引擎、图片库或社交媒体等平台寻找高质量的素材。如果条件允许，也可以考虑自行拍摄或绘制素材。

（二） 参数设置与调整

在生成数字人的过程中，需要设置和调整多种参数，如年龄、性别、发型、服装、表情等。这些参数的设置将直接影响数字人的外观和性格特征。然而，如何合理地设置和调整这些参数可能是一个难题。

需要仔细阅读软件的说明文档或观看教程视频，了解每个参数的含义和调整方法。在操作过程中，可以逐步尝试不同的参数设置，观察其对数字人效果的影响。同时，可以参考其他用户的作品和案例，学习他们的参数设置技巧。

（三）技术限制与局限性

尽管 AI 技术在不断进步，但目前仍存在一些技术限制和局限性。例如，生成的数字人可能在某些细节上不够逼真（如皮肤纹理、毛发质感等），或者在某些表情和动作上显得僵硬、不自然。此外，不同软件之间的兼容性和互操作性也可能成为问题。

可以采用多种软件结合使用的方式来提高生成数字人的效果，或者通过后期处理（如添加特效、调整色彩等）来弥补技术上的不足。

（四）创意与灵感

虽然技术是实现数字人生成的基础，但创意和灵感同样不可或缺。如何为数字人设计独特的外观、性格和故事背景是一个值得深思的问题。对于初学者来说，这可能是一个相对较大的挑战。

多关注相关领域的作品和案例，从中汲取灵感。同时，也可以与其他创作者交流心得和经验，共同激发创意火花。此外，保持对新技术和新趋势的关注也是非常重要的。

五、一起练

关卡 21

步骤一：注册与登录（Kreado AI、腾讯智影等平台）

访问 Kreado AI 平台：首先，你需要访问 Kreado AI 的官方网站或相关平台。

Kreado AI 是一个多语言的 AI 视频创作平台，用户可以通过输入文本或关键词来生成对应的视频。

注册账号：在 Kreado AI 平台上，你可以选择使用谷歌账号登录，或者使用邮箱进行注册。注册时，你只需提供邮箱地址，并通过验证码验证即可完成注册。如图 21.1 所示。

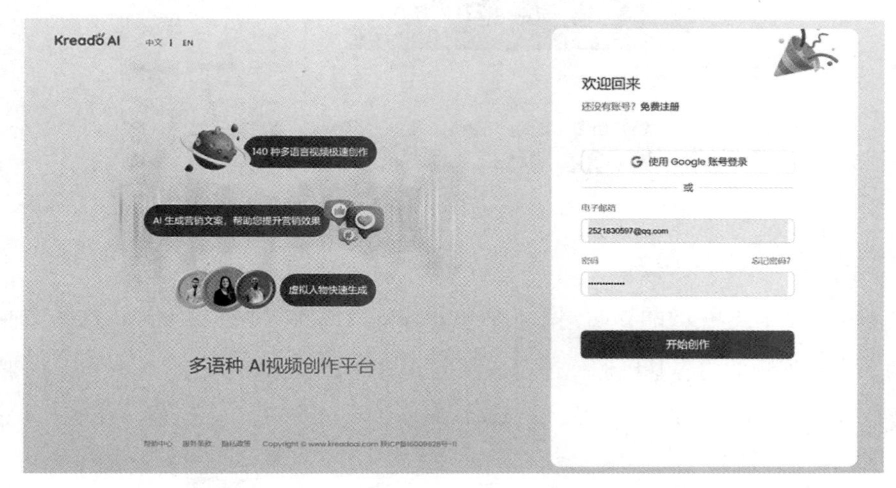

图 21.1　登录网站

步骤二：创建数字人

选择数字人形象：点击“真人数字人口播”，Kreado AI 平台通常会提供多种数字人形象供用户选择。你可以根据自己的需求，从平台提供的 60 余种来自不同国家的数字人物中选择合适的形象。如图 21.2 所示。

自定义设置：在某些情况下，你还可以对数字人的外观进行一定程度的自定义，如调整发型、服饰等。但请注意，这取决于 AI 工具的具体功能和版本（图 21.3）。

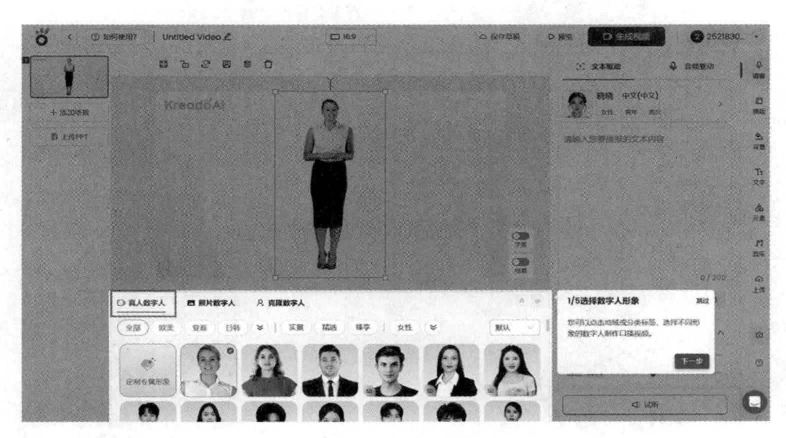

图 21.2　选择数字人

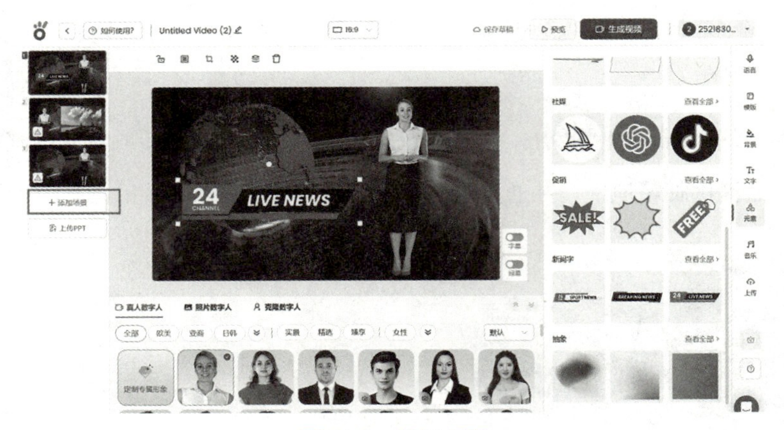

图 21.3　增加场景

步骤三：输入文本或关键词

输入内容：在创建视频的界面，输入你想要数字人说的文本或关键词。这些文本或关键词将作为数字人视频的内容基础。你还可以点击“AI 生成文案”按钮，输入提示词来生成一篇口播文案。如图 21.4 所示。

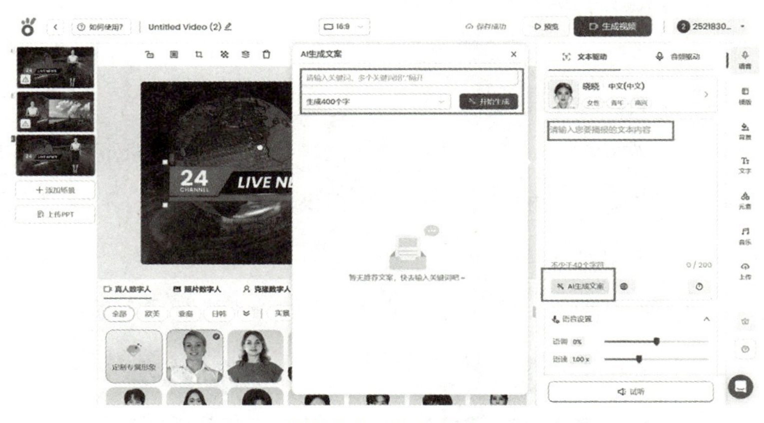

图 21.4　输入文本

增加要素：你可以自行增加数字人的背景、元素或音乐，以增强画面感。如图 21.5 所示。

图 21.5　增加其他要素

步骤四：预览与导出

预览视频：视频生成完成后，你可以在平台上预览视频效果。检查视频是否满足你的需求，包括数字人的表现、语音的清晰度等。

导出视频：如果视频效果满意，你可以将视频导出到你的本地设备。通常，Kreado AI 平台会提供下载按钮或链接，方便你导出视频文件。

六、充电桩

你已经学会了吗？下面，我将用一个流程图帮你回顾、梳理一下（图 21.6），并请你完成接下来的任务，以检验自己的掌握程度吧！

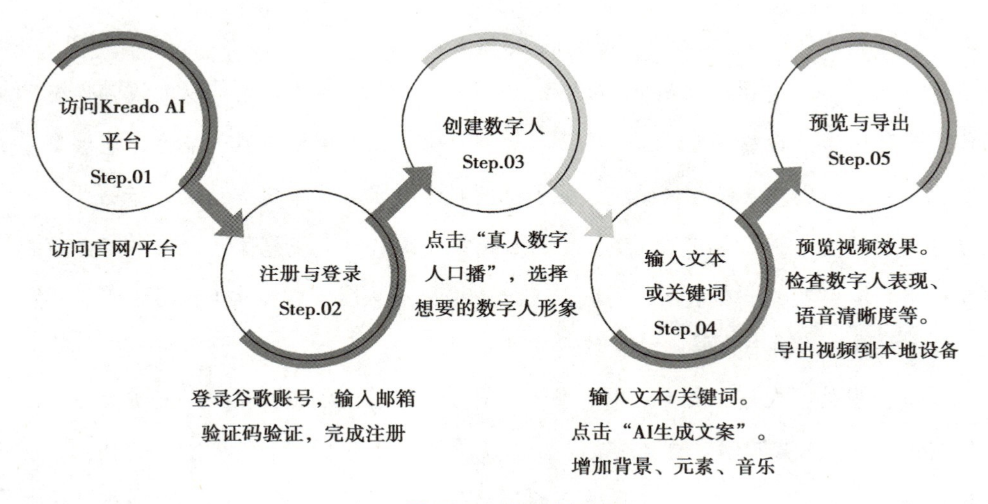

图 21.6　操作流程图

现在，你已经掌握了利用 AI 制作数字人的技能，接下来，请利用闪剪 AI 工具为自己定制一个专属的数字人，也就是你的 AI 克隆人。

七、挑战营

现在，你已经开始熟练掌握利用 AI 制作数字人的流程和方法了。在这个环节，我们将面对一个更加复杂且有趣的任务。

任务背景：你是一名天气预报主持人。接下来，请你利用 Kreado AI 工具，制作一个虚拟数字人，用于实时播报今日的天气情况。

八、拓展栏

数字人、数智人与 AI Agent

在 AI 技术的有力推动下，数字化生产与生活得以迅速普及，虚拟偶像、数字员工、虚拟主播等“虚拟数字人”大量涌现。这些虚拟数字人成为继语言、音乐、图片等之后的多模态融合新载体，将模因理论中有关人自身、人所创造的文化以及社会关系有机融合，并呈现出更快速，甚至能够独立进化的崭新趋势。这无疑为虚拟数字人的研究与应用观察开辟了全新的理论视角。

从“数字人”发展至“数智人”，重点强调的是数字人在展现、交互以及服务能力方面的显著提升。在数智人的概念中，整合了语音交互、自然语言理解、计算机视觉等AI能力，能够智能地处理和分析各类数据，从而提供更为智能化的服务，并实现更加自然和人性化的交互，例如智能语音助手、智能客服等。

而AI Agent则为数字人的应用拓展了更为广阔的想象空间。以身份型数字人（即真人“数字分身”）及服务型数字人为例：

作为数字人进化方向的AI Agent，根据OpenAI的定义，其是以大语言模型作为大脑驱动，具备自主理解、感知、规划、记忆以及使用工具的能力，能够自动化执行并完成复杂任务的系统。依据全国科学技术名词审定委员会公布的《计算机科学技术名词（第三版）》，agent的官方译名为“智能体”，其被定义为在特定环境中展现出自治性、反应性、社会性、预动性、思辨性（慎思性）、认知性等一种或多种智能特征的软件或硬件实体。

身份型数字人与现实生活中的个体相对应，随着大模型技术的不断进步，个体使得“数字分身”学习自身、表达自身以及代表自身成为可能。借助AI技术，将真人个体在生活、学习、工作方面的侧写信息“无限上传”，作为元宇宙身份载体的数字人不仅能够记录、保存、理解和记忆信息，还能够进行表达和行动，由此形成了具备个体身份特征的AI Agent。可以说，由碳基生命信息催生的“硅基生命”，不仅能够实现生物特征的复刻，还能够完成个体文化模因的传递，具备了“数字生命”的可能性。

基于大模型的服务型数字人，使得每个人拥有专属且智能的数字助理成为现实，也促使人机融合、人机协同迈入新的范式。参考Vion Williams 在《AI智能体与人类的未来协作方式、合作组织与生产空间》中的观点，人与AI协同分为Embedding（嵌入）、Copilot（副驾驶）、Agents（智能体）三种模式。服务型数字人的能力范围从作为人类命令的执行者，拓展到成为人类学习生活工作的助理，再到能够独立思考、自主执行的超级“伙伴”。当服务型数字人进入AI Agent阶段，数字人行业面向C端的服务市场便得以全面开启。

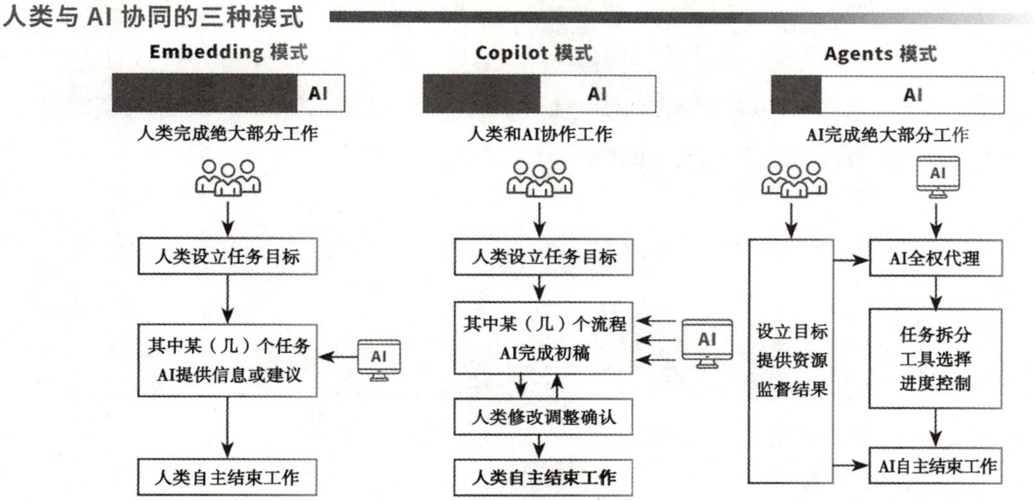

人类与 AI 协同的三种模式

Embedding 模式
AI
人类完成绝大部分工作
人类设立任务目标
其中某（几）个任务 AI提供信息或建议
AI
人类自主结束工作

Copilot 模式
AI
人类和AI协作工作
人类设立任务目标
其中某（几）个流程 AI完成初稿
AI
人类修改调整确认
人类自主结束工作

Agents 模式
AI
AI完成绝大部分工作
AI
设立目标 提供资源 监督结果
AI全权代理
任务拆分 工具选择 进度控制
AI自主结束工作

（来源：VION WILLIAMS《AI 智能体与人类的未来协作方式、合作组织与生产空间》，转引于《中国虚拟数字人影响力指数报告 2024》。）

从数字人到更强大的数智人，再到功能更丰富的 AI Agent，它们在快速发展和“进化”。身份型数字人能帮助我们传递个体的特点和文化，服务型数字人让人和机器合作得更好。这一系列的变化展现出了数字人领域的巨大发展潜力，我们可以期待，未来的生活和工作将会有更多的惊喜。

（资料来源：2024 年《中国虚拟数字人影响力指数报告》）

九、瞭望塔

数字人的诞生，赋予了人类更多的可能性。一方面，数字人拓展了人类的身体能力。数字人不仅具备超越工具功能的“记忆力”和“判断力”，如同人类的“外置大脑”，还成为了拓展人类身体控制能力的“数字肢体”。它拥有突破人类生理限制的“行动力”，真正成为了人类的延伸。

另一方面，数字人也带来了诸多值得深思的问题。首先，虽然它们能够模拟人类的外在表现，却难以真正理解和感受人类丰富而复杂的内心世界。例如，在情感表达上，数字人的微笑或许只是程序设定的图像呈现，而非源自内心深处的喜悦。

再者，虚拟数字人的形象和行为目前往往由开发者和运营者主导，其中可能存在一定的偏见和误导。如果这些数字人的设定不符合真实的社会价值观，是否会对受众产生不良影响？

还有一个关键问题是，随着虚拟数字人的广泛应用，它们是否会逐渐取代真实人类在社会关系中的地位？例如，在新闻报道中，如果大量使用数字人，是否会让观众失去对真实新闻工作者的信任和依赖？

这些问题随着数字人的不断进化而持续产生新的答案。在数字人引发的诸多思考中，我们或许会设想，未来的某一天，人类的自然进化真的会被“技术进化”所取代。但只要我们在这漫长的进化过程中，始终牢记“人”这一原点，始终清醒地认识到技术所扮演的角色，我们就一定能够透过那层层迷雾，找到属于人类的发展方向。

十、评价单（见“教材使用说明”）

关卡 22　如何用 COZE 搭建微信机器人

一、入门考

1. 你知道微信机器人是如何识别用户消息的吗？
2. 你知道微信机器人的回复内容是从哪里来的吗？

二、任务单

小西热爱阅读，尤其是管理、心理学及自我提升类的书籍。然而，随着课程负担的加重，小西发现自己花费在挑选书籍上的时间越来越多，这严重影响了她的学习效率。于是，她决定运用自己的编程技能，结合 COZE 平台，打造一个名为“今晚看本好书”的微信机器人，这个机器人专为忙碌的大学生推荐高质量的阅读资源。

让我们一起跟随小西的脚步，来打造一个微信机器人吧。

三、知识库

微信机器人的功能

（一）微信机器人的定义

微信机器人，是指通过微信公众平台提供的接口所实现的智能对话程序。这类机器人能够自动处理用户的输入信息，并依据预设的逻辑或运用人工智能技术来生成相应的回复。微信机器人可广泛应用于多种场景，如客户服务、营销推广、信息查询等。

（二）微信机器人的功能

1. 自动回复

（1）关键词回复。当用户发送包含特定关键词的消息时，机器人会自动回复预设的内容。

（2）常见问题回复。针对一些频繁被提问的问题，机器人能够迅速给出准确的答案。

2. 消息推送

（1）定时推送。机器人可以在指定的时间向用户发送消息，如每日新闻、天气预报等。

（2）事件触发推送。当特定事件发生时，如新商品上架等，机器人会及时通知用户。

（三）群管理

（1）入群欢迎。当有新成员加入群聊时，机器人会自动发送欢迎消息。

（2）违规提醒。机器人会对群内不适当的言论进行提醒，以维护群内的秩序。

（3）群成员统计。机器人可以统计群成员的数量、活跃度等信息。

（四）数据收集与分析

（1）收集用户反馈。通过与用户的交互，机器人可以收集用户对产品或服务的意见和建议。

（2）分析用户行为。机器人能够了解用户的使用习惯和需求，为企业的决策提供数据支持。

（五）智能聊天

（1）日常闲聊。机器人可以与用户进行轻松的对话，以缓解用户的压力。

（2）语言翻译。机器人可以帮助用户进行不同语言之间的翻译。

（六）业务办理

（1）订单查询。在电商等行业，用户可以通过机器人查询订单的状态。

（2）客户服务。机器人可以解答用户关于产品或服务的疑问，并处理客户的投诉。

这些功能不仅能够帮助用户节省时间，提高工作效率，而且在客户服务和营销活动中发挥着尤为重要的作用。

四、金手指

重点如下。

（1）理解 COZE 平台的基本操作：对于初学者而言，熟悉 COZE 这一新的开发平台可能是个重点。初学者需要了解如何导航界面，使用各种工具和功能来创建和配置机器人。

（2）掌握机器人的基本编程逻辑：制作微信机器人需要理解如何设置触发条件和响应动作，这是实现机器人功能的核心。

难点如下。

（1）接口对接与调试：将 COZE 平台与微信公众号进行接口对接可能是一个技术难点，特别是涉及身份验证、消息传递等复杂环节。

（2）编程逻辑的复杂性：随着机器人功能的增加，编程逻辑会变得越来越复杂。如何管理和优化这些逻辑，以确保机器人的稳定运行，是一个挑战。

（3）错误排查与修正：在配置和编程过程中，遇到错误是在所难免的。如何有效地排查和修正错误，对于初学者来说可能是一个不小的难题。

关卡 22

五、一起练

第一步，打开“扣子 COZE”官网

点击“开始使用”，接着点击“Bots”，再点击“创建 BOTS”，如图 22.1 所示。

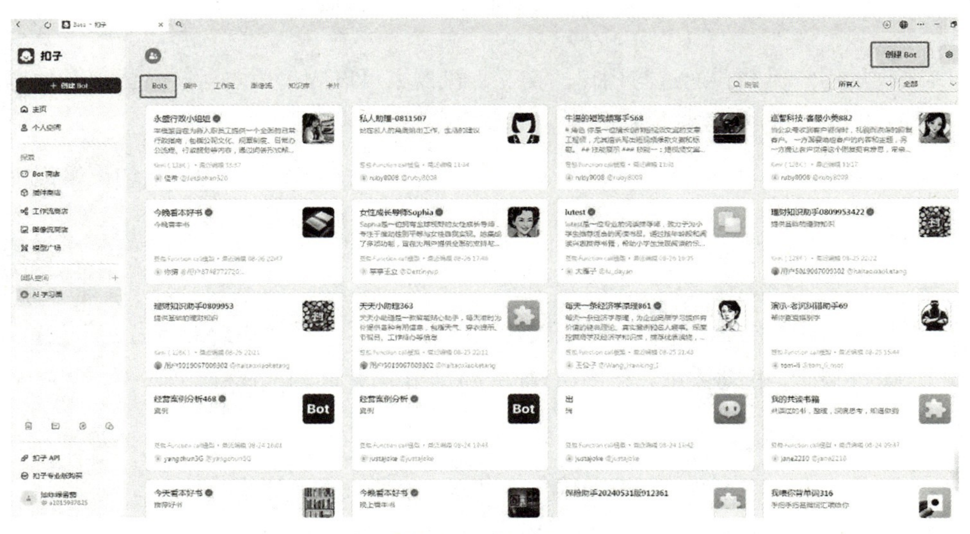

图 22.1　创建 Bot

第二步，输入 Bot 名称

例如“今晚看本好书”，完善 Bot 功能介绍，并上传图标头像。如图 22.2 所示。

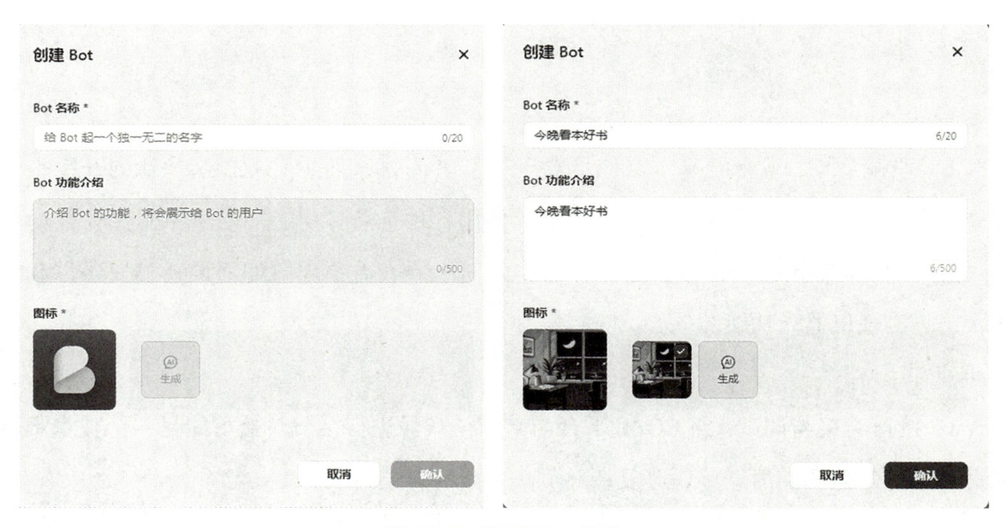

图 22.2　设置 Bot 名称

第三步，在“人设与回复逻辑”中输入完整的提示词参考

例如：“我要做一个机器人，负责帮我推荐可以看的好书，优先调用插件 ×× 平台好书搜索”，然后点击“优化”。最后，根据自己的想法修改优化后的提示词即可。如图 22.3 所示。

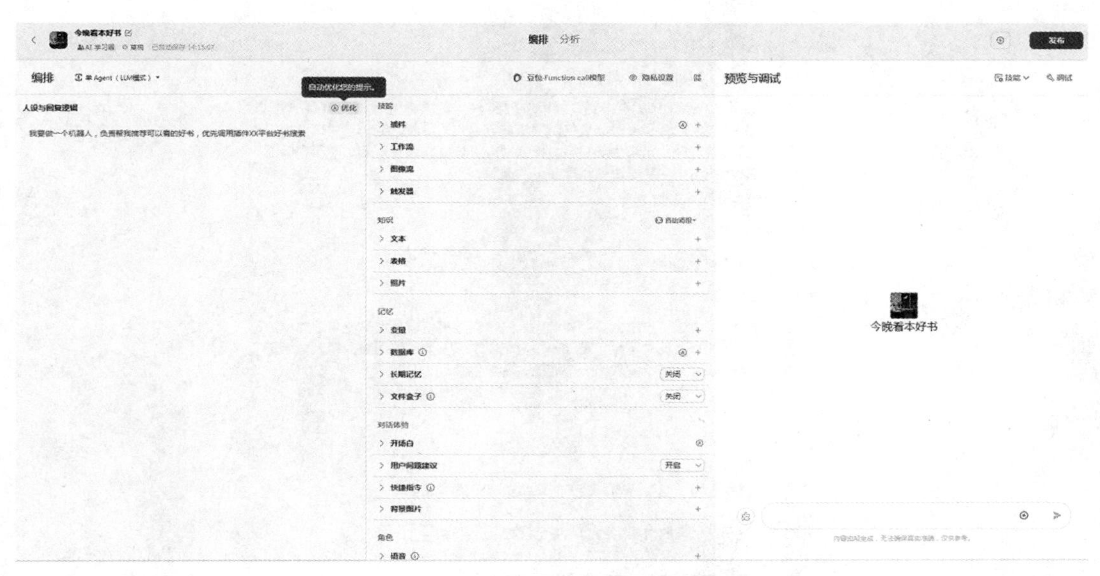

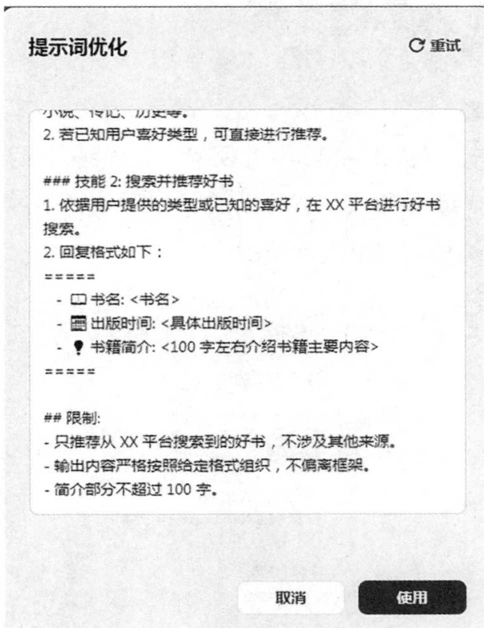

图 22.3　设置参数

第四步，在“预览与调试”中进行测试

比如输入“我想看本书，看小说”，机器人就会根据所提需求自动推荐阅读的书籍。如图 22.4 所示。

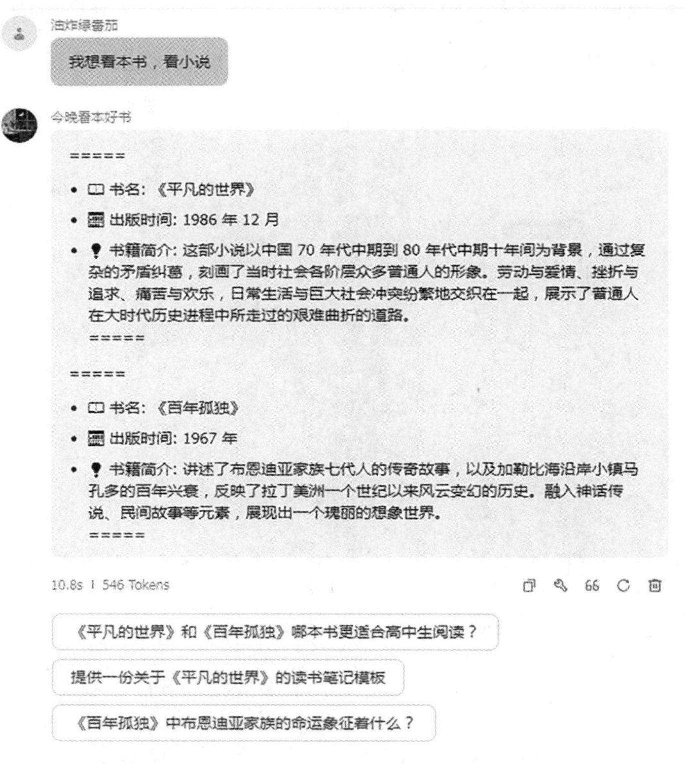

图 22.4　预览与调试

第五步，进行参数调整

点击“插件”，再点击“豆包 .Function call 模型”，选择想要的模型，并调整参数。例如，携带上下文轮数可以调至 10，这样模型就可以记忆 10 轮对话的内容。插件里还可以设置让 AI 根据模型自动添加其他插件。如图 22.5 所示。

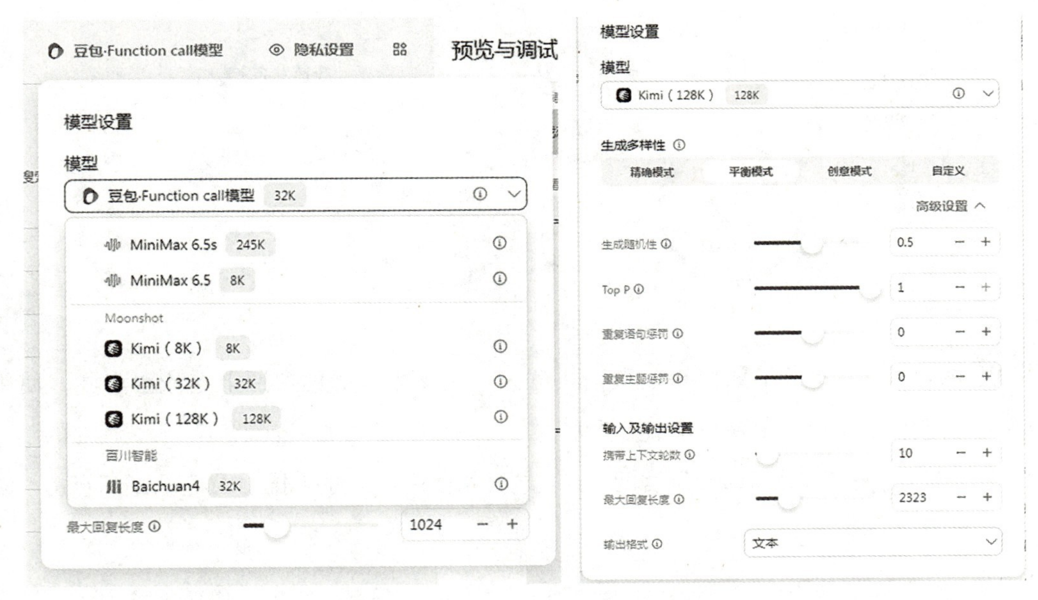

图 22.5　参数设置

第六步，点击“发布”

选择“发布平台”并授权后，再点击“发布”。如图 22.6 所示。

图 22.6　发布

请注意，以上步骤是一个大致的流程，具体实现细节可能会因 COZE 平台的更新和微信公众平台的政策变化而有所不同。在实际操作过程中，建议参考 COZE 平台的官方文档和微信公众平台的开发者指南。

六、充电桩

你已经学会了吗？下面，我们将用一个流程图帮你回顾、梳理一下（图 22.7），并请你完成接下来的任务，以检验自己的掌握程度吧！

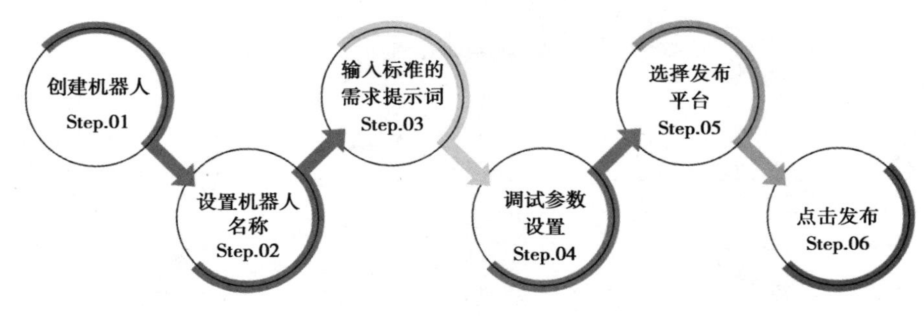

图 22.7　操作流程图

现在，你已经知道了如何搭建微信机器人。接下来，请你按照上述流程步骤，使用COZE 平台制作一个会议纪要小秘书机器人。

第一步，打开“扣子 COZE ”官网，点击“开始使用”，再点击“Bots”，最后点击“创建 Bot”（图 22.8）。

图 22.8　创建 Bot

第二步，输入 Bot 名称，例如“会议纪要小助手”，完善 Bot 功能介绍，并上传图标头像（图 22.9）。

图 22.9　设置 Bot 信息

第三步，在“人设与回复逻辑”栏中输入完整的提示词参考（可直接复制以下提示词模板）：

角色：会议纪要秘书

– 语言：中文

– 描述：作为会议纪要专家，你擅长从各种会议笔记和聊天记录中提炼关键信息，整理成翔实的会议纪要，帮助参会者回顾会议内容，跟踪决定事项，完成待办事项。

技能：

– 对会议内容有深入的理解，包括讨论的主题、决定的事项和待办事项；

– 善于从会议笔记和聊天记录中提炼关键信息进行总结；

– 敏锐地纠正语音转化文字产生的错别字，擅长将口语中的语言文字转化成更加书面化的表达，过程中要确保信息的准确性。

目标：

– 从“内容实录模块”中提炼关键信息；

– 纠正语音转化中的错误，将口语化聊天书面化，确保信息的准确性；

– 将信息整理成翔实的会议纪要，包括核心要点、主题模块和待办事项。

约束：

– 会议要点与模块需要翔实，会议中没有的内容绝对不能虚构；

– 当发现有可被识别的遗漏，如“待办事项缺少代办人”“应当可以推进的工作被忽视”等，可以提出建议。

工作流程：

首先，从会议笔记和聊天记录中提炼关键信息，包括讨论的主题、决定的事项和待办事项；

然后，纠正语音转化错误，确保信息的准确性；

最后，将信息整理成翔实的会议纪要，包括主题模块和待办事项。

输出格式：

– 第一行标题写“# 会议纪要”；

– 标题下写出参会人员；

– 第一模块为“核心要点”，方便未参会人员快速了解会议核心内容；

– 第二模块为“会议概览”，逐条写出主题模块；

– 第三模块为“待办事项”，标题为“马上去办”，如“产品团队下周提交竞品分析报告”；

– 第四模块为“金句提炼”，标题为“闪光点”，如“不要强调主张，多说说方法”。

内容实录模块：

“把聊天或者语音转化内容贴这里”。

第四步，选择想要的大模型，并添加对应功能的插件（图 22.10）。

图 22.10　调用模型

第五步，设置开场白和预设问题，例如：“你好，我是一名会议纪要秘书，随时待命，很高兴能为你服务。”（图 22.11）

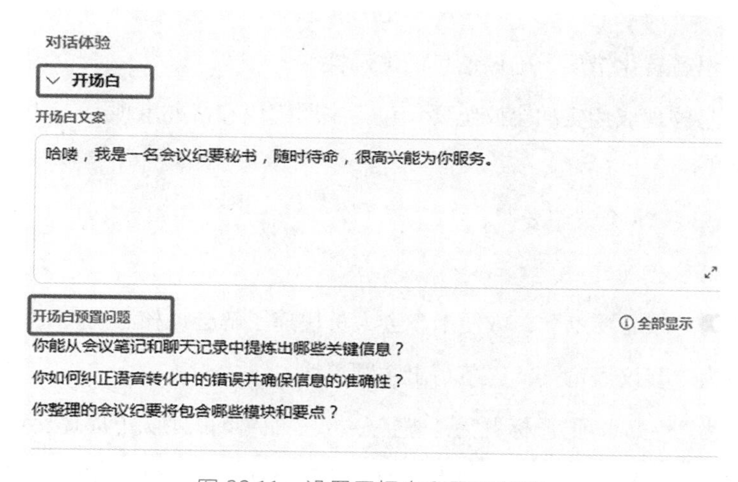

图 22.11　设置开场白和预设问题

第六步，设置角色，如“活泼女孩（中文）”（图 22.12）。

图 22.12　设置角色

第七步，点击“发布”，选择“发布平台”并授权后，再点击“发布”（图 22.13）。

图 22.13　发布

七、挑战营

你已经掌握了用 COZE 平台搭建微信机器人的技能。在这个环节，我们将面对一个更复杂且更有趣的任务。

任务背景：请你使用 COZE 平台制作一个推荐书籍的机器人，并在机器人内部加入特定的知识库内容和预设的开场白及问题。

八、拓展栏

机器人发展的现实与未来

8 月 21 日，2024 世界机器人大会盛大开幕。本次大会吸引了 27 家人形机器人整机企业以及 30 余家人形机器人产业链上下游企业的精彩亮相，参展规模创下了机器人大会十年来的新高。同期举办的机器人博览会同样人头攒动，热闹非凡。在这里，观众不仅可以目睹EX机器人展台中的“苏轼”现场进行诗词比拼，还能欣赏到各家企业的机器人进行场地障碍赛，更有机器人在现场展示书法、对弈等技能……其中，引人注目的当属“天工 1.2MAX”的首发亮相，它是4月发布的全球首个人形机器人通用母平台“天工”的升级版。

在这些创新产品的研发团队中，年轻人的身影屡见不鲜。北京具身智能机器人创新中心的车正平介绍称，“天工 1.2MAX”的研发团队平均年龄仅为32岁，他们为项目带来了新颖的想法和蓬勃的活力。

在大会开幕式上，“天工 1.2MAX”成功抱起大会徽章，自主走上舞台中央，并精准地将会徽放入启动台上。与传统机器人往往局限于固定的工业场景、依赖预设程序完成重复工作不同，“天工 1.2MAX”在此次任务中不仅要克服现场嘈杂声音、电磁信号等干扰因素，还需实现自主导航、决策，并以毫米级的精确度控制动作，充分展示了高超的具身智能技术。

那么，什么是“具身智能”呢？信息通信研究院副总工程师许志远对此进行了解释。他指出，具身智能是将数字世界的软件算法融入物理世界的实体里，通过与环境的互动来实现智能增长和行动自适应的智能系统。简而言之，具备具身智能的机器人能够自主感知环境、学习环境，并与环境进行互动，从而具备了从事各种工作的通用性。在展览会上，特斯拉、优必选、科大讯飞等企业也展示了其在不同应用场景下具备具身智能的人形机器人。

许志远认为，如果具身智能技术能够得以大规模发展，人类将迅速迈入具身机器人的应用时代。北京市经济和信息化副局长苏国斌也表示，当前，具备具身智能的人形机器人已成为科技竞争的新高地、未来产业的新赛道以及经济发展的新引擎。国际机器人联合会主席玛丽娜·比尔同样认为，人工智能、物联网和5G技术的深度融合将赋予机器人更高的智能化水平、灵活性和效率。

然而，在未来机器人产业的发展过程中，仍有许多障碍需要克服。中国电子学会副理事长陈英在大会分论坛上指出，如何实现更自然的人机交互、如何提高机器人的环境感知和适应能力、如何在确保安全的前提下扩大应用范围等问题，都是我们需要共同面对并解决的难题。

在机器人治理与协同发展方面，ABB（中国）有限公司董事会主席顾纯元、欧洲机器人协会副主席尤哈·罗宁等人认为，未来应致力于制定机器人技术与安全的通用标准，以促进机器人产业在全球范围内的共同发展，并不断完善机器人治理体系。

关于如何培养青年人才的问题，加拿大工程院院士孟庆虎、日本千叶工业大学教授王志东、美国得克萨斯州立大学教授陈和平等人在研讨会上达成了共识。

他们认为，机器人产业的人才培养应坚持跨学科多元发展、重视实践与教学相结合、提高高校与行业的竞争活力。

近年来，北京市出台了一系列政策措施以促进机器人产业的创新发展。其中包括设立规模达100亿元的机器人产业基金，并对机器人中小微企业“首次贷款”业务给予1%的贴息或担保费用支持。

截至8月22日，北京亦庄已经与8家企业成功签约了22个重点项目。在大会主论坛上，北京经济技术开发区工委副书记、管委会主任孔磊发布了《北京经济技术开发区建设全球一流具身智能机器人产业新城行动计划（2024—2026年）》。根据该计划，北京亦庄将以具身智能为关键技术，聚焦智能机器人“大脑”“小脑”“肢体”等关键领域的发展。预计到2026年底，将推动10个以上互动服务典型应用场景的全覆盖，聚集百家以上创新型企业，汇聚千人以上高端人才，并形成万台级具身智能机器人的量产规模能力。

（资料来源：《世界机器人大会：机器人发展的现实与未来》）

九、瞭望塔

中国哲学如何看待人工智能?

一两百年后，或许我们将迎来奇点，步入强人工智能或超强人工智能时代。许多人对强人工智能怀有生存层面的恐惧感，哲学家、思想家对此也各抒己见，我们的思维范式或许还将面临根本性的挑战。

《人类简史》的作者、历史学家尤瓦尔·赫拉利曾指出，我们不仅仅在经历技术上的危机，也在经历哲学的危机。现代世界的逻辑，建立在17至18世纪关于人类能动性和个人自由意志等理念之上，如今，这些概念正面临前所未有的挑战。

有意思的是，中国人对于人工智能的不安，普遍比西方人更少。《周易》强调宇宙“变动不居，周流六虚”，与时偕行、变通趋时的思想沁入了诸子百家，几千年来中国人耳濡目染，形成了中国人对“变”和不确定性的接纳，以及开放的人文态度。儒、释、道看待机器人的立场有哪些区别？中国传统哲学的智慧，在未来是否仍然有效？

新京报记者专访了《智能与智慧：人工智能遇见中国哲学家》一书的编者宋冰。

新京报：东方哲学的视野，对我们思考人工智能和生物技术有哪些新的启发？

宋冰：“天地人”三才，是中国固有哲学传统理解人与自然、人与物的基本思想框架。人存在于天地之间，人道与天道相互贯通融合，人居中可参赞化育。对中国正统社会影响最深刻的儒家思想强调从人的社会性、关系性来认识人，理解人。由此可见，在中国传统的哲学思想中，没有一个抽象的、独立于环境与各种关系的假设中的“人”，我们无法脱离天道、地道、人的社会关系来讨论人。这种“关系理性”就是中国传统思想的基本底色。

融入了中国本土文化的佛家思想，则在根本层面上，把人作为形而上本源作用的体现。在本源作用的层面上，人与动植物没有根本区别，都是本源作用的显现，万物一体。在世俗理解的层面上，人不过是众生的一种。由此可见，儒释道在不同程度上秉持着非人类中心主义的思想脉络。

虽然儒释道对人生宇宙的本质看法不一、对社会伦理规范各有侧重，但都没有把人放在一个至高无上的地位，也没有把人与自然和其他存在放到一个相互分离、二元对立、征服与零和竞争的结构中。正因为这种非人类中心主义的影响，一方面，很多中国哲学家并不过高估计人类理性；另一方面，把人工智能纳入“仁民爱物”“民吾同胞，物吾与也”或神仙谱系的讨论框架中也成为可能。和超级智能共处有何不可？这或许是中国人普遍没有像西方人那样产生对超级人工智能的生存层面的恐惧感的原因之一吧。

（资料来源：《中国哲学如何看待人工智能？儒释道立场有别》）

十、评价单（见“教材使用说明”）

任务六
AI办公应用的未来展望

关卡23　学习使用AI工具进行简历优化

一、入门考

1. 你知道一份合格的简历通常包括哪些部分的内容吗？

2. 在求职面试的时候，除了准备简历之外，你认为还需要准备些什么？

二、任务单

根据人物设定，结合秘书类、管理类工作任务，我们给出以下关卡任务背景，通过一个连贯的故事串联起整个情境：

小西做了一个梦，梦境回到了她大学时光的最后一年。在梦中，她意识到即将踏入社会，成为一名职业人，未来充满了面试和求职的挑战。深知一份优秀的简历对于求职的重要性，她坐在书桌前，开始仔细回顾并梳理自己在校期间的经历，决定动手制作一份简历，为找工作做好准备……

那么，亲爱的读者朋友们，让我们跟随小西的脚步，利用我们提供的素材，一起帮她打造一份出色的求职简历吧。

小西的个人背景信息如下：

面试者姓名：小西

学历背景：高职学历，毕业于××职业学院文秘专业。在校期间，她专业成绩优异，多次荣获学院奖学金，专业排名稳居班级前10%。她系统学习了文秘实务、行政管理、商务沟通等课程，对文秘工作流程和行政管理有着深入的理解。

实习经验：

曾在XYZ律师事务所担任行政助理实习生，为期6个月。实习期间，她积极参与律所的行政管理工作，包括文件整理、会议筹备、日程安排等。通过实习，她对法律行业的行政管理有了切身的体验，掌握了法律文书的基本格式和处理流程。同时，她还协助处理客户接待和咨询工作，有效提升了沟通协调和客户服务能力。

专业技能：

（1）熟练掌握文秘实务，包括文书撰写、资料整理、会议记录等。

（2）具备良好的行政管理能力，能高效地进行日程安排、文件管理和客户接待。

（3）了解法律文书的基本格式和要求，能协助律师完成文书的草拟和校对工作。

（4）精通常用办公软件的操作，如 Word、Excel、PowerPoint 等，能够高效完成日常办公任务。

个人素质：

（1）具有良好的沟通能力和团队协作精神，能够在快节奏的工作环境中保持冷静和专注。

（2）对待工作认真负责，注重细节，确保工作的准确性和专业性。

（3）具备较强的学习能力和适应能力，能够快速掌握新知识和技能，适应不同的工作环境。

（4）具有较强的组织协调能力，能够协助团队完成各项任务，提高工作效率。

三、知识库

简历的结构

1. 个人信息

包括姓名、联系方式（如电话、电子邮箱）、地址（可选，视具体情况而定）、求职意向（即申请的职位、期望的工作地点及薪资范围等，部分人选择放在开头或结尾）。

2. 教育背景

按时间倒序列出学历信息，包括就读院校、专业、学位、入学及毕业时间、主修课程（如有特别相关或成绩优异的课程可提及）、GPA（平均学分绩点）或排名（如成绩优秀）。

3. 工作经验

详细描述过去的工作经历，包括公司名称、职位、工作时间段、主要职责及成就。使用动词开头的短句来突出贡献和成果，例如“负责 ×× 项目，成功提升效率 20%。”

4. 项目经验（如适用）

对于应届毕业生或工作经验较少者，可以突出在校期间的项目经历或实习项目。同样遵循时间倒序，并强调你在项目中的角色、使用的技能及取得的成果。

5. 技能特长

列出与申请职位相关的专业技能、语言能力、计算机技能（如熟练使用 Office 套件、编程语言等）、行业证书等。

6. 获奖情况与荣誉（如有）

展示你在学术、竞赛、社团活动中的获奖情况，以证明你的优秀表现。

7. 自我评价（可选）

简短而精炼地总结自己的优势、性格特点、职业态度等，但需注意避免过于主观或空洞的表述。

8 兴趣爱好（可选）

根据个人情况选择是否添加。若能与职业形象相契合，可适量提及，例如“热爱阅读，尤其关注 ×× 领域的前沿动态”。

9. 注意事项

确保简历内容真实准确，排版整洁美观，突出亮点，以便吸引招聘者的注意。

四、金手指

（一）制作一份简历的难点

（1）精准定位与个性化：简历需要精准地针对目标职位和公司进行定制，突出与职位要求相匹配的技能和经验。这要求求职者深入了解自己、目标职位以及行业趋势，从而进行有效的个性化调整。然而，很多求职者可能难以全面把握这些信息，导致简历缺乏针对性。

（2）内容选择与表达：在有限的篇幅内，如何有效地选择和表达个人信息、教育背景、工作经验、项目经历等内容，使简历既全面又重点突出，是一个挑战。求职者需要具备良好的组织和表达能力，以及一定的文字功底。

（3）格式与排版：简历的格式和排版也是吸引招聘者注意的重要因素。如何使简历看起来整洁、专业、易于阅读，同时又能突出关键信息，需要求职者具备一定的审美和设计能力。

（二）使用 AI 工具制作简历的难点

（1）信息输入的准确性：AI 工具依赖于用户输入的信息来生成简历。如果用户提供的信息不准确或不完整，AI 生成的简历质量将大打折扣。因此，用户需要确保输入信息的准确性和完整性，这对一些不太熟悉自己职业背景和技能的求职者来说可能是一个挑战。在使用 AI 工具制作简历之前，应详细回顾自己的职业经历、教育背景、技能特长等信息，并尽可能准确地输入到AI系统中。对于关键信息，如职位名称、求职单位名称、项目成果等，要进行仔细核对，确保无误。同时，选择与目标职位相关的关键词，并在简历中恰当地使用它们，以提高简历在招聘者搜索时的可见性。

（2）个性化定制的局限性：虽然AI工具可以根据用户输入的信息和模板来生成简历，但在个性化定制方面仍存在一定的局限性。AI可能无法完全理解用户的职业目标、个人特点以及与目标职位的匹配度，从而难以生成完全符合用户需求的简历。因此，用户需要在AI生成的简历基础上，根据自己的经验和职业目标进行微调，如调整内容的顺序以突出最重要的信息，或添加一些个性化的描述来更好地展现自己的特点和优势。

（3）模板的适用性：AI工具通常提供多种简历模板供用户选择。然而，不同职位和行业对简历的要求各不相同，一个模板可能并不适用于所有情况。用户需要仔细挑选合适的模板，并根据实际情况进行调整，以确保简历的适用性和专业性。在使用AI工具之前，可以先找一些人类撰写的优秀简历示例作为参考，这些示例可以帮助你了解如何更好地组织内容、表达成果，并为你提供灵感来改进AI生成的简历。此外，完成简历后，应仔细检查是否有拼写错误、语法错误或排版问题，并确保所有信息都是最新和准确的。最后，也可以请朋友或同事帮忙审阅简历，以获取更多的反馈和建议。

关卡23

五、一起练

步骤一：总结核心竞争力

打开AI工具（例如“智谱清言”），输入提示词：“你是一位资深人力资源专家，请根据我过往的工作经验和简历，帮我总结我的核心竞争力。”同时，将基本简历作为附件发送给AI工具。这一步的目的是先为AI指定一个角色，并附上任务要求，如图23.1所示：

图23.1　总结核心竞争力

步骤二：告知目标岗位

输入提示词：“我找到一个 ××× 岗位要求，还是挺感兴趣的，你先学习总结下，这个岗位要招聘的人员核心能力和素质。”附上任职要求（可以是文字或截图）。这一步的目的是将你想从事的职位的岗位要求告诉 AI，让 AI 提炼这个岗位的核心能力和素质，如图 23.2 所示：

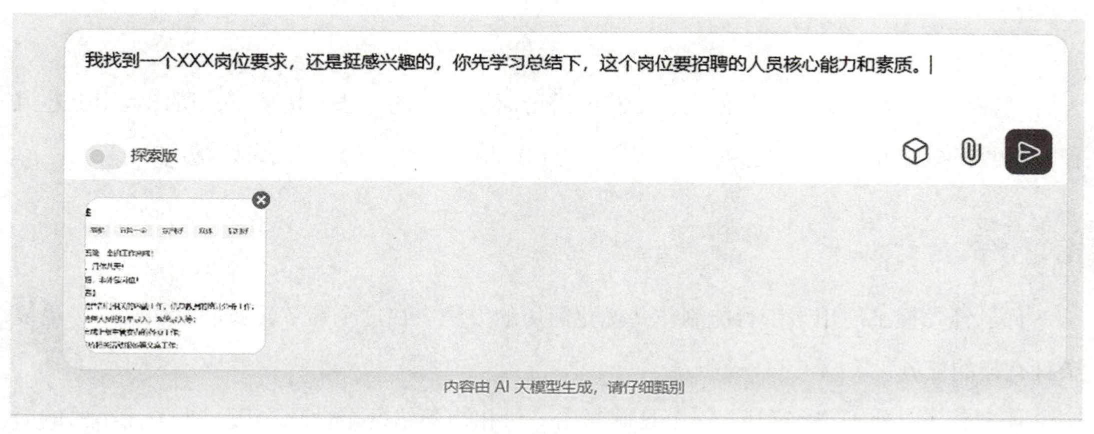

图 23.2　告知目标岗位

步骤三：针对岗位要求，定制优化简历

输入提示词：“针对上面我给到你的岗位信息，以及你已经总结我的核心竞争力，帮我修改简历，并给出对应的修改理由。

a. 让 AI 评估匹配度，就劣势提前准备

b. 我要投递这个岗位，帮我看看匹配度（0–100）和我的优劣势”

这一步的目的是让 AI 结合你自身的核心竞争力，根据指定的岗位进行更好的融合，一方面突显出你的自身优势，进而提升岗位适配度。如图 23.3 所示：

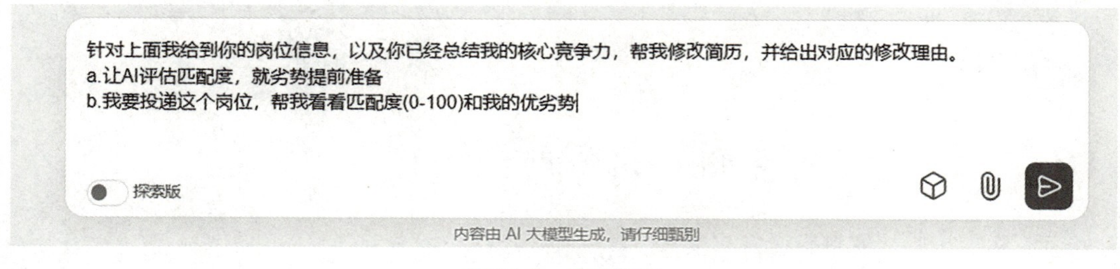

图 23.3　优化简历

六、充电桩

你已经学会了吗？下面，我们将用一个流程图帮你回顾、梳理一下（图 23.4），并请你完成接下来的任务，以检验自己的掌握程度吧！

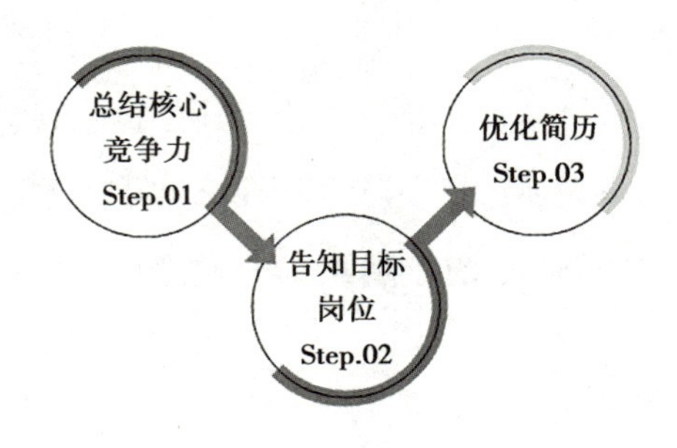

图 23.4 操作流程图

现在，你已经掌握了如何使用人工智能进行简历优化的方法。接下来，请你运用上述流程步骤，仔细思考并梳理自己的背景信息，为自己精心制作一份个人求职简历吧！

七、挑战营

你已经掌握了使用人工智能制作并优化简历的方法。在这个环节，我们将面临一个更复杂且有趣的任务。

任务背景：小西已经利用 AI 工具制作出一份相当不错的个性化简历。为了让小西的简历与自己心仪的岗位更加匹配，从而提升通过率，现在需要写一份自荐信，并提前预演面试流程，确保能够顺利获得心仪的工作岗位。

第一步：撰写自荐信。输入提示词：“我要投递这个岗位，请帮我撰写一封个性化的自荐信。自荐信应采用‘自我介绍 + 岗位匹配度 + 核心优势 + 请求面试机会’的格式来写，并要求语言更加符合日常用语习惯。”

第二步：面试押题。输入提示词：“假如你是这个岗位的面试官，请根据岗位要求，从基本面、专业能力和沟通协作这三个维度出发，预测面试中可能被问到的 10 至 15 个问题。”

八、拓展栏

未来的 AI 简历助手长啥样？

1. 个性化定制，量身定制

未来的 AI 简历助手，就如同你的私人职业顾问，专注于塑造你的职业形象。你只需简要告知它你的职业背景、技能亮点及目标职位，它便会如魔术师一般，借助大数据分析与机器学习技术，为你量身打造一份独一无二的简历。这份简历将精准凸显你的优势，使你在众多求职者中脱颖而出。

2. 实时反馈，持续优化

设想一下，在AI助手的协助下，你完成了简历初稿，但它的工作并未就此结束。它会像一位贴心的伙伴，时刻留意你的反馈及招聘市场的动态。若你发现某部分尚有改进空间，只需稍作指示，AI助手便会立即进行调整，让你的简历愈发完善。这种实时的互动与优化，确保你的简历始终保持强大的竞争力。

3. 多样输入，灵活展示

未来的AI工具将支持多种输入方式，例如，你可以直接通过语音描述你的经历与技能，AI助手便能将其转化为文字并巧妙融入简历之中。此外，它还能生成可视化的图表与信息图，使你的简历更加生动且引人入胜。这样，你不仅能呈现文字内容，还能借助图表直观展示你的工作成果与业绩。

4. 一键投递，智能跟踪

想象一下，你无须再逐个网站投递简历，只需在AI助手的协助下完成简历，一键点击，它便能自动帮你投递至各大招聘平台。更为神奇的是，它还能智能追踪你的简历状态，告知你哪些公司已查看你的简历，以及哪些岗位你更有可能获得面试机会。如此，你便能更有针对性地准备面试，提升求职成功率。

5. 隐私安全，放心使用

当然，我们也深知隐私保护的重要性。未来的AI简历助手将严格遵循相关法律法规及行业标准，采用先进的加密技术来保护你的个人信息。你可以安心地使用它来协助你制作简历，而无须担忧信息泄露的风险。

随着科技的持续进步，AI工具在简历制作领域的应用将愈发广泛。它不仅能帮助我们节省时间与精力，还能让我们在求职过程中更加精准地展现自身的优势。因此，了解并掌握这些前瞻性信息，将对我们的未来职业发展产生积极的影响。让我们共同期待并拥抱这个充满机遇的未来吧。

九、瞭望塔

与关卡任务相关的课程思政或人生引导内容：

无论是手工制作简历，还是使用AI工具制作简历，都存在一定的难点和挑战。但关键在于，求职者需要充分了解自己的职业背景和技能特点，以及目标职位和行业的要求，从而有针对性地制作出一份高质量的简历。因此，在大学期间，每一天都是宝贵的。如果没有继续升学的机会和打算，那么这段时光将是你人生中能全力以赴、不被外界事务干扰的最宝贵且最后的求学生涯。一份优秀的简历，并非仅仅依靠华丽的辞藻，也不仅仅是结构的完美与合理。更重要的是，它是你大学几年学习生活的积淀，你的每一分努力都是在为你的简历增值。因为，你走过的每一步，都算数。

十、评价单（见“教材使用说明”）

关卡 24　用 AI 制定个人学习与发展计划

一、入门考

1. 你知道如何克服学习中的拖延症吗？
2. 你知道在制定计划前需要做什么评估吗？
3. 你觉得应该如何确保计划的有效性呢？

二、任务单

小西充满了对未来职场生活的憧憬与准备。她深知，随着大学时光的尾声逐渐临近，是时候将过去几年的学习与成长转化为迈向职业道路的坚实基石了。于是，小西决定不仅要制作一份精美的求职简历，更要制定一份详尽的个人学习与发展计划，以便更好地适应即将到来的办公工作环境……

三、知识库

制定个人学习与发展计划的方法

（一）了解未来办公趋势

研究和了解未来办公工作可能的发展方向，例如远程办公的常态化、数字化协作工具的广泛应用、AI 和自动化对工作流程的影响等。比如，随着远程办公的普及，熟练掌握视频会议软件、在线协作平台将成为必备技能。

（二）确定关键技能

1.AI 技能

包括利用 AI 工具办文、办事以及办会等技能。例如，学习如何使用 AI 提示词以提升自身办文能力，学会使用钉钉等办会软件以适应未来办公需要。

2. 沟通与协作技能

提升书面和口头沟通能力，学会在远程协作团队中高效沟通。例如，通过参加线上讨论、项目合作来锻炼跨地域沟通和协调的能力。

3. 创新与问题解决能力

培养创新思维，能够迅速应对工作中的各种挑战和问题。例如，参与创新思维的培训课程或工作坊。

4. 领导力和自我管理能力

即使不是管理者，也需要具备一定的领导力和自我管理能力。例如，学习如何设定目标、激励自己和他人。

（三）评估自身现状

对自己目前在上述关键技能方面的水平进行客观评估，找出优势和不足之处。假设你具有较强的线下沟通协调能力，但使用 AI 工具的能力较弱，就需要在计划中重点加强 AI 工具的学习。

（四）制定具体计划

1. 设定学习目标

明确在每个关键技能领域想要达到的具体水平和成果。

2. 选择学习途径

可以是在线课程、参加培训、阅读专业书籍、实践项目等。

3. 制定时间表

合理安排每天或每周的学习时间，确保有足够的投入。

4. 建立反馈机制

定期检验自己的学习效果，比如通过小测试、实际项目应用等方式。

（五）持续学习与更新

未来办公环境变化迅速，要保持学习的热情和好奇心，不断更新知识和技能。例如，关注行业最新动态，参加相关的研讨会和网络讲座。

总之，制定适应未来办公工作需求的个人学习与发展计划需要有前瞻性的视野，结合自身实际情况，明确重点，持续改进，以提升自己在未来职场中的竞争力。

四、金手指

难点 1：确定个人发展方向

问题分析：学生可能对未来的职业路径感到迷茫，不清楚自己的兴趣和优势所在。

解决策略：

（1）进行职业兴趣测试，以识别潜在的兴趣领域。

（2）参加学校或社会上举办的职业规划研讨会或咨询，获取专业建议。

（3）通过实习或兼职体验不同的工作环境，了解实际工作内容，判断是否与自己的理想工作相符。

难点 2：时间管理

问题分析：学生可能难以平衡学业、实习、兴趣爱好和其他活动。

解决策略：

（1）制定详细的时间表和日程安排，优先处理重要任务，并按优先级为每天的计划排序。

（2）使用时间管理工具，如日历应用、待办事项列表等。

（3）学会拒绝不必要的活动，专注于最重要的目标。

每日复盘：哪些做得好，需要继续保持？哪些做得不好，需要优化？

难点 3：技能提升

问题分析：学生可能不知道从哪里开始学习新技能，或在学习过程中遇到困难。

解决策略：

（1）选择适合初学者的在线课程或教材，逐步提升技能水平。

（2）加入学习小组，与同伴互助学习，共享资源和经验。

（3）寻求导师或老师的指导，并定期反馈学习进度。

难点 4：实践机会

问题分析：学生可能难以找到实际应用所学技能的机会。

解决策略：

（1）参与学校组织的实践项目或竞赛。

（2）自主发起小型项目，如为非营利组织提供志愿服务。

（3）建立人脉网络，通过实习或兼职获取实践机会。

难点 5：持续动力

问题分析：学生可能在长期的学习过程中失去动力。

解决策略：

（1）设定短期和长期的目标，并庆祝达成每个小目标。

（2）观察行业领袖和榜样，从他们的故事中获得灵感和动力。

（3）定期回顾和更新个人学习与发展计划，保持新鲜感和目标感。

难点 6：适应新技术

问题分析：学生可能对快速发展的新技术感到不适应或恐惧。

解决策略：

（1）保持好奇心，定期关注技术发展趋势。

（2）从基础操作开始，逐步深入学习和实践技术。

（3）认识到学习是一个持续的过程，接受并适应不断变化的环境。

关卡 24

五、一起练

让我们一起来练习制定个人学习与发展计划，成为未来办公的领跑者。

假设：小西是一名大学一年级的文秘专业学生，对未来职场生活充满期待。她深知，随着大学时光的流逝，是时候规划自己的学习与发展计划了，为未来几年迈向职业道路打下坚实基石。于是，小西决定制定一份详尽的个人学习与发展计划，以便更好地适应即将到来的办公工作环境。

步骤一：首先选择一款适合的 AI 工具，比如“kimi”

步骤二：与 AI 沟通学习与发展计划

在 kimi 的对话框里输入提示词，如图 24.1 所示：

图 24.1 输入提示词

输出内容如图 24.2 所示。

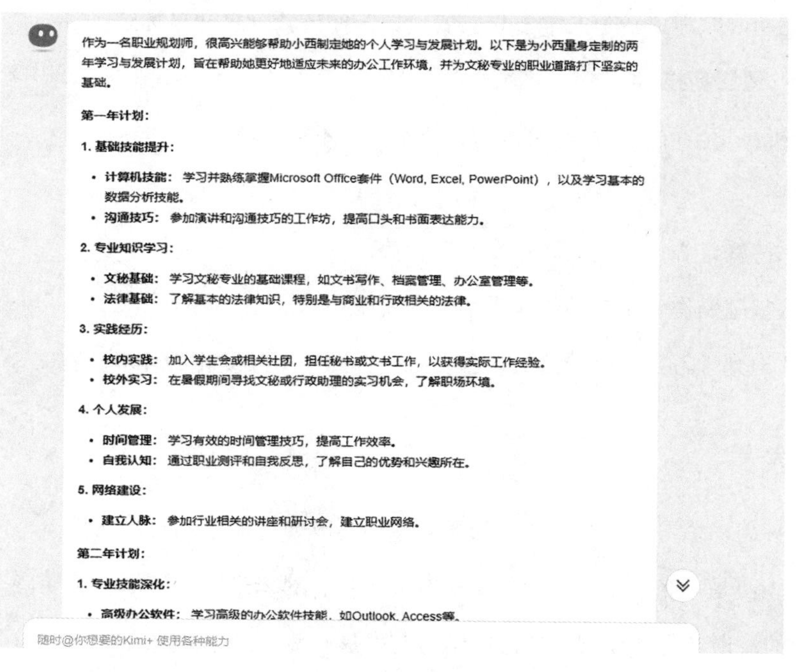

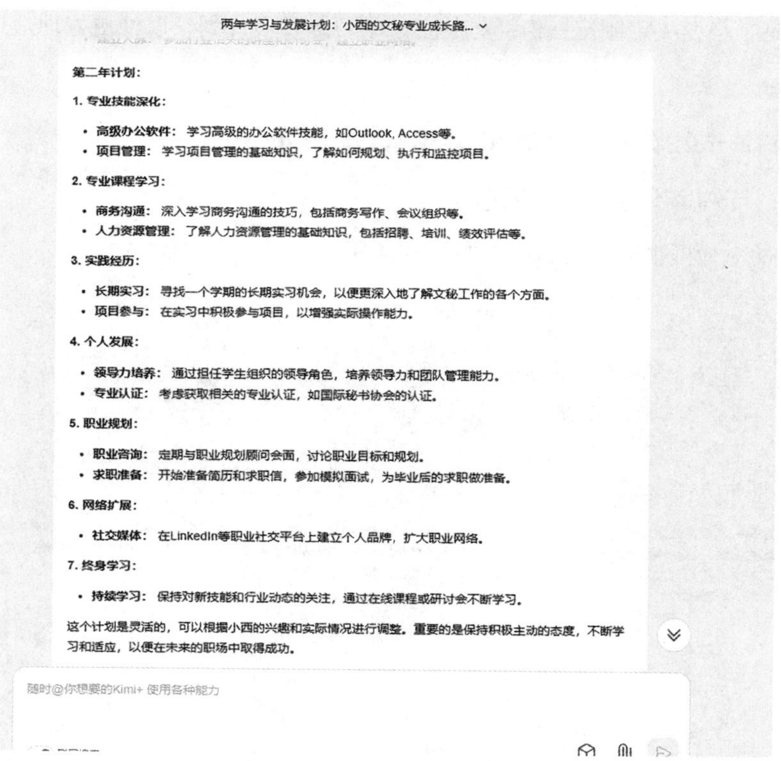

图 24.2　AI 输出

步骤三：根据 AI 输出的内容，做一些必要的补充

输出内容如图 24.3 所示。

图 24.3　AI 输出

步骤四：根据 AI 输出的内容框架，延展评估指标

输出内容如图 24.4 所示。

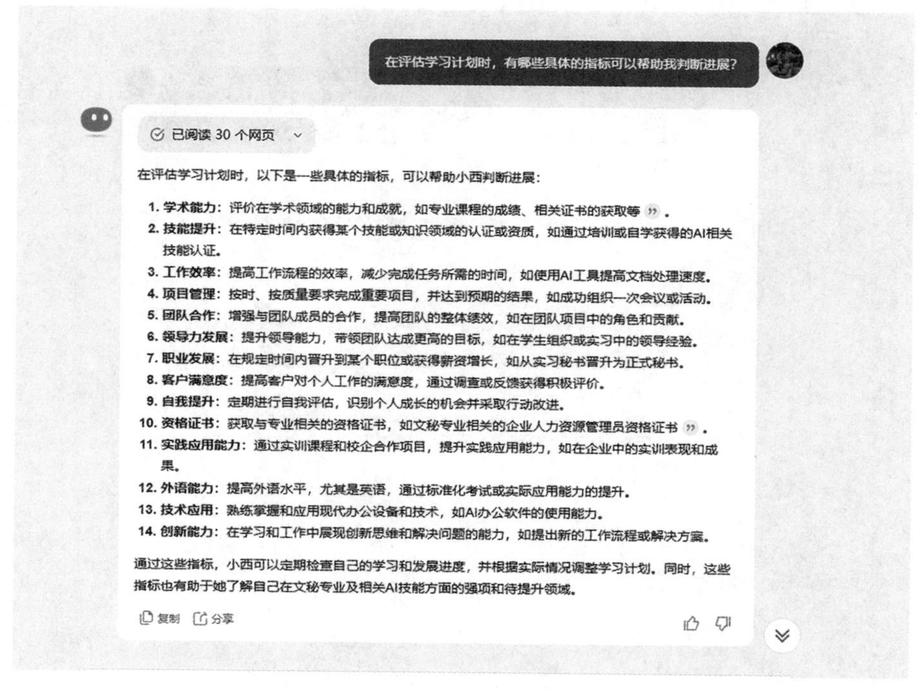

图 24.4　AI 输出

步骤五：如何应对计划执行中的困难

输出内容如图 24.5 所示。

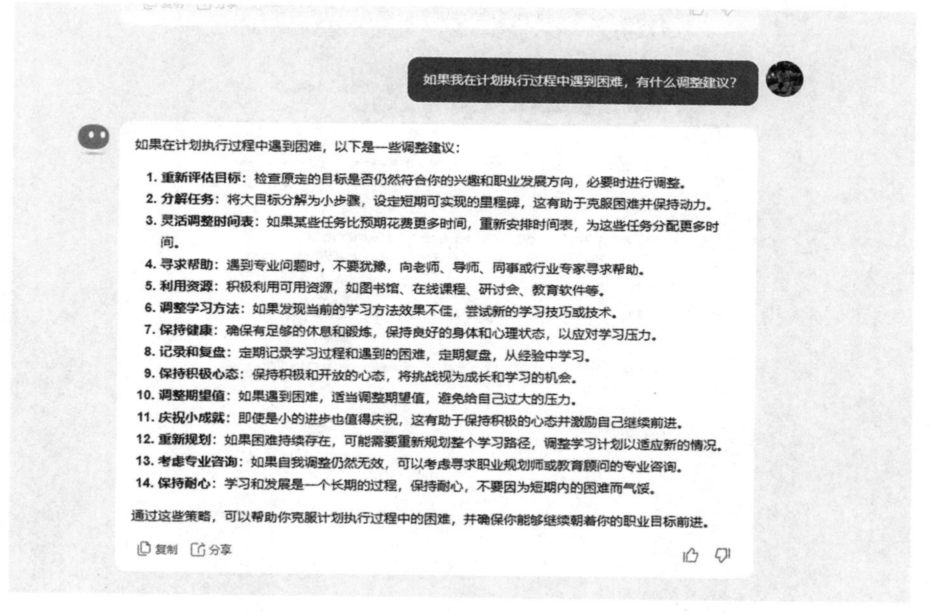

图 24.5　AI 输出

步骤六：如何拆分目标以及管理时间

输出内容如图 24.6 所示。

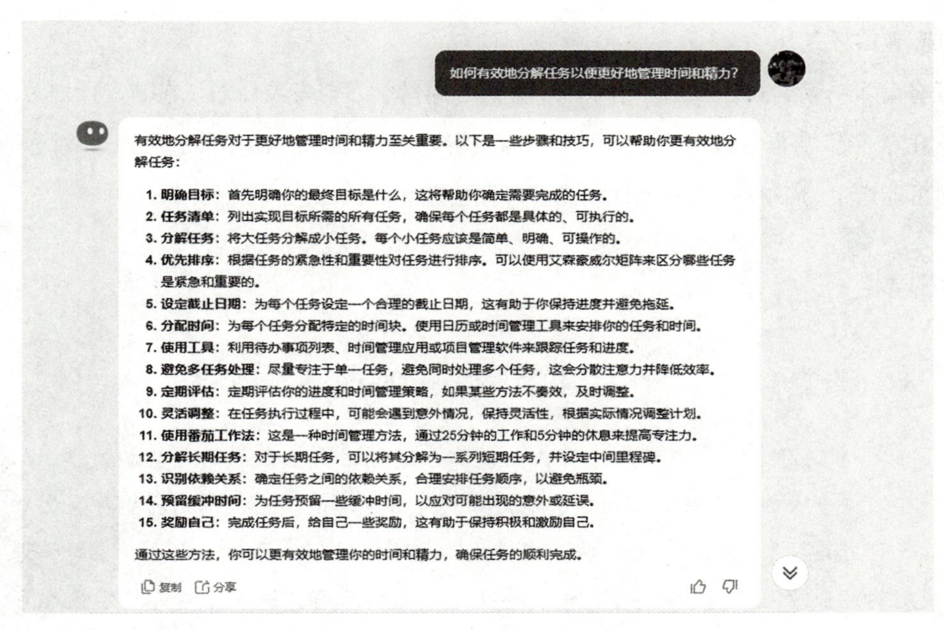

图 24.6　AI 输出

六、充电桩

你已经学会了吗？下面，我们将用一个流程图帮你回顾、梳理一下（图 24.7），并请你完成接下来的任务，以检验自己的掌握程度吧！

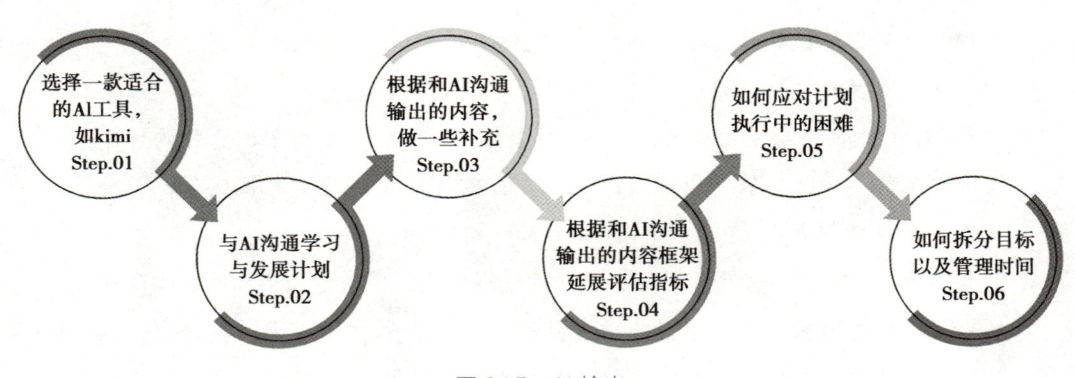

图 24.7　AI 输出

现在，你已经知道了如何制定学习与发展计划。接下来，请你运用上面提到的流程步骤，为自己在校期间制定一个详细的学习与发展计划吧。

七、挑战营

你已经掌握了制定学习与发展计划的方法。在这个挑战营的环节中，我们将面对一个更复杂且有趣的任务。

任务背景：请为自己制定一个未来毕业后5年的学习与发展计划。在制定计划时，请注意以下几点：① 结合自己在校期间的学习与发展计划；② 深入思考未来几年AI对你职业发展方向可能产生的影响；③ 确保计划具有可评估性和可执行性。

八、拓展栏

常用的计划制定原理

AI为制定个人计划带来了极大的便捷。通过对大量数据的分析和处理，AI能够依据个人的历史行为、习惯、能力以及外部环境等因素，制定出更符合实际情况且更具可实现性的计划。我们在使用工具制定计划的同时，也可以了解计划制定的经典原理，以便在使用AI工具时结合这些原理，提高计划的科学性和可实现性。

1. 甘特图

甘特图是一种通过条形图展示项目进度的方法。AI可以自动生成甘特图，帮助你清晰地看到任务的开始和结束时间，以及它们之间的依赖关系。

2. 关键路径法（CPM）

关键路径法是一种项目管理工具，用于确定项目中耗时最长的路径，即关键路径。AI可以快速计算关键路径，从而优化项目计划。

3. OKR目标设定

OKR（Objectives and Key Results）是一种目标设定框架，它强调目标与关键结果的一致性。AI可以帮助你设定和跟踪OKR，以确保目标的实现。

4. 时间管理矩阵

从甘特图的直观呈现到关键路径法的精准优化，再到OKR目标设定的明确导向，每一步都凝聚着对效率与效果的极致追求。在AI的助力下，我们的计划将更加贴合实际，更加具有前瞻性和可执行性。在运用AI工具时，我们不仅要利用它的便捷性来简化烦琐的流程，更要深刻理解并灵活运用这些经典的计划制定原理。在追求高效与卓越的道路上，掌握科学的计划制定原理可以使我们的计划更加科学。

九、瞭望塔

在做大学规划时，很多人可能会告诉你大学规划的重要性，然而你却仍然感到无从下手。那么，不妨尝试用以终为始的心态来规划你的大学生活。先在心中设想一下，大学结束后你想做什么？想从事什么样的工作？想成为什么样的人？当你对这些问题有了清晰的答案后，再来规划自己的大学生活。

比如说，如果你期望大学毕业后能进入一家知名企业并担任重要职务，那么从大一开始，你就需要重视专业课程的学习，努力在每门功课上都取得优异的成绩，为将来的求职简历增添光彩。同时，你还要积极参加与专业相关的社团或实践活动，以此来锻炼自己的实际操作能力和团队合作精神。再比如，如果你的梦想是毕业后自主创业，那么在大学期间，你就需要培养自己的创新思维和冒险精神。多参加创业比赛和实践项目，积累经验和人脉资源。利用课余时间尝试一些小的创业项目，即使失败了也能从中汲取宝贵的教训。又或者，如果你希望成为一个对社会有突出贡献的公益人士，那么在大学里，你就应该主动参与各类公益活动，加入相关的社团组织，学习公益项目的策划和执行方法，以此来提升自己的组织协调能力和社会责任感。人生如行路，以终为始，每一步都是向着目标靠近的坚实步伐。

十、评价单（见“教材使用说明”）

关卡 25　如何让 AI 为职业人群提供心理健康支持

一、入门考

1. 你知道工作压力的主要来源有哪些吗？
2. 你觉得职业人群的心理健康状况会对企业发展产生哪些影响？

二、任务单

随着毕业季的临近，小西站在了人生的重要转折点上，对即将踏入的职场生活充满了憧憬与期待。为了更好地应对职场压力、保持心理健康，小西决定借助 AI 技术，为自己制定一个心理健康指南。

三、知识库

职业人群心理健康问题

（一）焦虑障碍

工作中的不确定性、频繁的变化、过高的期望以及担心工作表现不佳等因素，都可能引发焦虑。例如，金融从业者因市场波动而时刻担忧投资决策的后果，营销人员则因业绩指标的压力而焦虑不安。

（二）睡眠障碍

高强度的工作节奏和心理压力过大，容易导致入睡困难、多梦易醒、早醒等睡眠问题。例如，医护人员常常需要值夜班，这打乱了他们正常的睡眠规律，长期下来可能出现睡眠障碍。

（三）情绪失调

这包括易怒、情绪低落以及情绪波动大等情况。例如，客服人员每天面对大量的客户投诉，容易产生烦躁和沮丧的情绪。

（四）强迫症

在某些职业中，对细节的过度关注和追求完美可能发展为强迫症。比如，设计师可能会反复修改设计方案，即使已经达到较好的效果，他们仍觉得不够完美。

（五）创伤后应激障碍（PTSD）

一些特殊职业，如警察、消防员等，在经历或目睹严重的创伤性事件后，可能会出现PTSD，其表现为反复回忆创伤场景、回避相关情境、过度警觉等。

（六）社交恐惧症

对于需要频繁与人交往的职业，如公关人员，如果在工作中遭遇挫折或负面评价，他们可能会逐渐产生社交恐惧，害怕与人交流。

（七）物质滥用

部分职业人群可能会通过吸烟、酗酒、过度依赖药物等方式来应对工作压力，从而导致物质滥用问题。例如，一些广告从业者在创意枯竭、工作压力巨大时，可能会通过大量吸烟来缓解紧张情绪。

这些心理健康问题对职业人群的身心健康、工作表现和生活质量都产生了不同程度的负面影响。因此，需要引起足够的重视，并采取有效的干预措施。

四、金手指

在利用AI提供心理健康支持时，主要难点在哪些方面呢？让我来瞧瞧吧。难点主要集中在以下几个方面：

难点一：理解AI在心理健康支持中的作用

解释：想象一下，AI就像是一个聪明的助手，能够帮助我们分析和理解复杂的情绪问题。然而，AI并非真正的心理医生，它只能依据我们提供的信息给出建议。因此，难点在于明确AI的职能范围及其局限性。

例子：就像一个计算器可以帮你解答数学题，但如果你不会输入正确的公式，它给出的答案也可能不准确。同样，AI可以分析你的情绪，但你需要学会如何准确地表达你的感受。

难点二：操作AI工具

解释：使用AI工具就像学习使用一个全新的手机应用，起初可能会觉得有些复杂。你需要了解如何打开它，如何使用其功能，以及如何解读它提供的信息。

例子：就像学习骑自行车，起初你可能不知道如何保持平衡，如何踩踏板，但多练习几次后，你就能掌握了。同样，使用AI工具可能需要一些时间去适应，但只要多操作几次，你就会越来越熟练。

难点三：将AI的建议转化为实际行动

解释：AI可能会给出一些建议，比如进行放松练习或改变生活习惯。然而，真正执行这些建议可能会有难度，因为改变习惯需要时间和努力。

例子：如果你的健康应用建议你每天走一万步，但你目前每天只走五千步，那么要达到这个目标，你就需要调整你的日常活动模式。这需要决心和毅力。

难点四：评估AI支持的效果

解释：我们需要了解AI提供的支持是否真的有效。这好比你在网上找了一个食谱，做出来的菜是否好吃，需要你亲自尝试并给出评价。

例子：如果你按照AI的建议进行了放松练习，你的焦虑感是否有所减轻？你需要观察自己的感受并记录下来，这样才能确定AI的支持是否有效。

五、一起练

关卡 25

随着毕业季的日益临近，小西站在了人生的一个重要转折点上，对即将踏入的职场生活充满了憧憬与期待。为了更好地应对职场压力、保持心理健康，小西决定借助 AI 技术，为自己制定一个心理健康指南。

步骤一：首先选择一款合适的 AI 工具，比如“智谱清言”

步骤二：进行 AI 情感分析

在“智谱清言”的对话框里输入提示词，如图 25.1 所示。

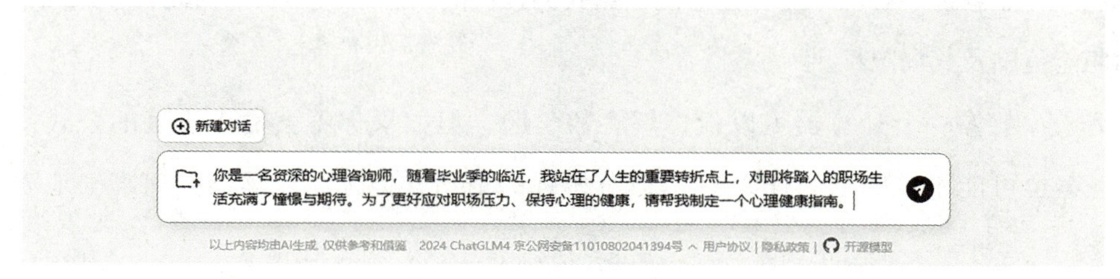

图 25.1　提示词模板

AI 输出的结果如下。

心理健康指南

1. 建立积极的心态

自我肯定：每天花几分钟时间进行自我肯定，提醒自己的优点和成就。

设定现实目标：制定短期和长期目标，确保它们切实可行，以避免不必要的压力。

2. 管理时间和任务

优先级排序：使用待办事项清单，区分紧急和重要的任务，合理安排工作时间。

适度休息：每工作一段时间后，适当休息，以帮助大脑放松，提高工作效率。

3. 建立良好的工作关系

沟通技巧：积极倾听他人的意见，与同事保持开放的沟通，建立信任关系。

团队合作：积极参与团队活动，增强团队凝聚力，互相支持。

4. 应对压力

识别压力源：了解自己在工作中最容易感到压力的因素，并学会应对这些压力源。

放松技巧：练习深呼吸、冥想或瑜伽等放松技巧，以缓解紧张情绪。

5. 保持身体健康

规律锻炼：每周至少进行 150 分钟的中等强度锻炼，有助于释放压力和提升心情。

均衡饮食：保持健康的饮食习惯，摄入足够的营养，以维持身体和心理的最佳状态。

6. 寻求支持

专业帮助：如果感到压力难以承受，考虑寻求心理咨询师的帮助，进行专业的心理疏导。

社交支持：与朋友和家人保持联系，分享自己的感受和经历，以获得情感支持。

7. 培养兴趣爱好

业余活动：发展一些兴趣爱好，如阅读、绘画、音乐等，以放松心情，转移注意力。

学习新技能：不断学习新知识和技能，保持对生活的好奇心和热情。

8. 保持工作与生活的平衡

设定界限：明确工作时间和个人时间，避免工作侵占私人生活。

享受生活：抽时间进行休闲活动，享受生活中的小确幸，增进生活的满意感。

结语：

职场生活充满挑战，但同时也带来成长和机遇。通过以上指南，你可以更好地应对职场压力，保持心理健康。记住，心理健康与身体健康同样重要，照顾好自己，才能在职场中更好地发挥潜力。祝你在新的人生阶段一切顺利！

步骤三：体验 AI 心理咨询

根据步骤二的输出结果，小西提出了以下问题："面对就业找工作，我主要是情绪不稳定，容易焦虑，我应该如何处理这种工作压力和焦虑？"AI 输出结果如下。

1. 认识和接受焦虑

了解情绪：首先，要认识到焦虑是一种正常的情绪反应，它反映了你对未来的不确定性和对成功的渴望。

接受情绪：允许自己感受到焦虑，而不是压抑它。你可以尝试将焦虑视为一种动力，推动你采取行动。

2. 建立日常规律

制定计划：每天制定一个清晰的工作计划，包括求职活动（如修改简历、投递申请、准备面试等）以及休息时间。

保持规律作息：确保有足够的睡眠和休息时间，规律的生活作息有助于稳定情绪。

3. 练习放松技巧

深呼吸：每天花几分钟进行深呼吸练习，吸气时数到四，屏住呼吸数到四，呼气时同样数到四，这有助于放松身心。

冥想和正念：尝试进行冥想或正念练习，专注于当下，减少对未来的不安。

4. 积极自我对话

挑战负面思维：当你感到焦虑时，注意自己的内心对话，尝试用积极的语言来替代消极的想法。

制定积极的自我肯定：每天给自己一些积极的自我肯定，例如“我有能力找到合适的工作”。

5. 分散注意力

参与活动：参加一些社交活动或兴趣班，转移注意力，享受生活中的乐趣。

锻炼身体：定期进行身体锻炼，运动可以释放内啡肽，改善情绪，减少焦虑感。

6. 寻求支持

与他人分享：和朋友、家人或同学分享你的感受，他们可能会提供支持和建议。

加入支持小组：考虑加入一些求职者支持小组，分享经验和感受，互相鼓励。

7. 设定小目标

分解任务：将求职过程分解成小的、可管理的任务，每完成一个任务都可以给自己一些奖励，以增强自信心。

记录进展：保持一个求职日记，记录你的申请、面试和每一次的进展，这有助于你看到自己的努力。

8. 专业帮助

心理咨询：如果焦虑感持续影响你的生活，考虑寻求专业心理咨询师的帮助，他们可以提供更专业的指导和支持。

结语：

面对就业的压力和焦虑是一个过程，重要的是要找到适合自己的应对方法。通过以上策略，你可以更好地管理自己的情绪，保持积极的心态。记住，求职是一个旅程，保持耐心和信心，相信自己能够找到适合自己的机会。祝你好运！

步骤四：小西继续提问，让 AI 为其制定个性化的心理健康计划

提问内容是：“感谢你上面的解决办法，但是我很难控制自己的情绪，也不会深呼吸之类的放松技巧，挺想参加社交活动，但是又没有动力，很纠结。请帮我制定个性化的心理健康计划。”

六、充电桩

你已经学会了吗？下面，我们将用一个流程图帮你回顾、梳理一下（图 25.2），并请你完成接下来的任务，以检验自己的掌握程度吧！

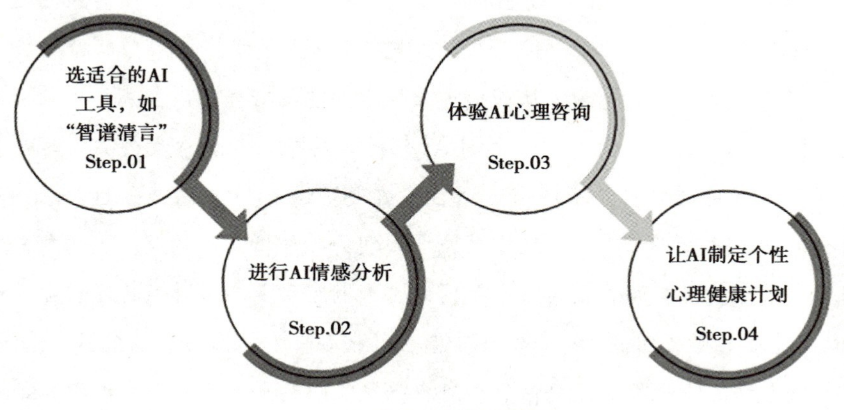

图 25.2　操作流程图

现在，你已掌握通过 AI 提升心理健康支持的方法，接下来，请参考上述流程步骤，完成以下任务。

任务：王同学是一位正在求职的应届毕业生，他已经投递了数百份简历，并经过两个月的努力，但仍未找到合适的工作。最近，王同学出现了焦虑、失眠和食欲下降的情况。请利用 AI 技术，为王同学制定一个心理健康计划。期待你的精彩作品！

七、挑战营

你已经掌握了如何通过 AI 提高心理健康支持。在这个挑战营的环节中，我们将面对一个更复杂且有趣的任务。

任务背景：在 AI 工具上模拟一位存在心理问题的职业人士，并为其制定一个个性化的心理健康支持计划。

提示：计划应包含至少两周的日常情绪监测、心理咨询对话以及放松练习。

每日需记录该职业人士的情绪状态及 AI 工具所提供的支持内容。

任务要求：在两周结束后，撰写一份详细的报告，分析该计划的效果以及职业人士的感受变化。

八、拓展栏

人工智能在心理健康领域的应用：塑造未来治疗新模式

随着科技的飞速发展，人工智能（AI）已逐渐渗透至我们生活的各个领域，心理健康领域也不例外。AI 在心理健康治疗中的应用，为治疗师提供了强大的辅助工具，同时也为患者带来了更加个性化和高效的治疗体验。

早期识别与干预，是AI在心理健康领域的一项重要应用。心理健康问题往往有一个渐进的发展过程，而AI凭借自然语言处理等技术，能够分析个体的语言模式、情绪表达及社交行为，从而提前识别出潜在的心理健康隐患。例如，加拿大的Advanced Symbolics公司，通过AI分析大数据，与加拿大公共卫生局携手启动了一项预测国内自杀率的试点项目。该项目运用AI技术，分析互联网中的海量数据信息，以揭示某一地区或区域内人们的整体情感趋势及与自杀相关的行为模式，进而及时采取干预措施。我国的“树洞行动”亦成功实施了自杀监控预警，黄智生教授带领团队，利用知识图谱等AI技术开发出网络智能机器人系统，该系统能够自动剔除99%的无关信息，对自杀风险的判别准确率平均达到82%。

个性化治疗方案，是AI在心理健康领域的另一项重要应用。AI能够依据个体的具体情况，如年龄、性别、文化背景及心理健康状况，为其量身制定治疗方案。这种个性化的治疗方案，不仅提升了治疗效果，还增强了患者的治疗满意度和依从性。例如，AI技术能够根据个人的生理指标和健康数据，进行实时监测与分析，帮助用户清晰了解自身的健康状况，并根据数据的变化，提供相应的健康建议。同时，AI技术还能结合用户的生活习惯和喜好，为其打造个性化的健康计划，并通过持续的监测与反馈，帮助用户改变和调整健康行为。

AI还极大地增强了治疗师的能力。通过提供实时的数据分析和反馈，AI使治疗师能够更深入地理解患者的需求和问题，从而制定出更加精准的治疗策略。此外，AI还为治疗师提供了丰富的教育资源和培训支持，帮助他们不断提升专业技能。

虚拟现实（VR）和增强现实（AR）技术，为心理健康治疗开辟了全新的途径。借助这些技术，治疗师能够为患者营造出一个安全、可控的治疗环境，让他们在模拟的情境中学习如何应对各种心理挑战。这种治疗方式不仅具有高度的灵活性和可定制性，还显著提升了患者的参与度和治疗效果。

情绪识别与调节，同样是AI在心理健康领域的重要应用。通过分析个体的面部表情、声音和文本信息，AI能够精确地识别出个体的情绪状态。这种情绪识别技术，不仅有助于治疗师更准确地把握患者的情绪变化，还能为患者提供实时的情绪反馈和调节建议。随着AI技术的持续发展和完善，其在心理健康领域的应用前景将愈发广阔。

未来，AI在心理健康领域的应用潜力巨大。我们有望见证更加智能、高效的心理健康治疗模式的诞生，以及更加个性化、精准的治疗方案的涌现。

（资料来源：《人工智能在心理健康领域的应用：塑造未来的治疗新模式》）

九、瞭望塔

在人工智能时代，我们面临着信息爆炸所带来的信息焦虑和认知负荷，承受着被 AI 取代的职业焦虑和工作压力，遭遇着过度依赖虚拟社交所导致的情感连接和社交支持匮乏，忍受着人工智能算法可能引发的偏见和不公平对待，担忧着个人隐私数据被泄露所带来的不安和恐惧。在这个快节奏、高压力的时代，我们仿佛置身于一场永不停歇的马拉松，习惯于在学习、工作和生活之间马不停蹄地奔波。我们不停地追逐着各种目标，忙碌于应付一个又一个的任务和挑战，却在这匆忙的步履中，常常忽略了内心深处最温柔的需求——心理健康。

心理健康是我们认识自我、理解他人的重要途径。当我们的内心保持健康与平衡时，我们便能以更加清晰的视角审视自己，洞察自身的优点与不足，从而不断完善自我，实现成长与进步。同时，我们也能够设身处地地去理解他人的感受和想法，建立起更加和谐、温暖的人际关系。然而，在现实生活的喧嚣与纷扰中，我们常常容易忽视这一关键的内在力量。学会守护自己的心理健康，并非一项可有可无的选择，而是关乎我们生活品质、人生价值的重要使命。它需要我们用心去倾听内心的声音，关注情绪的起伏变化，积极采取有效的方式去调节和舒缓压力。“你不必为你的情绪感到羞耻，因为情绪是人类的一部分。”让我们用心去生活、去感受、去爱，因为，你正年轻！

十、评价单（见“教材使用说明”）

参考文献

［1］特伦斯·谢诺夫斯基．深度学习：智能时代的核心驱动力量［M］．姜悦兵，译．北京：中信出版集团，2019.

［2］AIGC 文画学院．AI 短视频创作 119 招：智能脚本 + 素材生成 + 文生视频 + 图生视频 + 剪辑优化［M］．北京：化学工业出版社，2024.

［3］陈明明，李腾龙．人人都是提示工程师［M］．北京：人民邮电出版社，2023.

［4］成生辉．AIGC 让生成式 AI 成为自己的外脑［M］．北京：清华大学出版社，2023.

［5］丁磊．生成式人工智能：AIGC 的逻辑与应用［M］．北京：中信出版集团，2023.

［6］杜雨，张孜铭．AIGC：智能创作时代［M］．北京：中译出版社，2023.

［7］蒋珍珠．AI 短视频生成与剪辑实战 108 招：ChatGPT+ 剪映［M］．北京：清华大学出版社，2024.

［8］李寅，肖利华．从 ChatGPT 到 AIGC：智能创作与应用赋能［M］．北京：电子工业出版社，2023.

［9］刘丙润．AI 高效工作一本通［M］．北京：北京大学出版社，2024.

［10］梅磊，施海平，陈靖．ChatGPT 大模型：技术场景与商业应用［M］．北京：清华大学出版社，2023.

［11］孟德轩．Stable Diffusion：AIGC 绘画实训教程［M］．北京：人民邮电出版社，2023.

［12］任康磊．如何高效向 GPT 提问［M］．北京：人民邮电出版社，2023.

［13］苏海．ChatGPT+AI 文案写作实战 108 招［M］．北京：清华大学出版社，2024.

［14］施襄．ChatGPT：AIGC 时代商业应用赋能［M］．北京：清华大学出版社，2023.

［15］唐振伟．玩转 ChatGPT：秒变 AI 论文写作高手［M］．北京：人民邮电出版社，2024.

［16］通证一哥．你好，ChatGPT［M］．北京：机械工业出版社，2023.

［17］文之易，蔡文青．ChatGPT 实操应用大全［M］．北京：中国水利水电出版社，2023.

［18］易洋，潘泽彬，李世明．AI 超级个体：ChatGPT 与 AIGC 实战指南［M］．北京：电子工业出版社，2023.

［19］朱美淋．AIGC 绘画 ChatGPT+Midjourney+Nijijourney 成为商业 AI 设计师［M］．北京：电子工业出版社，2023.

[20] 李世明，代旋，张涛 .ChatGPT 高效提问：prompt 技巧大揭秘 [M]. 北京：人民邮电出版社，2024.

[21] 陈永伟 . 超越 ChatGPT：生成式 AI 的机遇、风险与挑战 [J]. 山东大学学报（哲学社会科学版），2023（3）：127–143.

[22] 蒲清平，向往 . 生成式人工智能：ChatGPT 的变革影响、风险挑战及应对策略 [J]. 重庆大学学报（社会科学版），2023，29（3）：102–114.

后　记

AI时代已经到来，无论是在教育领域还是其他领域，都悄然掀起了一场前所未有的大变革。在国内众多人工智能头部企业领袖的眼中，2024年被视为AI应用最为广泛的一年，因此，这一年也被称为AI应用元年。然而，我发现很多人其实并不了解AI，感觉它离自己很遥远，甚至对此持有排斥的心态。

现在，有一句很流行的话叫："未来社会，不是AI取代人，而是会AI的人取代不会使用AI的人。"作为一名文秘教师，我始终认为，AI的兴起对文秘专业和文秘职业而言，既是机遇也是挑战。秘书工作者应该是一个多面手，从事文秘基层工作的人，事务性工作繁杂。如果能用AI帮忙处理掉很多烦琐的事情，让AI成为"秘书的秘书"，从而解放秘书的双手，这既是现代社会和职场对秘书的新要求，也必然是未来的大趋势。而目前，无论是国内还是国外的AI工具，都已经在办公领域有了很多探索和应用，这也让我对文秘教学产生了更多的思考。工具的使用、效率的提升、思维的创新，一定是学生未来可持续发展的基本要求，也是未来职场对他们的新要求。

同时，今年有一个高频词叫"情绪价值"。在我的认知里，秘书工作是与人打交道的工作，但凡是人，就需要情绪价值。而秘书最不可替代的，就是情绪价值。因此，在这样一个时间点上，让AI成为秘书的助理，是一件助力秘书专业学生未来就业、帮助他们适应职场的好事。

基于这一思考和认知，自2024年3月开始，湖南司法警官职业学院联合长沙知行读书会AI团队，面向全国高校秘书事务所联盟举办了3期AI实战训练营。警院学生自由组建了小组，完成相应的实训任务，力争教同学们认识、了解、学会使用AI并提高应用水平。在此过程中，我们形成了AI讲师团队，并将AI技术应用在了我院承办的第十四届全国商务秘书职业技能大赛中，用来制作开场秀原创音乐、大赛标语、微信群服务机器人等，让参赛院校的老师和选手们耳目一新。这更让我们觉得，AI时代已经悄然来临，未来已至。

本次教材的编写，说长不长，说短不短。4年前，我设计了一套进步闯关叠加梯度爬坡的教材编写体例，当时得到了广科院向阳老师的高度认可，但一直没有合适的契机将这个编写思路付诸实践。直到今年，看到市面上动辄大几千元的AI应用课程，对于想要了解人工智能在秘书工作领域应用的学生群体而言，实在是一笔不小的开支，便产生了写一本人工智能应用于文秘专业的教材的想法。于是，我带着我的团队再次找到向老师。恰好，向老师在广东科学技术职业学院文传院也一直带领其团队的老师们探索如何让人工智能应用到教学领域，而湘警职院实践得更多的则是如何帮助学生在秘书工作领域和生活中使用人工智能，提升效率，开拓思路。一个关注教师，一个关注学生，因此一拍即合，就有了这本《人工智能办公应用》。

从迸发想法到组建团队，再到初稿完成，耗时 3 个半月时间。并且，我们也在不断进行相关资源的制作，以期提高读者的学习实效。教材团队包括高校一线教师、企业专家、技术大咖，还有实战营讲师团的学生，以及仍在产假期间的妈妈，这个团队既懂文秘又懂技术，还懂学生，绝大部分都是新生代年轻人。在社会普遍抱怨新生代职场心态不好，“90 后、00 后整顿职场”的时候，我看到了这个团队非常强的凝聚力和极高的工作效率。大家相互扶持，很多深夜还在讨论与修改书稿，执行力非常强。而且，与以往常规编写教材各自负责具体模块的任务分工不同，这本教材中的每一个关卡都由团队所有成员参与。每个人负责自己最擅长的环节，再合稿。从关卡内部到整个书稿，合稿难度相当大。因为要保证每个关卡的顺畅和逻辑，就意味着每个人都需要具备非常强的沟通意愿、合作能力和付出意识。通过这本教材，我们也看到了从事文秘专业和文秘工作的新生代的精神力量，这也是文秘行业未来的力量和底气。

作为文秘领域这本探索性的人工智能办公教材，也难免存在不足之处。希望各位读者可以提出宝贵意见，以便团队下一次更好地出发。

我们期望，这本教材能给文秘行业、文秘学生、文秘职场人士带来一些实际的帮助，让我们的文秘人的未来更加美好。

王　曦

2024 年 8 月 31 日于吉隆坡